装配式建筑丛书

装配整体式
混凝土结构设计指南

江 苏 省 住 房 和 城 乡 建 设 厅
江苏省住房和城乡建设厅科技发展中心
编著

东南大学出版社
SOUTHEAST UNIVERSITY PRESS
·南京·

内 容 提 要

本书按现行装配式混凝土结构的国家标准、行业标准及江苏省地方标准编写，对我国常用的，以及代表江苏研发水平的，具有成熟应用经验的装配整体式混凝土结构的主要内容进行系统介绍。全书主要内容为：装配整体式混凝土结构设计基本要求，装配整体式混凝土框架结构设计，装配整体式混凝土剪力墙结构设计，装配整体式混凝土框架-现浇剪力墙/支撑结构设计，装配整体式混凝土楼盖设计，预制楼梯设计，预制内外墙设计。对结构体系、楼盖、楼梯、内外墙板等的设计原则、要点、难点进行重点阐述，同时介绍部分国外技术。

本书可供装配式混凝土结构设计人员学习参考。

图书在版编目(CIP)数据

装配整体式混凝土结构设计指南 / 江苏省住房和城乡建设厅，江苏省住房和城乡建设厅科技发展中心编著. 南京：东南大学出版社，2021.7

(装配式建筑丛书)

ISBN 978-7-5641-9294-5

Ⅰ. ①装… Ⅱ. ①江… ②江… Ⅲ. ①装配式混凝土结构—结构设计—指南 Ⅳ. ①TU370.4-62

中国版本图书馆 CIP 数据核字(2020)第 246011 号

装配整体式混凝土结构设计指南

Zhuangpei Zhengtishi Hunningtu Jiegou Sheji Zhinan

江苏省住房和城乡建设厅
江苏省住房和城乡建设厅科技发展中心 **编著**

出版发行 东南大学出版社
社　　址 南京市四牌楼 2 号　邮编：210096
出 版 人 江建中
责任编辑 丁　丁
编辑邮箱 d.d.00@163.com
网　　址 http://www.seupress.com
电子邮箱 press@seupress.com
经　　销 全国各地新华书店
印　　刷 南京玉河印刷厂
版　　次 2021 年 7 月第 1 版
印　　次 2021 年 7 月第 1 次印刷
开　　本 787 mm×1 092 mm　1/16
印　　张 11.25
字　　数 246 千
书　　号 ISBN 978-7-5641-9294-5
定　　价 68.00 元

本社图书若有印装质量问题，请直接与营销部联系。电话(传真)：025-83791830

序

建筑业是国民经济的支柱产业，建筑业增加值占国内生产总值的比重连续多年保持在6.9%以上，对经济社会发展、城乡建设和民生改善作出了重要贡献。但传统建筑业大而不强、产业化基础薄弱、科技创新动力不足、工人技能素质偏低等问题较为突出，越来越难以适应新发展理念要求。2020年9月，国家主席习近平在第七十五届联合国大会一般性辩论上表示，中国将提高国家自主贡献力度，采取更加有力的政策和措施，二氧化碳排放力争于2030年前达到峰值，努力争取2060年前实现碳中和。推进以装配式建筑为代表的新型建筑工业化，是贯彻习近平生态文明思想的必然要求，是促进建设领域节能减排的重要举措，是提升建筑品质的必由之路。

作为建筑业大省，江苏在推进绿色建筑、装配式建筑发展方面一直走在全国前列。自2014年成为国家首批建筑产业现代化试点省以来，江苏坚持政府引导和市场主导相结合，不断加大政策引领，突出示范带动，强化科技支撑，完善地方标准，加强队伍建设，稳步推进装配式建筑发展。截至2019年底，全省累计新开工装配式建筑面积约7800万 m^2，占当年新建建筑比例从2015年的3%上升至2019年的23%，有力促进了江苏建筑业迈向绿色建造、数字建造、智能建造的新征程，进一步提升了"江苏建造"影响力。

新时代、新使命、新担当。江苏省住房和城乡建设厅组织编写的"装配式建筑丛书"，采用理论阐述与案例剖析相结合的方式，阐释了装配式建筑设计、生产、施工、组织等方面的特点和要求，具有较强的科学性、理论性和指导性，有助于装配式建筑从业人员拓宽视野、丰富知识、提升技能。相信这套丛书的出版，将为提高"十四五"装配式建筑发展质量、促进建筑业转型升级、推动城乡建设高质量发展发挥重要作用。

是以为序。

清华大学土木工程系教授（中国工程院院士） 

2020年11月

丛书前言

江苏历来都是理想人居地的代表，但同时也是人口、资源和环境压力最大的省份之一。作为全国经济社会的先发地区，截至2019年底，江苏的城镇化水平已达到70.6%，超过全国同期水平10个百分点。江苏还是建筑业大省，2019年江苏建筑业总产值达33 103.64亿元，占全国的13.3%，产值规模继续保持全国第一；实现建筑业增加值6 493.5亿元，比上年增长7.1%，约占全省GDP的6.5%。江苏城乡建设将由高速度发展向高质量发展转变，新型城镇化将由从追求“速度和规模”迈向更加注重“质量和品质”的新阶段。

自2015年以来，江苏通过建立工作机制、完善保障措施、健全技术体系、强化重点示范等举措，积极推动了全省装配式建筑的高质量发展。截至2019年底，江苏累计新开工装配式建筑面积约7 800万m^2，占当年新建建筑比例从2015年的3%上升至2019年的23%；同时，先后创建了国家级装配式建筑示范城市3个、装配式建筑产业基地20个；创建了省级建筑产业现代化示范城市13个、示范园区7个、示范基地193个、示范工程项目95个，建筑产业现代化发展取得了阶段性成效。

目前，江苏建筑产业现代化即将迈入普及应用期，而在推进装配式建筑发展的过程中，仍存在专业化人才队伍数量不足、技能不高、层次不全等问题，亟需一套专著来系统提升人员素质和塑造职业能力。为顺应这一迫切需求，在江苏省住房和城乡建设厅指导下，江苏省住房和城乡建设厅科技发展中心联合东南大学、南京工业大学、南京长江都市建筑设计股份有限公司等单位的一线专家学者和技术骨干，系统编著了“装配式建筑丛书”。丛书由《装配式建筑设计实务与示例》《装配整体式混凝土结构设计指南》《装配式混凝土建筑构件预制与安装技术》《装配式钢结构设计指南》《现代木结构设计指南》《装配式建筑总承包管理》《BIM技术在装配式建筑全生命周期的应用》七个分册组成，针对混凝土结构、钢结构和木结构三种结构类型，涉及建筑设计、结构设计、构件生产安装、施工总承包及全生命周期BIM应用等多个方面，系统全面地对装配式建筑相关技术进行了理论总结和项目实践。

限于时间和水平，丛书虽几经修改，疏漏和错误之处在所难免，欢迎广大读者提出宝贵意见。

编委会

2020年12月

前　言

经过改革开放以来的快速发展，我国现浇混凝土结构的建造水平有了突飞猛进的进步，装配式混凝土结构如何发挥优势，在市场竞争环境中健康发展，面临着巨大的压力。《装配整体式混凝土结构设计指南》介绍了国内具有成熟经验的多种装配整体式混凝土结构及内外墙、楼梯等内容，着重阐述设计要点、难点，希望能够在提高设计人员对装配式混凝土结构熟悉程度和设计水平、提高建筑工程的质量和建设效率、实现建筑业节能减排和可持续发展方面发挥作用。

装配式混凝土结构能否做到安全、高效、经济，关键在于构件的连接方式。目前国外装配式混凝土结构发展较好的国家在抗震区主要基于现浇混凝土结构的设计理论，建造装配整体式混凝土结构，我国同样如此。具体做法则各有不同，如预制构件的生产方式、设计方法、连接构造、安装方法等等，与国情相关，没有公认的最好的做法，只能通过实践不断总结经验，逐步成熟。21 世纪以来，我国经过 10 多年的探索实践，正在向理性、健康的方向发展，最近颁布的标准、指南等都体现了这样的导向。

本书在编写时，注意覆盖装配式混凝土结构设计中的主要内容，除了现行国家、行业标准的内容，还包括具有江苏特色的地方标准的内容。希望在对装配式混凝土结构设计起到指导作用的同时，对帮助相关人员理解、掌握和运用相关标准起到积极作用，并为完善现有技术及新技术的研发提供帮助。

本书由冯健担任主编。参加编写的人员有：冯健（第 1、2 章，第 3、4 章部分内容）；田炜（第 3 章，第 2 章部分内容）；赵宏康（第 4 章）；胡宏（第 5、7 章）；王翔（第 6 章）；唐雪梅（第 8 章）。

在本书的编写过程中得到其他兄弟单位的大力支持，具体内容参考了国内外大量的文献，在此一并表示衷心感谢。对于书中存在的疏漏和不妥之处，恳请读者、专家批评指正。热忱希望使用本书的有关单位、读者将意见及时告诉我们。

笔　者

目　　录

1　绪论 …… 001
1.1　国外发展情况 …… 001
1.1.1　国外装配式混凝土框架结构 …… 001
1.1.2　国外装配式混凝土剪力墙结构 …… 004
1.2　国内发展情况 …… 007
1.2.1　国内装配式混凝土框架结构 …… 007
1.2.2　国内装配式混凝土剪力墙结构 …… 010
1.3　预制装配技术工程应用 …… 015

2　装配整体式混凝土结构设计基本要求 …… 017
2.1　基本要求 …… 017
2.1.1　设计流程 …… 017
2.1.2　抗震设计要求 …… 018
2.1.3　结构分析 …… 018
2.1.4　连接设计 …… 019
2.1.5　材料 …… 019
2.2　适用范围 …… 020
2.2.1　一般规定 …… 020
2.2.2　平面、竖向布置及规则性 …… 022
2.2.3　结构抗震性能化设计 …… 022
2.2.4　试验验证方法 …… 022
2.3　作用与作用组合 …… 023
2.3.1　一般规定 …… 023
2.3.2　施工验算 …… 026
2.4　叠合受弯构件 …… 027
2.5　装配式建筑结构拆分设计 …… 034
2.5.1　预制构件布置(拆分)的原则 …… 034
2.5.2　预制构件拆分的内容 …… 035
2.5.3　预制构件拆分设计深度要求 …… 036

3 装配整体式混凝土框架结构设计 …… 038
3.1 框架结构总体要求 …… 038
3.2 叠合梁设计 …… 040
3.2.1 叠合梁设计 …… 040
3.2.2 叠合梁构造 …… 040
3.3 预制柱设计 …… 042
3.3.1 预制柱设计 …… 042
3.3.2 预制柱构造 …… 043
3.4 节点设计 …… 044
3.4.1 柱-柱连接 …… 045
3.4.2 梁-梁连接 …… 046
3.4.3 梁-柱连接 …… 049
3.4.4 底层柱-基础连接 …… 052
3.5 接缝设计 …… 053
3.5.1 接缝正截面承载力 …… 053
3.5.2 叠合梁端竖向接缝受剪承载力 …… 053
3.5.3 预制柱底水平接缝受剪承载力 …… 055
3.5.4 叠合板受剪承载力计算 …… 056
3.5.5 梁柱节点核心区验算 …… 057
3.6 世构体系 …… 057

4 装配整体式混凝土剪力墙结构设计 …… 062
4.1 预制剪力墙结构设计 …… 062
4.1.1 预制构件设计 …… 065
4.1.2 竖向钢筋连接设计 …… 065
4.1.3 边缘构件 …… 068
4.1.4 接缝设计 …… 070
4.1.5 其他 …… 072
4.2 双面叠合剪力墙结构设计 …… 073
4.2.1 双面叠合剪力墙结构的计算 …… 074
4.2.2 双面叠合剪力墙结构的构造 …… 076
4.3 集束连接剪力墙结构设计 …… 080
4.3.1 集束连接剪力墙结构的计算 …… 080
4.3.2 集束连接剪力墙结构的构造 …… 080
4.4 多层装配式墙板结构 …… 086

4.4.1 适用范围和一般要求 …… 086
4.4.2 分析与计算 …… 086
4.4.3 构造 …… 087

5 装配整体式混凝土框架-现浇剪力墙/支撑结构设计 …… 090
5.1 装配整体式混凝土框架-现浇剪力墙结构设计 …… 090
5.1.1 设计思路 …… 090
5.1.2 一般要求 …… 092
5.1.3 特殊要求 …… 092
5.1.4 构件构造 …… 093
5.2 装配整体式混凝土框架-支撑结构设计 …… 093

6 装配整体式混凝土楼盖设计 …… 098
6.1 叠合板设计要点 …… 098
6.1.1 叠合板尺寸要求 …… 098
6.1.2 叠合板的计算要求 …… 098
6.1.3 板缝设计 …… 102
6.1.4 叠合板的短暂工况验算 …… 104
6.2 钢筋混凝土叠合板 …… 105
6.2.1 钢筋混凝土叠合板设计 …… 105
6.2.2 钢筋混凝土叠合板构造 …… 106
6.2.3 混凝土叠合板的材料、制作、堆放及运输要求 …… 108
6.2.4 检测及验收要求 …… 109
6.3 预应力混凝土叠合板 …… 109
6.3.1 预应力混凝土叠合板设计 …… 109
6.3.2 预应力混凝土叠合板构造 …… 110
6.4 其他(阳台板、空调板) …… 111
6.4.1 预制阳台板 …… 111
6.4.2 预制空调板 …… 113

7 预制楼梯设计 …… 115
7.1 一般规定 …… 115
7.1.1 预制楼梯结构特点 …… 115
7.1.2 预制楼梯构造及连接方式 …… 116
7.1.3 预制楼梯选用 …… 121

7.1.4 预制楼梯减重设计 …… 123
7.2 预制板式楼梯 …… 126
7.2.1 预制板式楼梯设计 …… 126
7.2.2 预制板式楼梯详图示例 …… 127
7.3 预制梁式楼梯 …… 130
7.3.1 梁式楼梯设计 …… 130
7.3.2 预制梁式楼梯详图示例 …… 130

8 预制内外墙设计 …… 134
8.1 预制外墙 …… 134
8.1.1 建筑外墙性能概述 …… 134
8.1.2 作用与作用组合 …… 141
8.1.3 墙板分割原则 …… 143
8.1.4 外墙与主结构连接机制 …… 145
8.1.5 墙板金属连接件设计 …… 146
8.1.6 墙板承载力设计 …… 148
8.1.7 墙板板缝设计 …… 153
8.1.8 防水的基本概念 …… 155
8.1.9 保温一体化预制夹芯墙设计 …… 156
8.1.10 饰面一体化预制外墙设计 …… 158
8.1.11 墙板与设备管线 …… 159
8.1.12 相关材料规定 …… 159
8.1.13 预制墙板施工验算 …… 159
8.2 内隔墙 …… 160
8.2.1 一般规定 …… 160
8.2.2 内隔墙类别 …… 160
8.2.3 内隔墙连接设计 …… 160
8.2.4 内隔墙承载力设计要求 …… 161
8.2.5 内隔墙拼缝设计要求 …… 161
8.2.6 内隔墙与设备管线 …… 161

参考文献 …… 162

1 绪　论

钢筋混凝土构件预制与现浇可以说是同时出现的，但是针对结构体系的相关研究、应用首先是现浇混凝土结构。二战结束以后，装配式混凝土结构蓬勃发展，到20世纪70年代，美国、日本、新西兰及欧洲等国家和地区已经形成了较为完善的结构体系。20世纪末，各国又开始了新一轮的关于装配式混凝土结构的研发，取得了很多重要的成果，提出了多种新的结构形式。世界各国装配式混凝土结构各具特色，设计理念也不完全一致。我国于20世纪下半叶在艰苦条件下不懈努力，形成了多种装配式混凝土结构体系，完成了大规模的工程应用。21世纪以来，政府大力支持、行业共同努力，面对新形势，应用新技术、新材料、新理念，掀起了装配式混凝土建筑推广应用的新高潮，并逐步规范、理性地推进装配式混凝土建筑的建设[1-5]。本章仅介绍国内外部分研究应用情况，并不是对总体情况的详细评述。

1.1　国外发展情况

1.1.1　国外装配式混凝土框架结构

1）美国

美国预制装配混凝土结构的发展较为成熟，这是由于预制预应力混凝土协会(PCI)对预制装配式建筑进行了长期的研究并形成了较为丰硕的成果，推动了预制装配规范体系逐步完善，出版了多本预制混凝土相关资料，对整个行业的发展起到了极大的推动作用。

采用长线台座生产的先张法预应力构件是美国普遍使用的预制构件[6]，主要有预应力双T板、预应力空心板、预应力实心板等水平构件(图1.1，其中阴影部分为叠合层)，以及预制梁、墙、柱等竖向构件。推荐使用大跨度水平构件，形成了多层停车场、预制体育场看台结构等多种成熟的体系。早期的装配式混凝土结构主要用于高度不高、抗震风险不高的建筑。

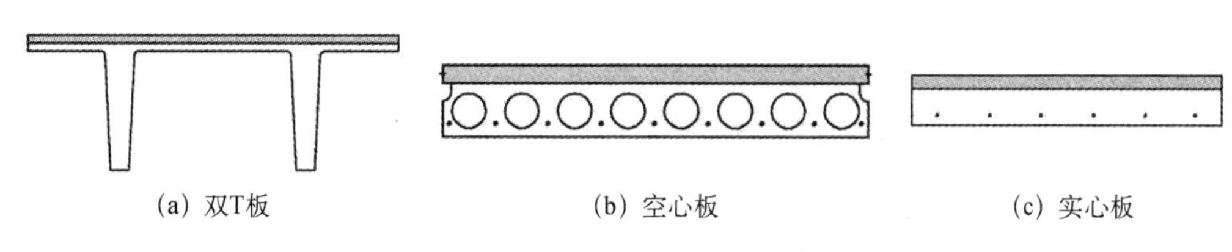
(a) 双T板　　(b) 空心板　　(c) 实心板

图1.1　预制水平构件示例[6]

美国西部地震多发，因此西部地区规范的抗震要求最为严格。2000 年，美国发布了一本统一的国家规范 IBC 2000(基于 NEHRP 1997 建议条款和 UBC 规范)，在早期的地震法规中被很大程度上忽略了的预制混凝土结构直接包含在条款中，许多此类规定被之后的混凝土结构规范 ACI 318-02 采用。框架分为普通、中等和特殊三个等级，按照地震风险不同选用。高地震风险区域的大多数设计采用基于整体现浇混凝土结构的仿效设计。仿效设计并不要求节点构造模仿现浇混凝土结构，美国 PCI 设计手册[6]和 ACI Committe 550 Report 中介绍了一些符合仿效设计概念的装配式节点形式[7]。

从 1990 年起，美国和日本便开展了预制抗震结构体系 PRESSS(Precast Seismic Structural Systems)项目研究[8]，其最终目的是为预制装配混凝土结构的设计和使用提供相关建议，确保该结构形式在不同设防要求下均能保持良好的抗震性能。PRESSS 项目最终在理论和试验的基础上推荐了以下几种连接形式，如表 1.1 所示。

表 1.1 PRESSS 项目推荐的连接示意图

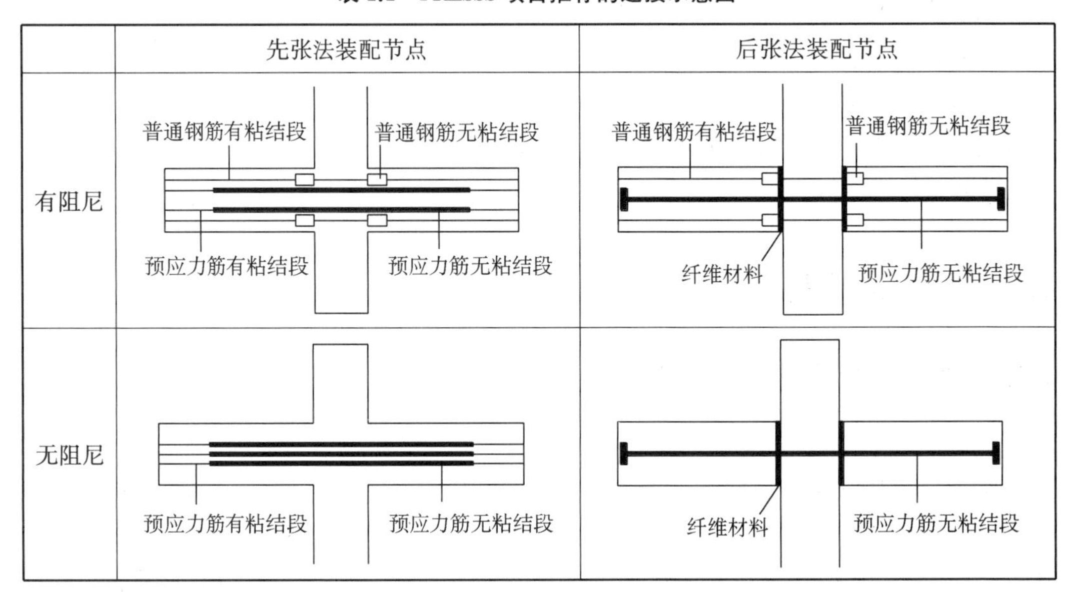

1999 年，通过采用 PRESSS 项目所建议的节点形式的一个五层预制混凝土结构模型的振动试验得以开展。在框架中分别采用了包括混合连接、只采用普通钢筋和不采用后张法预应力筋等多种连接形式。试验结果表明整个结构抗震性能较好，动力荷载下基底的抗剪能力完全满足抗震规范要求。

2）欧洲

法国 PPB 技术应用较为广泛[9]。目前的产品体系包括预应力混凝土(PC)梁、PC 板、SCOPE 体系(框架结构)、预制 PC 楼梯、PC 壳屋面以及 PC 窗框架。

全装配式的梁柱连接形式的试验研究受到许多欧洲研究者的重视。1991 年，欧共体发起了旨在研究通过设计控制半刚性节点力学性能的方法的研究项目。

直到 1999 年，有 23 个国家加入了该项目，取得了较为显著的成果[10]。图 1.2 为其中一种采用接触面板的复合节点形式,目的为开发合适的分析工具来预测类似节点形式的力学性能。位于奥地利的采用钢结构和混凝土混合结构形式的维也纳千年塔(图 1.3)为该项目的成果之一,整个项目的建造成本节省了约 20%。

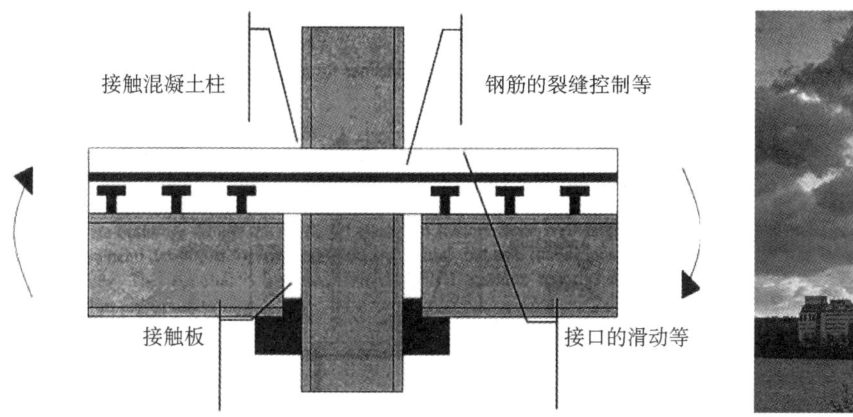

图 1.2 采用接触面板的复合节点

图 1.3 维也纳千年塔

3) 日本

日本的预制混凝土框架结构的研究应用水平较高,其设计理念类似于我国的装配整体式混凝土框架结构,结合隔震减震技术,建成了许多超高层建筑。其预制构件的生产水平、安装质量较高。日本政府法规对装配式混凝土结构的监管十分严格。

通过 PRESSS 等项目研究,日本在预制装配研究及应用方面成果显著,现已形成 KSI、鹿岛等结构体系以及较为完备的施工工法。

(1) KSI 体系

KSI 体系将骨架和填充体明确分离,可以延长住宅的可使用寿命[11],如图1.4 所示。该体系包括四大要素:高耐久性的结构体,无次梁的大型楼板,公用的排水管设置在住宅外面,电线与结构体分离。KSI 体系在日本具有较广泛的应用。

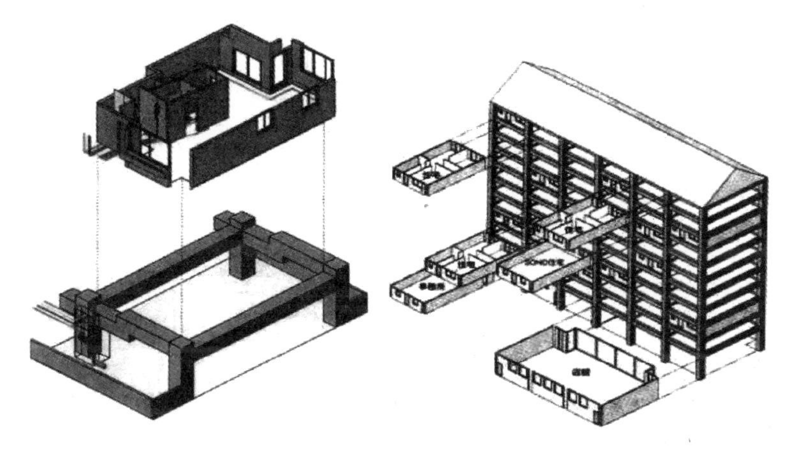

图 1.4 KSI 住宅的示意图

(2) 鹿岛体系

鹿岛体系采用 PCa 装配式技术[12]。鹿岛体系所采用的节点核心区以及预制构件均在工厂实现预制，预制过程中需要在梁端和柱端预留出钢筋，以确保在现场与其他预制构件通过灌浆技术进行连接，如图 1.5 所示。但这种节点由于具有较高的精度要求，从而提高了预制构件制作的难度，也增加了制作及施工的成本，因而并没有得到较大范围的推广。

图 1.5　鹿岛体系节点构造示意及成品图

除了相关理论的研究，日本在预制框架节点形式和施工工法方面也形成了较为成熟的体系，较为常见的施工工法包括压着工法[13]和 PCaPC 拼装技术，图 1.6 为采用 PCaPC 拼装技术梁柱连接示意图。《预制建筑技术集成》丛书介绍了日本在预制装配领域的相关施工工法和建造技术，日本主流混凝土预制工法的分类如图 1.7 所示。

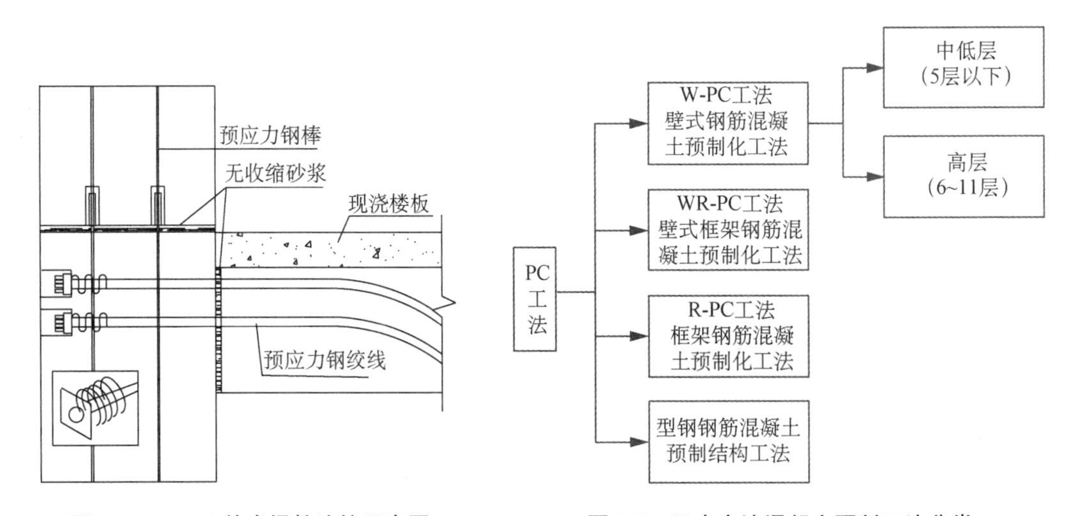

图 1.6　PCaPC 技术梁柱连接示意图　　**图 1.7　日本主流混凝土预制工法分类**

1.1.2　国外装配式混凝土剪力墙结构

美国装配式剪力墙应用较多，PCI 设计手册推荐将建筑需要的墙体设计为剪力墙，作为抗侧力构件以简化框架连接构造。相关规范认可三个等级的构造要求的预制混凝土墙[7]。普通预制混凝土剪力墙仅可用于地震风险较低的建筑物，且仅需要结构整体性的构造，每片剪力墙竖向可以只有两个连接，这是非常方便的。对于中等地震风险，必须采用有延性连接要求的中等预制剪力墙。在地震风险较高的建筑物中，剪力墙必须为特殊钢筋混凝土剪力墙，此时，荷载标准不区分整体现浇剪力墙和预制墙，当剪力墙预制时，除了适用于中等预制剪力墙的延性构造要求外，还必须满足现浇墙的构造要求。对于非仿效整体现浇剪力墙的特殊预制混凝土剪力墙，可以接受使用符合 ACI ITG-5.1 的无粘结后张预应力筋的墙，这是基于 PRESSS 研究中的试验的参考标准。

德国的双面叠合剪力墙适用于自动化流水线生产，安装十分方便，我国引进了多条生产线，并列入设计标准[1]。

二战结束后，欧洲大量应用预制混凝土大板结构，如图 1.8 所示，该结构在接缝处易产生应力集中，变形也不连续，整体抗震性能与现浇结构相比较差，其抗震性能取决于墙板之间的接缝连接。预制混凝土大板结构的接缝主要有水平接缝和竖向接缝。

Clough 等[14]通过对 3 个缩尺构件进行动力试验揭示了预制混凝土大板结构的破坏机理，试验表明：混凝土大板结构中竖向接缝的耗能作用显著，水平接缝极大影响了结构的连续性及整体性。尽管预制混凝土大板结构的接缝处连接较弱，但是具有相当的安全系数，在中震下仍能保持弹性。末端带有翼墙的试件尽管发生了较大变形但是尚未倒塌，具有承受大震的潜力。

Foerster 等[15]对 5 种接缝进行了单调剪切荷载破坏试验，研究表明使用抗剪键的试件，其接缝性能要优于直线形界面接缝，但试件的开裂荷载与连接件无关，取决于砂浆的抗拉强度和垂直于水平接缝的预加荷载的大小，并给出了接缝开裂荷载与极限荷载的建议计算公式。

竖向接缝的受剪承载力取决于接缝的形状和宽度、混凝土强度、剪力键的面积等，它与结构的强度、变形、延性、耗能能力等性能指标密切相关。Cholewicki[16]提出了竖向接缝在对角裂缝破坏、非对角裂缝破坏情况下的受剪承载力公式，并基于试验分析了剪力键的面积、形状以及配筋率等因素对竖向接缝承载力的影响。

Pekau 等[17]沿着竖向接缝布置有限滑移螺栓，并通过非线性时程分析证明了这种摩擦型机械连接件能够较好地改善预制大板结构的抗震性能。Abdul - Wahab[18]研究了钢纤维混凝土对竖向接缝的影响，并确定了纯剪状态下竖向接缝的破坏荷载，研究表明在竖向接缝处的混凝土中添加钢纤维可以显著提高接缝的受剪承载力。Crisafulli 等[19]研究了竖向接缝采用焊接连接的低多层预制剪力墙结构的受力性能，竖向接缝由带圆孔的矩形钢板组成，以此在剪力墙结构中引入具有延性连接的弱缝，并给出了该接缝的剪切刚度、屈服强度和极限强度的简化表达式。

UPT 剪力墙结构如图 1.9 所示，该结构利用后张拉预应力钢筋或钢绞线将上下剪力墙连接起来，从而保证结构的整体性。UPT 剪力墙结构的耗能能力不足，在地震作用下该结构可以发生很大的非线性位移而几乎没有损伤破坏，据此 Kurama[20]提出在 UPT 剪力墙中采用阻尼器以降低结构的侧向位移。

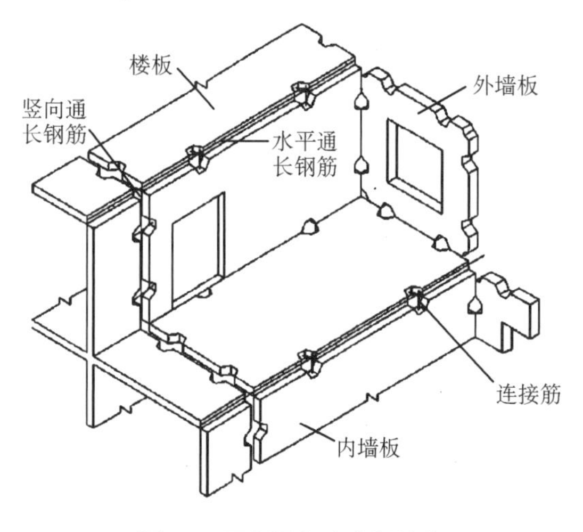

图 1.8 预制混凝土大板结构

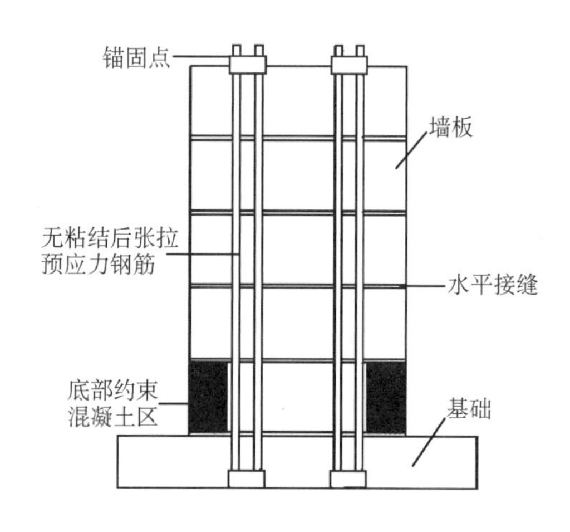

图 1.9 UPT 剪力墙结构

Henry 等[21]将不同类型的低碳钢耗能剪力键用于预制墙体中，并通过试验和数值分析研究剪力键的耗能能力，研究表明椭圆形剪力键的耗能能力十分突出，适用于烈度较高的新型剪力墙结构。Marriott 等[22]对后张拉预制墙片进行了振动台试验，结果表明低碳钢与粘滞阻尼器混合使用时比各自单独使用时的耗能能力更强。Holden 等[23]通过试验研究传统预制剪力墙和无粘结后张拉碳纤维预应力筋、钢纤维混凝土墙体的抗震性能，结果表明传统预制混凝土剪力墙具有更强的耗能能力，但其塑性铰区发生了严重的永久性破坏，产生了很大的残余变形，而无粘结后张拉预制剪力墙却没有。

Bora 等[24]提出一种新型预制剪力墙连接方式，细部构造如图 1.10 所示，通过此种连接可以有效限制由基础传递给上部剪力墙的力，避免锚固部位发生脆性破坏，同时还可以降低对剪力墙截面的厚度需求。

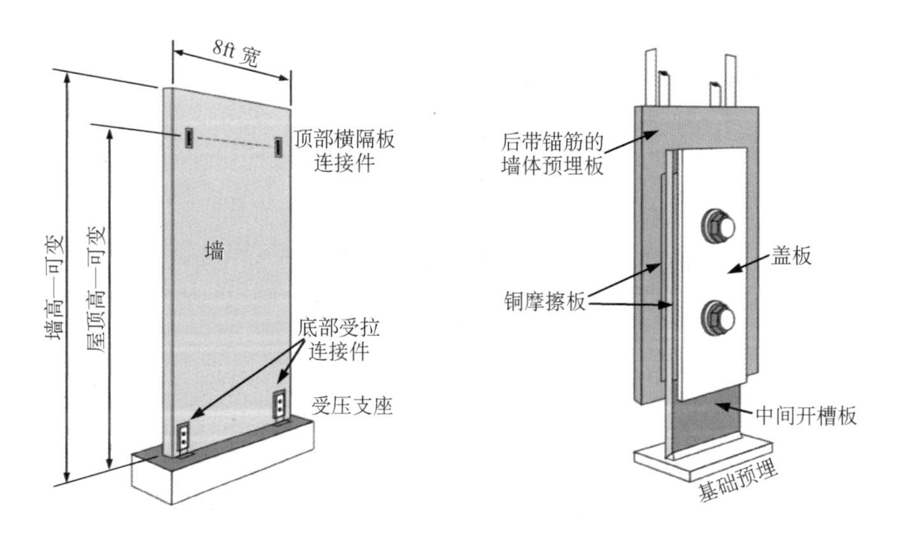

图 1.10 新型预制剪力墙与约束基础连接示意图

Peikko公司[25]提出了一种便于预制剪力墙安装的Wall Shoes连接方式，如图1.11所示，其连接原理和连接方法类似于螺栓连接，在连接预制剪力墙构件时，Wall Shoes连接器主要承受剪力和拉力，其应力分别由底板、侧板、钢筋来传递。Vimmr[26]通过研究证实了这种连接的可靠性，并给出Wall Shoes用于锯齿状键槽接触面时的抗剪强度计算公式。

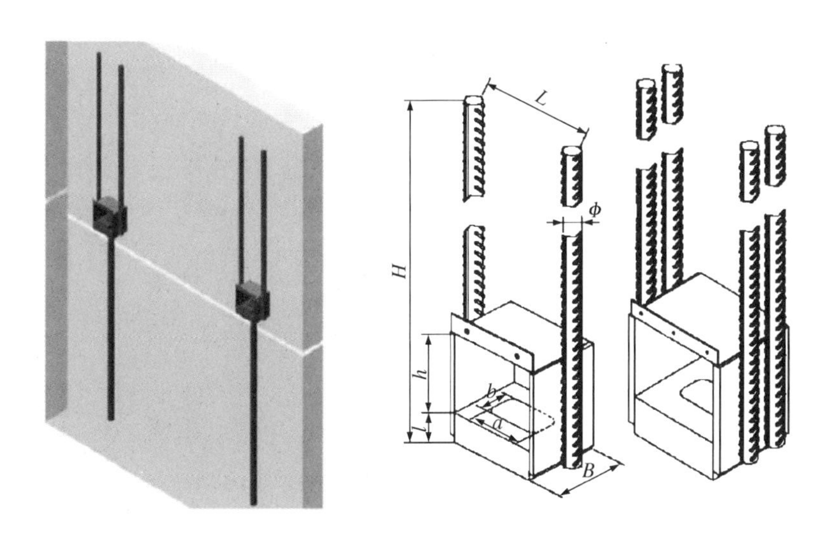

图 1.11 Wall Shoes 连接示意图

1.2 国内发展情况

近年来，建筑产业现代化逐渐成为热点方向，预制装配结构也因此受到越来越多的关注。2016年4月《装配式建筑系列标准应用实施指南》发布，以期为装配式建筑技术及标准规范的推广提供更专业权威的技术保障。2016年9月30日，国务院办公厅发布了《关于大力发展装配式建筑的指导意见》，提出将京津冀、长江三角洲、珠江三角洲三大城市群作为发展装配式建筑的重点推广区域，计划通过10年的时间实现新建建筑中装配式建筑面积占比达到30%的目标。同时，逐步完善法律法规、技术标准和监管体系，推动形成一批设计、施工、部品部件规模化生产企业和专业化的技能队伍。

目前国内各地开发或引入了很多装配式混凝土建筑结构体系，包括预制装配框架结构和预制装配剪力墙结构体系，以及装配整体式框架-现浇剪力墙结构体系，在相关标准[1-3]中有相应的规定。对于预制装配混凝土框架结构，江苏省主要有南京大地建设集团有限责任公司的“预制预应力混凝土装配整体式框架结构体系”和润泰集团的“预制装配式框架结构体系”等。

1.2.1 国内装配式混凝土框架结构

国内许多学者关于预制框架结构及节点形式的研究成果也较为丰富[27-32]。目前国内应用较为广泛的装配式混凝土结构体系主要包括世构体系和润泰体系，PPAS体系和鹿岛体系也得到了一定的应用,这几种都属于装配整体式的节点形式。本节针对部分国内的相关研究成果进行阐述。

1）世构体系

世构体系(SCOPE)技术是一种预制预应力混凝土装配整体式框架结构体系,这种技术源于法国,之后经南京大地集团公司引入并联合高校进行相关的改进以及试验研究,现在国内已经得到一定的推广应用。其较具特色的一点在于节点区设置了 U 形钢筋,U 形钢筋的目的是通过在键槽区域与钢绞线的搭接从而实现节点两端的连接,提高节点和结构的抗震性能。例如边节点的构造如图 1.12 所示,世构体系施工现场如图 1.13 所示。

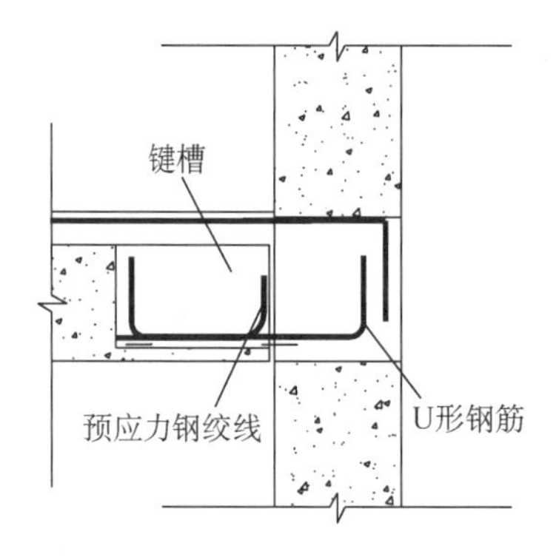

图 1.12　世构体系边节点形式

图 1.13　世构体系施工现场

为了更好地与国内的规范相接轨,将世构体系应用于实际工程中,东南大学以及相关科研机构对该类节点以及改进的节点形式进行了拟静力试验以及缩尺的动力试验,东南大学冯健教授团队研究表明世构体系具有良好的延性和抗震性能[32]。

2）台湾润泰体系

润泰施工体系是由台湾润泰集团研发的一种创新的施工工艺[33-34]。这种节点的下部梁纵筋伸入节点区域,但是两侧梁纵筋同时锚入节点,因此必须保证梁底纵筋错开放置。这种节点形式对预制构件的加工精度也提出了较高的要求,此外该种节点形式的柱纵筋因为梁筋锚入节点的原因通常布置在柱的角落位置,从而需加大柱的截面,这就可能导致框架柱成为短柱,使得柱在地震作用下可能发生剪切破坏(图 1.14)。

(a) 柱纵筋布置于柱四角

(b) 节点区梁纵筋相互错开

图 1.14　润泰节点现场图片

3）延性节点研究

国内各高校均对自身特性类节点，主要是延性节点展开过较多的研究，主要有同济大学、东南大学、合肥工业大学、北京工业大学[35-36]等，并取得了一些有价值的成果。以下关于这些成果做简要的介绍。

同济大学参与了由欧盟发起的以研究新型预制混凝土框架结构抗震性能为目标的“Seismic Behavior of Precast Concrete Structures with Respect to Eurocode 8”项目，并进行了相关研究。基于此项目，赵斌等[37]采用足尺模型对现浇高强混凝土节点、高强预制混凝土后浇整体式节点和预制高强全装配式螺栓节点进行了试验研究。其中高强预制混凝土结构全装配式梁柱节点如图 1.15 所示，试验装置如图 1.16 所示。试验结果表明：高强预制混凝土后浇节点具有与现浇框架结构接近的抗震性能，而全装配式节点的抗震能力与其他两种节点存在明显的差异。

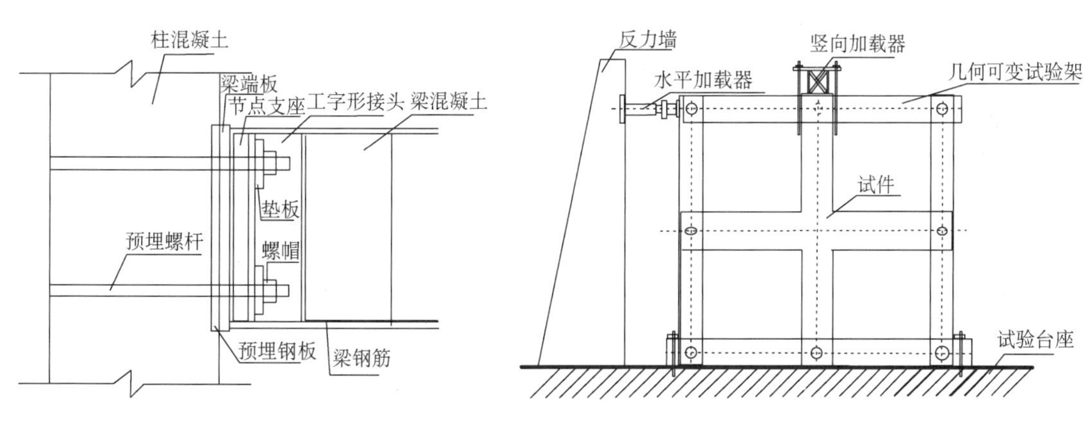

图 1.15 全装配式梁柱螺栓节点　　**图 1.16 试验加载架**

图 1.17 为一个三层两跨预制混凝土框架结构 1/5 缩尺振动台试验模型，梁柱的连接采用螺栓的预制节点形式(图 1.18)。振动台试验表明：整个结构刚度较小，节点处破坏较为严重，但节点连接件并未遭到较大的破坏，预制柱在振动试验结束后也未产生较大的裂缝。

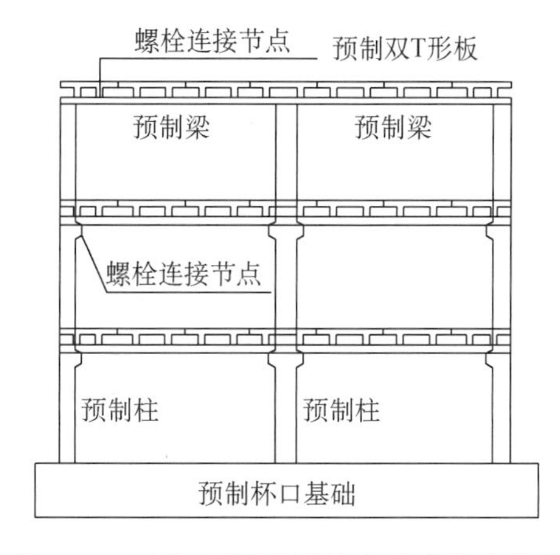

图 1.17 同济大学预制框架振动台试验模型

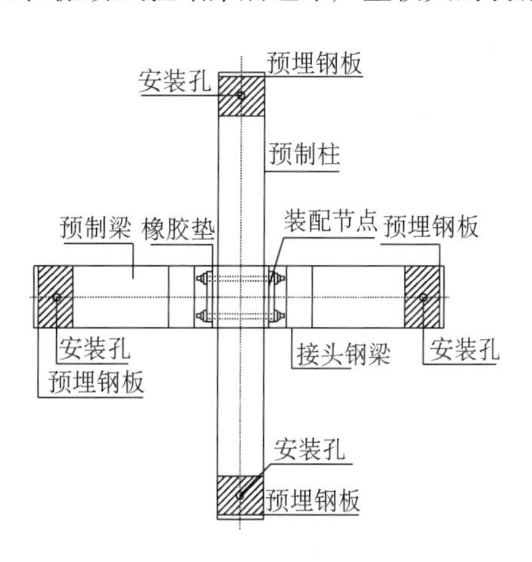

图 1.18 采用螺栓的预制节点形式

同济大学的林宗凡[38]设计了 4 个预制全装配式框架节点，其设计机理包括拉-压屈服机理、摩擦滑移机理以及非线性弹性反应机理。其中拉-压屈服试件的节点构造如图 1.19(a)所示。另外一个摩擦滑移试件的节点构造如图 1.19(b)所示，在用带螺纹头的高强钢筋连接梁柱前，向梁柱间浇灌高强纤维加筋浆体，拧紧连接件后，向孔洞内灌浆，试验结果证明此类节点均实现了延性节点设计的思想。

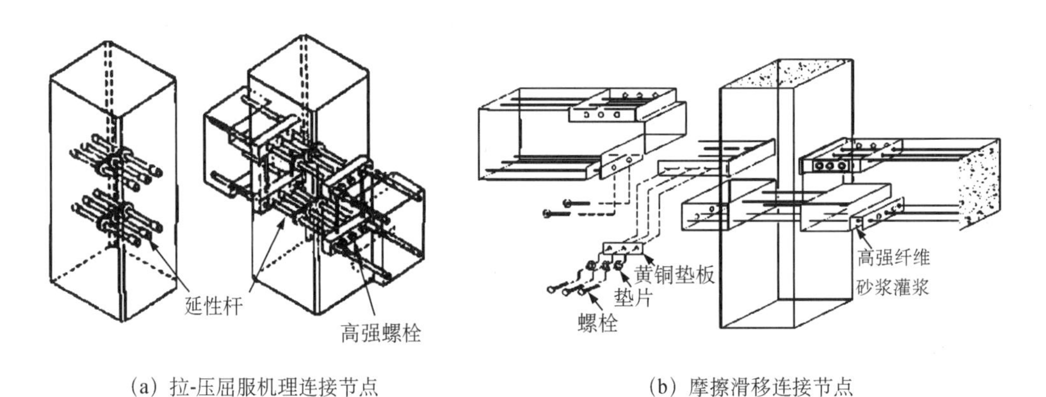

(a) 拉-压屈服机理连接节点　　(b) 摩擦滑移连接节点

图 1.19　具有自身特性的延性节点

蔡小宁[39]提出一种新型的装配混凝土框架节点形式，该节点通过顶底角钢进行耗能。在地震作用下，结构可以通过预应力筋的自复位能力恢复到正常状态，实现良好的抗震效果。陈申一[40]和梁培新[41]对非对称混合连接节点形式展开了相关理论和试验研究。种迅等[42]对采用部分无粘结后张预应力节点形式的框架结构也进行了相关研究。

1.2.2　国内装配式混凝土剪力墙结构

装配式混凝土剪力墙结构的核心问题是竖向钢筋连接。列入相关标准[1-2]的有采用套筒灌浆连接、单根钢筋浆锚搭接连接的装配整体式剪力墙，以及双面叠合剪力墙。

源于东欧的大板建筑 20 世纪时在我国便有大量应用，相关标准[1-2]增加、保留了部分内容。尹之潜等[43]对高层装配式大板结构进行了模拟地震试验，研究了当时工艺下大板结构的抗震性能，并对比了双向和单向输入地震时大板结构反应的差异，得到了大板结构在地震作用下的破坏形态，并用试验结果验证了分析模型及分析方法的可靠性，推动了装配式墙板结构的发展。

张军等[44]将全预制钢筋混凝土装配整体式结构(NPC)技术体系应用到了实际工程中，该体系竖向构件之间采用浆锚连接，水平构件与竖向构件之间采用预留钢筋叠合现浇连接。陈耀钢[45]对南通市海门中南世纪城 33 号楼中的节点性能进行了测试，试验中外周剪力墙节点由于插筋数量较少导致延性不足而发生了剪切破坏，增加插筋数量能够提高其延性。

刘晓楠等[46]对 NPC 体系 T 形外墙、梁、板节点进行了低周反复荷载试验，研究表明 NPC 体系的承载能力以及抗震耗能能力可以实现等同现浇，同时由于插筋的存在也在一定程度上提高了节点的刚度、延性以及承载力。朱张峰和郭正兴[47]研究了装配整体式剪力墙结构墙板节点的抗震性能，对四个墙板节点进行了低周反复荷载试验，并通过有限元模拟加以验证，研究结果表明装配整体式墙板节点的抗震性能良好，可以作为装配式剪力墙的抗震防线。

张家齐[48]对预留孔灌浆连接剪力墙进行了受压性能试验，试验结果表明可以按照现浇剪力墙结构理论计算其极限承载力。同时他还设计了三层剪力墙子结构足尺构件，并进行了单自由度、多自由度拟动力试验，以研究插入式预留孔灌浆钢筋搭接连接下整体结构的抗震性能。拟静力试验结果表明整体结构处于弹性状态，能够满足“小震不坏”的抗震设防目标；拟动力试验结果表明预制混凝土剪力墙结构的破坏模式和耗能机理与现浇结构相同，结构具有良好的延性和耗能能力，能够实现“小震不坏、中震可修、大震不倒”的抗震设防目标，可以应用在地震区。

姜洪斌等[49-50]基于钢筋锚固试验结论，按照100%的搭接接头率确定钢筋搭接长度，设计了108个预制混凝土结构插入式预留孔灌浆钢筋搭接试件(如图1.20所示)，并对试件进行单向拉伸试验，得到了插入式预留孔灌浆钢筋搭接连接的破坏形式以及钢筋直径、混凝土强度、搭接长度的影响规律，计算分析并给出合理的搭接长度。此外还分析了螺旋箍筋约束下纵筋搭接连接的受力机理，并给出了考虑螺旋箍筋配箍率的纵筋搭接长度计算方法。赵培[51]详细研究了配箍率对钢筋搭接长度的影响，验证了文献[49]和[50]的结论。

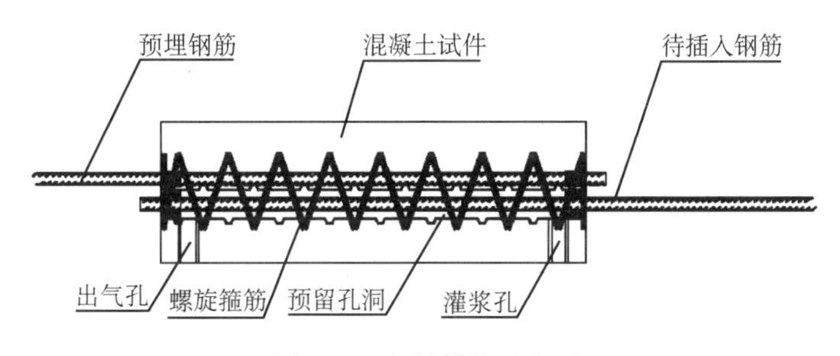

图1.20 钢筋搭接示意图

清华大学钱稼茹等[52-54]对预制剪力墙竖向钢筋的不同连接方式进行了深入研究(如图1.21所示)，研究表明：竖向钢筋留洞浆锚间接搭接能有效传递钢筋应力，使用此种连接的预制剪力墙试件与现浇剪力墙试件的破坏形态有所不同，除剪力墙底部形成水平通缝外，墙体中竖向钢筋接头处和预留洞高度处也形成了水平裂缝，并发展成为主裂缝，最终此高度端部混凝土压碎破坏；套筒浆锚连接、套筒浆锚间接搭接均可以有效地传递竖向钢筋应力，竖向分布钢筋和地梁以套筒浆锚间接搭接方式进行连接的试件，其承载力及变形能力都要优于竖向分布钢筋不连接的试件，其裂缝分布也更接近于现浇墙试件，在套筒高度范围内配置箍筋可以提高剪力墙的变形能力；采用套箍连接的试件抗震耗能能力差，不建议在工程中应用。陈云钢等[55]通过试验验证了装配式剪力墙结构水平拼缝采用竖向钢筋浆锚搭接时具有良好的抗震性能。

(a) 套筒浆锚连接

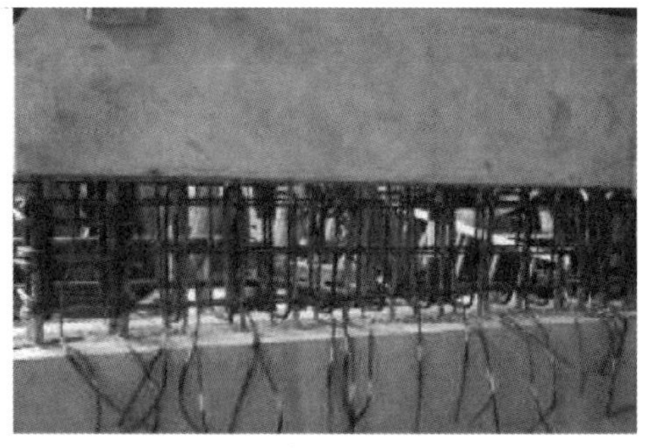

(b) 套箍连接

图 1.21 竖向钢筋的不同连接方式

李爱群、王维等[56-57]指出水平接缝和竖向接缝是装配整体式钢筋混凝土剪力墙结构的关键部位,水平接缝的主要作用是传递竖向荷载、承受水平剪力,竖向接缝的作用是确保预制剪力墙之间的相互作用,竖向接缝会影响结构的变形和耗能能力。地震作用下装配整体式钢筋混凝土剪力墙结构主要靠结构构件连接处的损伤和结构构件损坏来消耗能量,将水平接缝处竖向钢筋进行有效连接,或将竖向接缝设计成装配式耗能接缝,将有效提高装配式结构的抗震性能。

杨勇[58]根据结合面抗剪试验推导了预制混凝土剪力墙竖向结合面的受剪承载力公式,然后通过低周反复荷载试验给出了带有竖向结合面的一字形预制混凝土剪力墙的斜截面受剪承载力公式。

预制叠合剪力墙结构吸收了现浇混凝土结构与预制混凝土结构的优点,因而受到越来越多的科研单位及学者的重视。潘陵娣等[59]对预制叠合剪力墙进行了低周反复荷载试验,试验结果表明内表面采用不同处理方式的预制构件破坏模式相似,都能保证预制部分和现浇部分同步工作。此外,还根据国内外理论公式计算了墙体的受剪承载力,并与试验结果做对比,建议采用日本规范公式计算预制叠合墙的受剪承载力。

连星等[60-61]对双侧预制叠合板进行了低周反复荷载试验,试验结果表明边缘约束措施采用现浇端柱和暗柱形式的预制试件,叠合板与现浇部分的粘结良好,都能够有效地共同工作,设计时边缘约束措施可优先采用便于施工的暗柱形式,但预制叠合板的极限承载力、延性以及变形能力比全现浇试件差。采用有限元分析软件 ANSYS 对预制叠合板进行单向加载下的非线性分析,与试验结果做对比,两者能够较好地吻合。

蒋庆等[62]通过分析叠合板式剪力墙的刚度衰减过程,推导了弹性刚度计算公式,此外还提出了此种剪力墙的正截面开裂荷载计算公式、受弯承载力计算公式、斜截面抗剪计算公式以及水平接缝受剪承载力计算公式,并与实测值进行对比,两者能够较好地吻合。王滋军[63]对水平拼接叠合剪力墙、整体叠合剪力墙以及全现浇剪力墙进行了抗震性能试验研究,研究结果表明三种剪力墙的受力过程、破坏模式基本相同,均具有较好的抗震性能。水平拼接节点构造合理,剪式支架能够使钢筋混凝土叠合剪力墙的预制部分与现浇部分形成一个整体,共同承受外部荷载。

种迅等[64]对两个足尺工字形预制叠合剪力墙试件进行了低周反复荷载试验,研究了叠合板式剪力墙与基础之间水平连接部位的抗震性能,以及剪力墙竖向相交部位约束边缘构件对结构破坏形式的影响,在此基础上分析了水平连接部位的剪切滑移机理,并采用非线性有限元软件对试件的受力过程进行了数值模拟。研究结果表明:叠合板式剪力墙的破坏部位主要集中在水平接缝附近,塑性范围较小,延性与普通现浇钢筋混凝土剪力墙相比较差;由于工字形预制叠合剪力墙试件的翼缘宽度较大,并且试验过程中未施加轴力,因此有效摩阻面积很小,导致试件在水平荷载下产生较大的剪切滑移变形;有限元模型所得结果与试验结果较为吻合,能够较好地模拟叠合板式剪力墙在地震作用下的反应。

种迅等[65]还对两个剪跨比为 1.6 的叠合板式剪力墙试件进行了拟静力试验,研究其水平拼缝部位采用强连接时的抗震性能。研究结果表明插筋面积较大的试件可以实现强连接,其塑性部位由水平拼缝上移至墙板内部,抗震性能与现浇钢筋混凝土剪力墙相近;插筋面积较小的试件,其塑性部位也是首先出现在水平拼缝处,水平拼缝的开裂宽度较小;两个试件的屈服荷载相差不大,但插筋面积较大的试件峰值荷载较大,两个试件的变形能力均能满足抗震规范要求。

刘家彬等[66]设计了一种 U 形闭合筋用于装配式剪力墙结构竖向连接(如图1.22 所示),并对 U 形闭合筋连接的装配式混凝土剪力墙试件进行了低周反复荷载试验以评价其抗震性能。试验结果表明:U 形闭合筋连接试件与现浇试件在试验过程中裂缝开展情况不同,但最终的破坏形态基本相同;两个试件的滞回曲线都比较饱满,骨架曲线走势基本相同,耗能能力接近,均能够满足延性要求;U 形闭合筋试件与现浇试件相比,初期刚度、开裂荷载有所降低,但峰值荷载有所提高;装配式混凝土剪力墙结构采用 U 形闭合筋连接可以达到与现浇结构相当的抗震耗能能力。

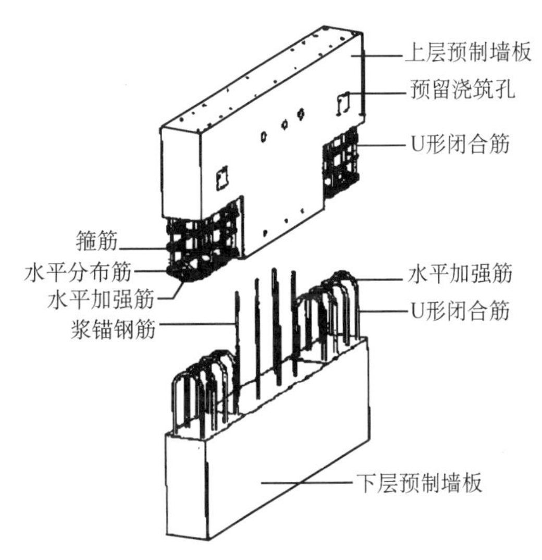

图 1.22 U 形闭合筋连接示意图

曹万林等[67]提出了带人字形暗支撑的新型剪力墙连接方式,并对 3 个 1/4 缩尺剪力墙模型进行了抗震性能试验,分析了此种结构的刚度、承载力、延性、耗能以及破坏特征等。研究结果表明在连梁中配置交叉斜筋可以显著提高试件的承载力和延性,但是两道抗震防线尚不明确;两墙肢设置暗支撑后,其抗震能力明显增强,形成了两道明晰的抗震防线。此外还建立了带暗支撑双肢剪力墙的力学模型,并推导了此种连接形式的承载力计算公式,计算结果与实测值能够较好地吻合。

张锡治等[68-70]提出了预制墙体齿槽式拼装工法(如图 1.23 所示),并对 3 片剪跨比为 2.13 的剪力墙试件进行了拟静力试验,其中 1 片为现浇剪力墙,另外 2 片为齿槽式连接预制剪力墙。试验结果表明:在一定轴压比下齿槽式连接预制剪力墙与现浇剪力墙的破坏形态基本相同;齿槽区域竖向分布钢筋自由搭接剪力墙试件的滞回曲线饱满,受剪承载力与现浇试件基本相同,其延性能够满足抗震要求。此外还对 8 片剪跨比为 0.54 的 1/2 缩尺齿槽式连接试件进行了单调推覆加载试验。研究结果表明:轴压比对试件的裂缝开展影响很大,轴压比较大时,裂缝主要沿对角线方向开展;轴压比较小时,裂缝主要沿齿槽接合面开展;设置暗柱、增加轴压比均可提高齿槽式连接剪力墙的受剪承载力,齿槽长度对齿槽式连接剪力墙的受剪承载力影响较小。并基于试验结果及现有研究成果,提出了装配式剪力墙齿槽式连接的受剪承载力计算公式,计算结果与试验结果能够较好地吻合。

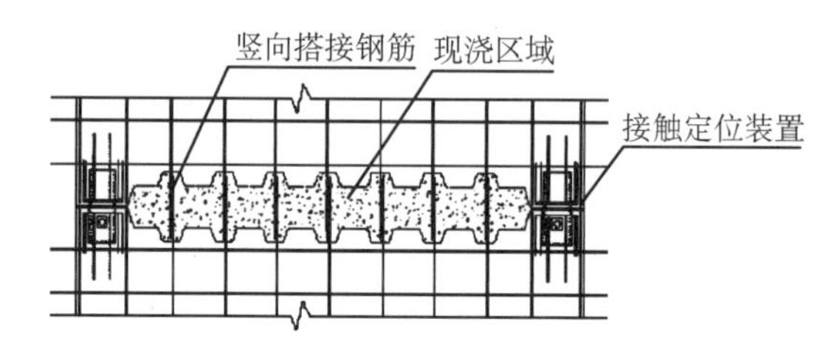

图 1.23 齿槽式连接示意图

赵斌等[71]通过螺栓、钢连接件、套筒将上下墙体连接成一个整体(如图 1.24 所示),并进行了低周反复荷载试验,研究结果表明:预制墙最终发生受弯破坏,与普通墙相比,其水平受剪承载力略高,延性和耗能稍差,两者的极限位移角相近;水平接缝能够提供可靠的连接,预制剪力墙总体抗震性能良好;套筒布置与搭接钢筋直径对墙片水平受剪承载力的影响较大。

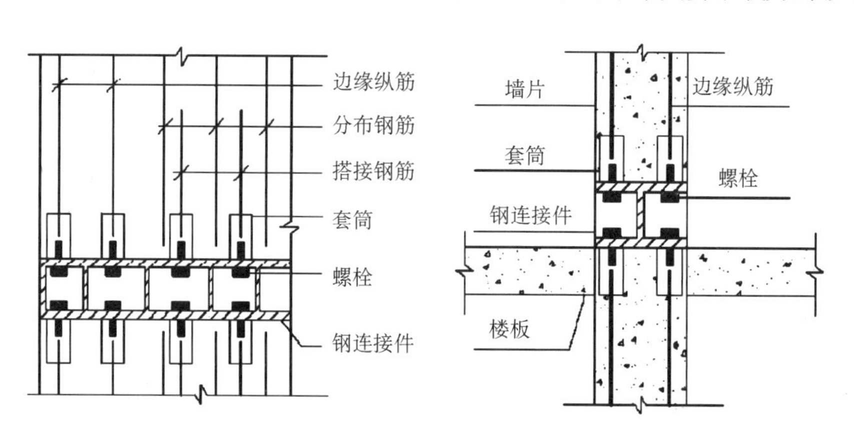

图 1.24 "螺栓-钢连接件-套筒"连接示意图

孙建等[72]通过连接钢框和高强度螺栓将带有内嵌边框的纵横向预制剪力墙连接起来,拼装成工字形剪力墙(如图 1.25 所示)。为了研究该装配式剪力墙的抗震性能,分别进行了单调加载试验和低周反复荷载试验,研究结果表明:该装配式剪力墙的承载力较高,延性以及耗能能力良好;高强螺栓的直径、连接边框钢板的厚度会影响该类型剪力墙的抗侧刚度和峰值荷载;内嵌边框既可以传递分布钢筋应力,又能约束混凝土,提高剪力墙的延性。

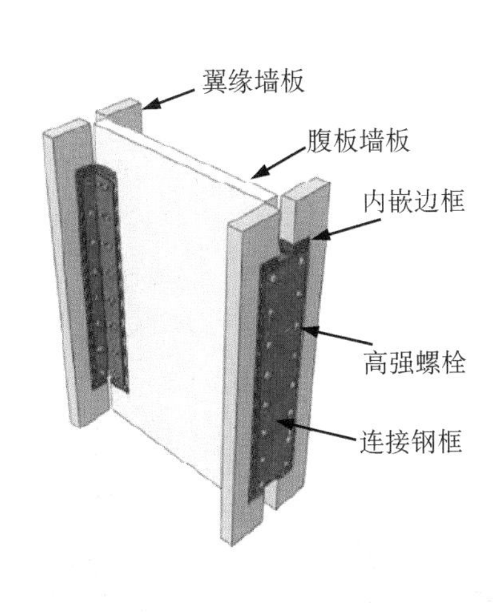

图 1.25 螺栓连接工字形剪力墙

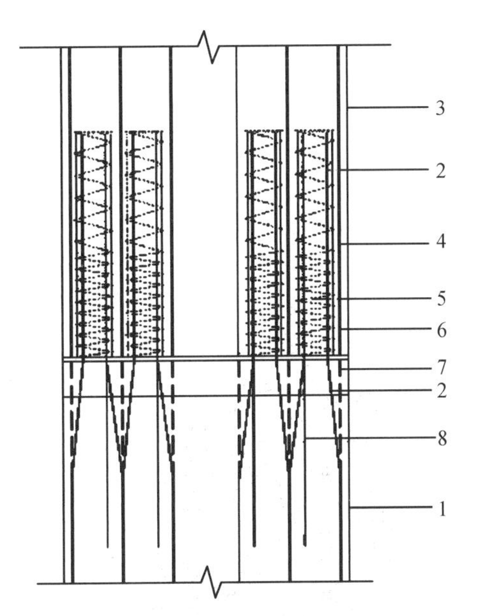

1—下层预制剪力墙
2—下层预制剪力墙中伸入孔道的上部竖向钢筋
3—上层预制剪力墙
4—上层预制剪力墙下部的预留孔道
5—孔道外侧预先设置的变螺距的螺旋箍筋
6—上层预制剪力墙内的竖向钢筋
7—直径不小于 8 mm 的短钢筋
8—下层预制剪力墙上部设置的附加竖向钢筋

图 1.26 集束连接示意图

东南大学冯健等[73-74]提出了一种便于施工的预制剪力墙集束连接形式(如图 1.26 所示)。冯飞[75]通过低周反复荷载试验证明了该连接具有良好的抗震性能。张喆[76]研究了集束连接剪力墙结构的抗剪机理,根据拉压杆模型推导了预制剪力墙受剪承载力的简化公式,并与试验结果对比验证了拉压杆模型的合理性。随后冯健等[77]对上述连接方式持续改进,形成了便于施工、受力合理的竖向钢筋集中约束搭接连接构造。刘广[78]对集束连接预制剪力墙进行了抗震性能试验研究,研究结果表明:去除波纹管不能提高预制剪力墙的承载力,但可以提高其耗能能力和延性;在预留孔高度出附加钢筋可以减小裂缝宽度,但未改变裂缝的最终形态。

1.3 预制装配技术工程应用

目前国内外采用预制装配式的建筑有很多,以下为几个具有代表性的建筑。

日本东京胶囊大厦(Nakagin Capsule Tower)(图 1.27),由黑川纪章(Kisho Kurokawa)设计并于 1970—1972 年建造,为了实现其内部空间更改的需求,该建筑物的所有单元均为预制模块。美国旧金山 Paramount 公寓楼(图 1.28)于 2001 年 7 月竣工,整个结构共 39 层，建筑总高 128 m，该建筑物采用的是混合预制预应力体系的梁柱节点形式。南京上坊保障房 6-05 栋采用 15 层预制预应力混凝土装配整体式框架(图 1.29)，于 2012 年建成，是当时国内最高的预制装配整体式框架。南京丁家庄二期(含柳塘片区)保障性住房项目 A27 地块(图 1.30)，采用集束连接装配整体式剪力墙结构，于 2018 建造完成，该建筑地上 30 层。

图 1.27　Nakagin Capsule Tower 胶囊大厦

图 1.28　Paramount 公寓楼

图 1.29　南京上坊保障房 6-05 栋

图 1.30　南京丁家庄保障房 A27 地块

2 装配整体式混凝土结构设计基本要求

2.1 基本要求

近十几年来我国开始了新一轮的装配式混凝土结构推广应用，取得了可喜的成绩，但同时也出现了一些问题，例如经济性、便利性等，许多项目造价超过现浇结构，施工速度甚至不如现浇结构，这对于我国装配式混凝土结构的推广应用是极为不利的。一方面原因是近几十年来我国现浇混凝土结构技术取得了飞速的进步，另一方面是我国装配式混凝土结构的技术、市场尚未成熟。我们应该跳出传统的现浇混凝土结构建造的思维，从如何合理、方便、大量使用预制构件的角度思考问题，做到安全可靠、价格合理和施工方便，这个阶段国外的成熟经验值得我们借鉴。例如美国PCI设计手册指出，在设计开发阶段的初期开始最大化预制混凝土产品的效率，柱和墙的位置可以设置为大跨度和标准的模块尺寸。当地的预制混凝土构件生产厂家在早期设计开发方面的协助将优化预制混凝土系统，提供经济的解决方案，并确保在设计中考虑产品的可用性。像大多数其他建筑材料一样，工程预制混凝土需要考虑各种状态，而不仅仅是最终的使用状态。设计人员除了进行使用荷载的分析和设计，还需要考虑产品的制造、装卸、运输和安装。这些短暂状况之一常常成为设计中的控制因素。设计优化遵循以下原则：平面布置和构件尺寸尽可能重复使用标准化构件；尽可能使用简支跨；构件中开洞的大小和位置标准化；不同构件种类和尺寸最少化；同类构件中不同的配筋种类最少化；不同连接形式最小化；指定常规连接类型，以便可以使用当地厂家首选的特定类型；考虑构件的大小和质量，以避免与生产、运输和安装超大件和超重件相关的高成本；当跨度较大时，构件截面高度必须最小化或需要最大限度的裂缝控制时，在预制混凝土构件中采用预应力；避免构件和连接设计要求严格的公差和工艺；避免规定超出耐用混凝土混合物设计、允许应力、允许反拱、挠度，以及钢筋、预埋件和连接件的表面处理需要的要求；尽可能利用外墙和内墙板作为承重构件和（或）剪力墙；配置建筑构件尽可能重复使用；在一个项目的设计开发阶段，尽早与当地的厂家联系，以获得应用上述原则的帮助。

2.1.1 设计流程

装配式建筑由四大系统组成：结构系统、外围护系统、设备与管线系统和内装系统。它涉及建筑、结构、水、暖、电所有专业，其设计是全专业、全过程的系统集成过程。装配式建筑建造是系统的组合，解决四大系统之间的协同问题以及各系统内部的协同问题，突出体现装配式建筑的整体性能和可持续性。传统的现浇混凝土建筑设计也是同样的理念和做法，只不过习惯之后约定俗成，而大量采用部品部件之后，各专业受到的约束增加了，协同显得更加重要，尤其是在装配式建筑大规模推广的初期。

《建筑工程设计文件编制深度规定（2016 年版）》新增了装配式建筑设计内容。其中有两点需要重视：一是装配式建筑工程设计中宜在方案阶段进行“技术策划”；二是预制构件生产之前应进行“装配式建筑专项设计”，包括“预制混凝土构件加工详图设计”，预制构件加工图由施工图设计单位设计，也可由其他单位设计经施工图设计单位审核通过后方可实施。主体建筑设计单位应对预制构件深化设计进行会签，确保其荷载、连接以及对主体结构的影响均符合主体结构设计的要求。

综上，装配式混凝土建筑结构设计流程除了按照现浇混凝土结构的常规设计流程，应该高度重视初步设计阶段的“技术策划”，以及“预制混凝土构件加工详图设计”。2019 年 7 月 4 日，住建部发布了《装配式混凝土建筑技术体系发展指南（居住建筑）》，其中对装配式混凝土结构体系强调：构件系统遵循通用化、标准化原则；连接技术遵循安全可靠、适用明确、配套完整、操作简便等原则；建立与结构系统相匹配的设计方法；建议采用高性能混凝土、高强度钢筋，提倡采用预应力技术（先张法预应力技术）；在运输、吊装能力范围内构件规格尺寸宜大型化；非框架梁宜采用铰接的连接方式等。上述问题包括四大系统之间的协同问题都是技术策划阶段需要明确的。

2.1.2 抗震设计要求

现有的国家、行业标准总体采用的是等同现浇的概念，因为各国混凝土结构设计理论是建立在现浇混凝土结构基础上的。结构设计不是简单的截面设计，是一个庞大的系统工程，如果装配式混凝土结构的性能不低于现浇混凝土，许多问题可以套用相对较为成熟的针对现浇混凝土结构的设计理论。因此目前主要采用的是装配整体式混凝土结构，结构分析可以采用与现浇混凝土结构相同的方法。至于等同现浇具体需要达到哪些要求，目前并没有一个确定的说法，但装配形成整体结构之后的承载力、刚度、延性等性能与现浇钢筋混凝土结构基本相同，应该是装配整体式混凝土结构需要做到的。

如果不满足既有标准（如标准范围以外的结构类型），当设计依据不足时，应选择整体结构模型、结构构件部件或节点模型进行必要的抗震性能试验研究。

2.1.3 结构分析

预制混凝土装配整体式结构应进行多遇地震作用下的抗震变形验算。预制混凝土装配整体式结构的一、二、三级框架节点核心区应进行抗震验算；四级框架节点核心区可不进行抗震验算，但应符合抗震构造措施的要求。核心区截面抗震验算方法应符合现行国家标准《混凝土结构设计规范》（GB 50010—2010）、《建筑抗震设计规范》（GB 50011—2010）的有关规定。

在使用阶段的结构内力与位移计算时，梁刚度增大系数可根据翼缘情况近似取为1.3～2.0。

受弯构件应按《混凝土结构设计规范》(GB 50010—2010)的有关规定进行裂缝宽度及挠度的验算。

预制构件的连接部位，纵向受力钢筋一般采用套筒灌浆连接、机械连接、浆锚搭接连接或焊接连接，纵向受力钢筋的连接应满足现行行业标准《钢筋机械连接技术规程》(JGJ 107—2016)中Ⅰ级接头的性能要求，预制柱之间当采用套筒灌浆连接，并符合现行行业标准《钢筋套筒灌浆连接应用技术规程》(JGJ 355—2015)的规定时，纵向受力筋可在同一断面进行连接。

设计采用的内力应考虑不同阶段计算的最不利内力，各阶段构件取实际截面进行内力验算，施工阶段的计算可不考虑地震作用的影响；使用阶段计算时取与现浇结构相同的计算简图。

施工阶段不加支撑的叠合式受弯构件，内力应分别按下列两个阶段计算：

(1) 第一阶段：后浇的叠合层混凝土未达到强度设计值之前的阶段。荷载由预制构件承担，预制构件按简支构件计算。荷载包括预制构件自重、预制楼板自重、叠合层自重以及本阶段的施工活荷载。

(2) 第二阶段：叠合层混凝土达到设计规定的强度值之后的阶段。叠合构件按整体结构计算。荷载考虑下列两种情况并取较大值：

① 施工阶段：考虑叠合构件自重、预制楼板自重、面层和吊顶等自重以及本阶段的施工活荷载。

② 使用阶段：考虑叠合构件自重、预制楼板自重、面层和吊顶等自重以及使用阶段的活荷载。

2.1.4 连接设计

连接设计包括构件之间的连接、钢筋连接、接缝设计等。构件之间的连接一方面要满足装配整体式结构的要求，另一方面要考虑预制构件的特点，避免现场施工困难。钢筋连接采用套筒灌浆连接、机械套筒(挤压套筒、可调套筒)连接、浆锚搭接连接和焊接。接缝的受剪承载力有专门的规定，应重视混凝土表面粗糙度、键槽的尺寸和数量等。

2.1.5 材料

装配整体式混凝土框架所使用的混凝土应符合下列要求：预制构件的混凝土强度等级不宜低于C30；预应力混凝土预制构件的混凝土强度等级不宜低于C40，且不应低于C30；现浇混凝土强度等级不应低于C25。

普通钢筋宜采用HRB400和HRB500钢筋，也可采用HPB300钢筋。抗震设计构件及节点宜采用延性、韧性和焊接性较好的钢筋，并满足现行国家标准《建筑抗震设计规范》(GB 50011—2010)的规定。

按一、二、三级抗震等级设计的框架和斜撑构件，其纵向受力普通钢筋应符合下列要求：钢筋的抗拉强度实测值与屈服强度实测值的比值不应小于 1.25；钢筋的屈服强度实测值与屈服强度标准值的比值不应大于 1.30；钢筋最大拉力下的总伸长率实测值不应小于 9%。

混凝土和钢筋力学性能指标和耐久性要求等应符合现行国家标准《混凝土结构设计规范》(GB 50010—2010)的规定。

钢构件及其连接材料力学性能指标和耐久性要求应符合现行国家标准《钢结构设计标准》(GB 50017—2017)的规定，钢构件材料的牌号宜采用 Q235、Q345。

钢筋套筒灌浆连接接头采用的灌浆套筒和灌浆料应符合现行行业标准《钢筋连接用灌浆套筒》(JG/T 398—2019)、《钢筋连接用套筒灌浆料》(JG/T 408—2019)及《钢筋套筒灌浆连接应用技术规程》(JGJ 355—2015)的相关规定。

2.2 适用范围

2.2.1 一般规定

装配整体式混凝土结构的适用高度应符合表 2.1 的规定。装配整体式结构的适用高度是参照现行行业标准《高层建筑混凝土结构技术规程》(JGJ 3—2010)的规定并适当调整。国内外研究表明，在地震区的装配整体式框架结构，当采取了可靠的节点连接方式和合理的构造措施后，其结构性能与现浇混凝土框架结构基本一致，其最大适用高度与现浇结构相同。如果装配式框架结构中节点及接缝的构造措施的性能达不到现浇结构的要求，其最大适用高度应适当降低。

表 2.1　装配整体式混凝土结构房屋的最大适用高度(单位：m)

结构类型	抗震设防烈度			
	6 度	7 度	8 度(0.2g)	8 度(0.3g)
装配整体式框架结构	60	50	40	30
装配整体式框架-现浇剪力墙结构	130	120	100	80
装配整体式框架-现浇核心筒结构	150	130	100	90
装配整体式剪力墙结构	130(120)	110(100)	90(80)	70(60)
装配整体式部分框支剪力墙结构	110(100)	90(80)	70(60)	40(30)

注：1. 房屋高度指室外地面到主要屋面的高度，不包括局部突出屋顶的部分。
2. 部分框支剪力墙结构指地面以上有部分框支剪力墙的剪力墙结构，不包括仅个别框支墙的情况。

装配整体式剪力墙结构由于墙体之间的接缝构造复杂，其构造措施及施工质量对结构整体的抗震性能影响较大，抗震性能不容易达到现浇结构的要求，且国内外相关研究的规模相对偏小，因此最大适用高度适当降低。

目前框架-剪力墙结构仅限于装配整体式框架-现浇剪力墙结构，其适用高度与现浇的框架-剪力墙结构相同。

装配整体式混凝土框架结构、装配整体式混凝土框架-现浇剪力墙结构应根据设防类别、烈度、结构类型和房屋高度采用不同的抗震等级，并应符合相应的计算和构造措施要求。丙类建筑的抗震等级应符合表 2.2 的规定[1]。该规定参照现行国家标准《建筑抗震设计规范》(GB 50011—2010)、现行行业标准《高层建筑混凝土结构技术规程》(JGJ 3—2010)中的规定给出并适当调整。其中装配整体式框架结构及装配整体式框架-现浇剪力墙结构的抗震等级与现浇结构相同，装配整体式剪力墙结构及部分框支剪力墙结构的抗震等级的划分高度比现浇结构适当降低。

表 2.2 丙类建筑装配整体式混凝土结构的抗震等级

<table>
<tr><td colspan="2" rowspan="2">结构类型</td><td colspan="8">抗震设防烈度</td></tr>
<tr><td colspan="2">6 度</td><td colspan="3">7 度</td><td colspan="3">8 度</td></tr>
<tr><td rowspan="3">装配整体式框架结构</td><td>高度(m)</td><td>≤24</td><td>>24</td><td colspan="2">≤24</td><td>>24</td><td>≤24</td><td colspan="2">>24</td></tr>
<tr><td>框架</td><td>四</td><td>三</td><td colspan="2">三</td><td>二</td><td>二</td><td colspan="2">一</td></tr>
<tr><td>大跨度框架</td><td colspan="2">三</td><td colspan="3">二</td><td colspan="3">一</td></tr>
<tr><td rowspan="3">装配整体式框架-现浇剪力墙结构</td><td>高度(m)</td><td>≤60</td><td>>60</td><td>≤24</td><td>>24 且 ≤60</td><td>>60</td><td>≤24</td><td>>24 且 ≤60</td><td>>60</td></tr>
<tr><td>框架</td><td>四</td><td>三</td><td>四</td><td>三</td><td>二</td><td>三</td><td>二</td><td>一</td></tr>
<tr><td>剪力墙</td><td>三</td><td>三</td><td>三</td><td>二</td><td>二</td><td>二</td><td>一</td><td>一</td></tr>
<tr><td rowspan="2">装配整体式框架-现浇核心筒结构</td><td>框架</td><td colspan="2">三</td><td colspan="3">二</td><td colspan="3">一</td></tr>
<tr><td>核心筒</td><td colspan="2">二</td><td colspan="3">二</td><td colspan="3">一</td></tr>
<tr><td rowspan="2">装配整体式剪力墙结构</td><td>高度(m)</td><td>≤70</td><td>>70</td><td>≤24</td><td>>24 且 ≤70</td><td>>70</td><td>≤24</td><td>>24 且 ≤70</td><td>>70</td></tr>
<tr><td>剪力墙</td><td>四</td><td>三</td><td>四</td><td>三</td><td>二</td><td>三</td><td>二</td><td>一</td></tr>
<tr><td rowspan="4">装配整体式部分框支墙结构</td><td>高度(m)</td><td>≤70</td><td>>70</td><td>≤24</td><td>>24 且 ≤70</td><td>>70</td><td>≤24</td><td>>24 且 ≤70</td><td>无</td></tr>
<tr><td>现浇框支框架</td><td>二</td><td>二</td><td>二</td><td>二</td><td>一</td><td>一</td><td>一</td><td>无</td></tr>
<tr><td>底部加强部位剪力墙</td><td>三</td><td>二</td><td>三</td><td>二</td><td>一</td><td>二</td><td>一</td><td>无</td></tr>
<tr><td>其他区域剪力墙</td><td>四</td><td>三</td><td>四</td><td>三</td><td>二</td><td>三</td><td>二</td><td>无</td></tr>
</table>

注：1. 大跨度框架指跨度不小于 18 m 的框架。

2. 高度不超过 60 m 的装配整体式框架-现浇核心筒结构按装配整体式框架-现浇剪力墙的要求设计时应按表中装配整体式框架-现浇剪力墙结构的规定确定其抗震等级。

预制混凝土装配整体式结构的平面布置宜规则、对称，并应具有良好的整体性；建筑的立面和竖向剖面宜规则，结构的侧向刚度宜均匀变化，竖向抗侧力构件的截面尺寸和材料强度宜自下而上逐渐减小,避免抗侧力结构的侧向刚度突变。

同现浇框架一样,装配整体式多层框架结构不宜采用单跨框架结构,高层的框架结构以及乙类建筑的多层框架结构不应采用单跨框架结构。楼梯间的布置不应导致结构平面的显著不规则,楼梯构件应进行抗震承载力验算。

由于底部加强区对结构整体的抗震性能很重要,构件截面大且配筋较多连接不便,而且结构底部或首层往往不太规则,不适合采用预制构件,因此高层装配整体式剪力墙结构的底部加强区宜采用现浇结构,高层装配整体式框架结构的首层宜采用现浇结构。

为保证结构的整体性,高层装配整体式混凝土结构中屋面层和平面受力复杂的楼层宜采用现浇楼盖,当采用叠合楼盖时,后浇混凝土叠合层厚度不应小于 100 mm,且后浇层内应采用双向通长配筋。

2.2.2 平面、竖向布置及规则性

结构平面布置、竖向布置的规则与否将会影响其抗震性能。平面不规则产生较大的扭转,竖向不规则导致刚度突变,而且必然产生较多的非标准构件。对装配式混凝土结构的平面及竖向布置要求应严于现浇混凝土结构,相关标准的规定应严格执行,不合适的不宜采用装配式混凝土结构。

2.2.3 结构抗震性能化设计

高层装配式混凝土结构,当其房屋高度、规则性等不符合相关标准的规定或抗震设防标准有特殊要求时,可按《建筑抗震设计规范》(GB 50011—2010)和《高层建筑混凝土结构技术规程》(JGJ 3—2010)的有关规定进行结构抗震性能化设计。当采用没有标准规定的结构类型时,可采用试验方法对结构整体或局部构件的承载能力极限状态和正常使用极限状态进行复核,并应进行专项论证。

装配式混凝土结构性能化设计的各环节的设计要点包括:连接节点——确定连接技术的可靠性(包括钢筋连接和构件连接技术)、确定接缝节点的恢复力模型(承载能力、荷载与变形的演化关系);结构——确定性能目标、确定结构力学模型和分析模型;分析——结构在各种设计状况下的内力、变形、损伤程度等分析;设计——以性能目标指导设计。

2.2.4 试验验证方法

前文提到涉及没有标准规定的装配式混凝土结构类型时,可采用试验验证方法。ACI 318 提出不在标准范围内的结构,若有试验证据和分析显示该结构系统具有不低于类似其规定的混凝土结构的承载力和韧性,允许使用,并明确提出分别对应的基于验证试验的评估标准,如抗弯框架对应 ACI 374.1。我国的行业标准《建筑抗震试验规程》(JGJ/T 101—2015)针对多种抗震试验方法,规范、统一了具体做法。2015 年版的《超限高层建筑工程抗震设防专项审查技术要点》对申报抗震设防专项审查时提供的资料的要求之一是:提供抗震试验数据和研究成果。如有提供应有明确的适用范围和结论。

2.3　作用与作用组合

2.3.1　一般规定

装配整体式混凝土结构或结构构件按承载能力极限状态设计时，应符合下列规定：

结构或结构构件的破坏或过度变形的承载能力极限状态设计，应符合下式规定：

$$\gamma_0 S_d \leqslant R_d$$

式中：γ_0——结构重要性系数，其值按现行国家标准《建筑结构可靠性设计统一标准》(GB 50068—2018)的规定采用；

S_d——作用组合的效应设计值；

R_d——结构或结构构件的抗力设计值。

对于持久设计状况和短暂设计状况，应采用作用的基本组合，并应符合下列规定：

(1) 基本组合的效应设计值按下式中最不利值确定：

$$S_d = S\left(\sum_{i\geqslant 1}\gamma_{G_i}G_{ik} + \gamma_P P + \gamma_{Q_1}\gamma_{L_1}Q_{1k} + \sum_{j>1}\gamma_{Q_j}\gamma_{L_j}\psi_{cj}Q_{jk}\right)$$

式中：$S(\cdot)$——作用组合的效应函数；

G_{ik}——第 i 个永久作用的标准值；

P——预应力作用的有关代表值；

Q_{1k}——第 1 个可变作用的标准值；

Q_{jk}——第 j 个可变作用的标准值；

γ_{G_i}——第 i 个永久作用的分项系数，应按现行国家标准《建筑结构可靠性设计统一标准》(GB 50068—2018)的有关规定采用；

γ_P——预应力作用的分项系数，应按现行国家标准《建筑结构可靠性设计统一标准》(GB 50068—2018)的有关规定采用；

γ_{Q_1}——第 1 个可变作用的分项系数，应按现行国家标准《建筑结构可靠性设计统一标准》(GB 50068—2018)的有关规定采用；

γ_{Q_j}——第 j 个可变作用的分项系数，应按现行国家标准《建筑结构可靠性设计统一标准》(GB 50068—2018)的有关规定采用；

γ_{L_1}、γ_{L_j}——第 1 个和第 j 个考虑结构使用年限的荷载调整系数，应按现行国家标准《建筑结构可靠性设计统一标准》(GB 50068—2018)的有关规定采用；

ψ_{cj}——第 j 个可变作用的组合值系数，应按现行国家标准《建筑结构可靠性设计统一标准》(GB 50068—2018)的有关规定采用。

(2) 当作用与作用效应按线性关系考虑时，基本组合的效应设计值按下式中最不利值计算：

$$S_d = \sum_{i \geqslant 1} \gamma_{G_i} S_{G_{ik}} + \gamma_P S_P + \gamma_{Q_1} \gamma_{L_1} S_{Q_{1k}} + \sum_{j>1} \gamma_{Q_j} \psi_{cj} \gamma_{L_j} S_{Q_{jk}}$$

式中：S_{Gik} ——第 i 个永久作用标准值的效应；

S_P ——预应力作用有关代表值的效应；

S_{Q1k} ——第 1 个可变作用标准值的效应；

S_{Qjk} ——第 j 个可变作用标准值的效应。

装配整体式混凝土结构的结构构件在施工阶段验算时，作用组合的效应设计值计算应符合下列规定：

(1) 预制构件施工验算时作用组合的效应设计值应按下式计算：

$$S_d = \alpha \gamma_G S_{G1k}$$

式中：α ——脱模吸附系数或动力系数，宜取 1.5，也可根据构件和模具表面状况适当增减，复杂情况宜根据试验确定。动力系数：构件吊运、运输时宜取 1.5，构件翻转及安装过程中就位、临时固定时，可取 1.2，当有可靠经验时，可根据实际受力情况和安全要求适当增减。

γ_G ——永久荷载分项系数，应按国家现行标准《建筑结构可靠性设计统一标准》(GB 50068—2018)的相关规定采用；

S_{G1k} ——按预制构件自重荷载标准值 G_{1k} 计算的荷载效应值(N 或 N·mm)。

(2) 预制构件安装就位后在施工时作用组合的效应设计值应按下式计算：

$$S_d = \gamma_G S_{G1k} + \gamma_G S_{G2k} + \gamma_Q S_{Qk}$$

S_{G2k} ——按叠合层自重荷载标准值计算的荷载效应值(N 或 N·mm)；

γ_Q ——可变荷载分项系数，应按国家现行标准《建筑结构可靠性设计统一标准》(GB 50068—2018)的相关规定采用；

S_{Qk} ——按施工活荷载标准值 Q_k 计算的荷载效应值(N 或 N·mm)。

(3) 施工阶段临时支撑的设置应考虑风荷载的影响。

对于正常使用极限状态，预制预应力混凝土装配整体式结构的结构构件应分别按荷载的准永久组合并考虑长期作用的影响，或标准组合并考虑长期作用的影响，采用下列极限状态设计表达式进行验算：

$$S_d \leqslant C$$

式中：S_d ——作用组合的效应设计值；

C ——设计对变形、裂缝等规定的相应限值，应按现行国家标准《混凝土结构设计规范》(GB 50010—2010)的规定采用。

主体结构各构件的荷载标准组合的效应设计值和准永久组合的效应设计值，应按下式确定：

(1) 标准组合应符合下列规定：

① 标准组合的效应设计值按下式确定：

$$S_d = S(\sum_{i\geqslant 1} G_{ik} + P + Q_{1k} + \sum_{j>1} \psi_{cj} Q_{jk})$$

② 当作用与作用效应按线性关系考虑时，标准组合的效应设计值按下式计算：

$$S_d = \sum_{i\geqslant 1} S_{G_{ik}} + S_P + S_{Q_{1k}} + \sum_{j>1} \psi_{cj} S_{Q_{jk}}$$

(2) 准永久组合应符合下列规定：

① 准永久组合的效应设计值按下式确定：

$$S_d = S(\sum_{i\geqslant 1} G_{ik} + P + \sum_{j\geqslant 1} \psi_{qj} Q_{jk})$$

② 当作用与作用效应按线性关系考虑时，准永久组合的效应设计值按下式计算：

$$S_d = \sum_{i\geqslant 1} S_{G_{ik}} + S_P + \sum_{j\geqslant 1} \psi_{qj} S_{Q_{jk}}$$

式中：ψ_{qj} ——可变荷载的准永久值系数。

基本组合的荷载分项系数，应按下列规定采用：

(1) 当永久荷载效应对结构不利时，应取 1.3；当永久荷载效应对结构有利时，不应大于 1.0。

(2) 当可变荷载效应对结构不利时，应取 1.5；当可变荷载效应对结构有利时，应取 0。

(3) 当预应力作用效应对结构不利时，应取 1.3；当预应力作用效应对结构有利时，不应大于 1.0。

装配整体式混凝土结构的结构构件的地震作用效应和其他荷载效应的基本组合，应按下式计算：

$$S = \gamma_G S_{GE} + \gamma_{Eh} S_{Ehk} + \gamma_{Ev} S_{Evk} + \psi_w \gamma_w S_{wk}$$

式中：S ——结构构件内力组合的设计值，包括组合的弯矩、轴向力和剪力设计值等；

γ_G ——重力荷载分项系数，一般情况应采用 1.3，当重力荷载效应对构件承载能力有利时，不应大于 1.0；

γ_{Eh}、γ_{Ev} ——分别为水平、竖向地震作用分项系数，应按现行国家标准《建筑抗震设计规范》(GB 50011—2010)的规定采用；

γ_w ——风荷载分项系数，应采用 1.5；

S_{GE} ——重力荷载代表值的效应，应按现行国家标准《建筑抗震设计规范》(GB 50011—2010)的规定采用；

S_{Ehk} ——水平地震作用标准值的效应，尚应乘以相应的增大系数或调整系数；

S_{Evk} ——竖向地震作用标准值的效应，尚应乘以相应的增大系数或调整系数；

S_{wk} ——风荷载标准值的效应；

ψ_w ——风荷载组合值系数，一般结构取 0.0，风荷载起控制作用的建筑应采用 0.2。

装配整体式混凝土结构的结构构件的截面抗震验算，应采用下列设计表达式：

$$S \leqslant R/\gamma_{RE}$$

式中：R ——结构构件承载力设计值；

γ_{RE} ——承载力抗震调整系数，除另有规定外，应按表2.3采用。

表2.3 承载力抗震调整系数

结构构件	受力状态	γ_{RE}
梁	受弯	0.75
轴压比小于0.15的柱	偏压	0.75
轴压比不小于0.15的柱	偏压	0.80
剪力墙	偏压	0.85
各类构件	受剪、偏拉	0.85

装配整体式混凝土结构应按现行国家标准《建筑抗震设计规范》(GB 50011—2010)的规定进行多遇地震作用下的抗震变形验算。

四级框架节点核心区可不进行抗震验算，但应符合抗震构造措施的要求；一、二、三级框架节点核心区应进行抗震验算。核心区截面抗震验算方法应符合现行国家标准《混凝土结构设计规范》(GB 50010—2010)、《建筑抗震设计规范》(GB 50011—2010)的有关规定。

在计算结构内力与位移时，梁刚度增大系数可根据翼缘情况近似取为1.3～2.0。

考虑地震作用组合的后张预应力装配整体式混凝土框架节点核心区抗震受剪承载力，应按现行国家标准《建筑抗震设计规范》(GB 50011—2010)及《预应力混凝土结构抗震设计标准》(JGJ 140—2019)有关条款计算；预应力装配整体式混凝土框架梁、柱的斜截面抗震受剪承载力计算应符合现行国家标准《混凝土结构设计规范》(GB 50010—2010)有关条款的规定。

2.3.2 施工验算

生产脱模阶段的内力计算应满足下列要求：

(1) 预制构件根据脱模吊点的位置按简支梁计算内力；

(2) 预制构件根据储存或运输时设置于构件下方的垫块位置按简支梁计算内力；

(3) 施工验算的荷载取值除应满足2.3.1节的要求外，脱模荷载取值尚应满足下列要求：等效静力荷载标准值取构件自重标准值乘以动力系数后与脱模吸附力之和，且不宜小于构件自重标准值的1.5倍，其中，动力系数不宜小于1.2，脱模吸附力应根据构件和模具的实际情况取用且不宜小于1.5 kN/m^2。

安装阶段的内力计算应满足下列要求：

(1) 预制梁、板根据有无中间支撑分别按简支梁或连续梁计算内力；

(2) 荷载包括梁板自重及施工安装荷载，一般施工安装荷载取1.0 kN/m^2，或集中荷载2.3 kN；

(3) 梁、板的计算跨度根据支撑的实际情况确定；

(4) 单层预制柱按两端简支的单跨梁计算内力;多层连续预制柱按多跨连续梁计算内力,基础为铰支端,梁为柱的不动铰支座。

使用阶段的内力计算应满足下列要求:

(1) 荷载及组合

① 使用阶段(形成整体框架以后)作用在框架上的荷载包括:永久荷载为楼面后抹面层、找坡层、后砌隔墙、后浇钢筋混凝土墙、现浇剪力墙、后安装轻质钢架墙等荷载;可变荷载为设备荷载、使用荷载、风荷载等;抗震验算时应考虑地震作用。

② 进行使用阶段荷载效应组合时应扣除施工安装阶段的施工活荷载。

③ 框架柱或梁在计算时,可按有关规定对使用荷载进行折减。荷载折减系数按《建筑结构荷载规范》(GB 50009—2012)的规定确定。

(2) 框架梁的计算跨度取柱中心到中心的距离;梁翼缘的有效宽度按《混凝土结构设计规范》(GB 50010—2010)的规定确定。

(3) 在竖向荷载作用下可以考虑梁端塑性变形内力重分布而对梁端负弯矩进行调幅,叠合式框架梁的梁端负弯矩调幅系数可取为 0.7~0.8。

(4) 次梁与主梁的连接可按铰接处理。

(5) 框架柱的计算长度按《混凝土结构设计规范》(GB 50010—2010)的规定确定。

2.4 叠合受弯构件

叠合受弯构件包括叠合梁、叠合板。我国混凝土结构设计规范将其分为两类:一阶段受力叠合受弯构件,即施工阶段有可靠支撑的叠合构件;二阶段受力叠合受弯构件,即施工阶段无支撑的叠合构件。一阶段受力叠合受弯构件在施工阶段预制构件中部有一道或多道支撑,显著降低了预制构件施工阶段的内力,其受力情况与现浇钢筋混凝土结构基本相同,因此受力性能与普通钢筋混凝土基本接近。二阶段受力叠合受弯构件在施工阶段预制构件是简支构件,预制构件承担施工阶段的各种荷载,叠合层混凝土达到设计强度之后,叠合截面继续承担后加的荷载,其受力性能与现浇的完全不同,因为在叠合截面形成之前预制构件已经受力。

二阶段受力叠合受弯构件区别于现浇构件的两个特点是受拉钢筋应力超前和叠合层后浇混凝土受压应变滞后。由于叠合构件在施工阶段先以截面高度小的预制构件承担该阶段全部荷载,使得受拉钢筋中的应力比假定用叠合构件全截面承担同样荷载时大。这一现象通常称为"受拉钢筋应力超前"。相关试验研究表明,受拉钢筋应力超前现象只影响钢筋提前达到流限,叠合梁的极限承载力并不降低,国内外二次受力叠合梁的试验结果基本上都是这种情况。

当叠合层混凝土达到强度从而形成叠合构件后,整个截面在使用阶段荷载作用下除去在受拉钢筋中产生应力增量和在受压区混凝土中首次产生压应力外,还会由于抵消预制构件受压区原有的压应力而在该部位形成附加拉力。该附加拉力虽然会在一定程度上减小受力钢筋中的应力超前现象，但仍使叠合构件与同样截面普通受弯构件相比钢筋拉应力及曲率偏大，并有可能使受拉钢筋在弯矩准永久值作用下过早达到屈服。这种情况在设计中应予防止。

为此，根据试验结果给出了公式计算的受拉钢筋应力控制条件。该条件属叠合受弯构件正常使用极限状态的附加验算条件。该验算条件与裂缝宽度控制条件和变形控制条件不能相互取代。

由于钢筋混凝土受弯构件采用荷载效应的准永久值，计算公式作了局部调整。

二次受力叠合梁在一次受力时，有预制构件的受压区混凝土承担压力，但在二次受力时主要由后浇混凝土承担压力，这种由不同部分混凝土先后承压，使得后浇混凝土受压应变比普通梁在相同弯矩作用下的受压应变小的现象，称为二次受力叠合梁“后浇混凝土受压应变滞后”。

试验研究表明，二次受力的钢筋混凝土叠合梁和预应力混凝土叠合梁的“受拉钢筋应力超前”和“后浇混凝土受压应变滞后”的现象基本相同。试验资料表明，二次受力叠合梁的受拉钢筋的应变均比普通对比梁的相应值超前。如果受拉钢筋流幅很大，则两种梁在破坏时，其受拉钢筋的应变均可能在流幅中，因此实质上是受拉钢筋的应变超前而非应力超前。这就说明为什么钢筋混凝土叠合梁的极限承载力和对比梁基本相同，但前者挠度要大得多、裂缝要宽得多。若采用流幅很短或无流幅的预应力筋，则当二次受力叠合梁破坏时，受拉钢筋已加入强化阶段，同时存在应力超前和应变超前，因此二次受力叠合梁的极限承载力和挠度均比对比梁大，裂缝也更宽，这也解释了二次受力预应力叠合梁比相应的对比梁的极限承载力高的原因。

叠合梁斜截面受剪承载力不低于现浇梁。

叠合梁（钢筋混凝土叠合梁和预应力混凝土叠合梁）的极限受剪承载力不低于相应条件的现浇梁，且略有提高；叠合梁在叠合面粘结力得到保证时，出现斜压、剪压及斜拉三种破坏相同；满足规范规定的构造要求时，不会发生沿水平叠合面的剪切破坏；预制构件及叠合层混凝土强度等级不同会影响叠合梁的受剪承载力，因此引入混凝土折算强度考虑其影响是合理的；预应力值的大小影响预应力混凝土叠合梁的斜截面抗裂性能和受剪承载力。

二次受力的叠合梁与一次受力的对比梁，其斜裂缝的形成和发展存在较大差别。二次受力叠合梁在叠合前的荷载作用下，预制构件中已有应力（正应力、剪应力，受拉主应力、受压主应力等），特别是第一次加载在预制构件上部建立了受压区，类似于预应力作用对梁受剪承载力的有利影响。试验中观察到斜裂缝开展到接近叠合面附近时有停滞现象，因而延迟了主斜裂缝穿过叠合面而导致斜截面剪压区混凝土压碎，从而提高了梁的受剪承载力。此外，叠合梁一般都存在叠合前和叠合后的两张不同特征的主斜裂缝，分散了斜裂缝可能发展的宽度（与对比梁的只有一条主斜裂缝比较），这样增加了骨料的咬合作用和箍筋的有效作用，因而对叠合梁的斜截面抗剪起了有利的影响。

叠合梁由于两次成型、二次受力，其正截面、斜截面上的应力分布情况与现浇梁不同，第一阶段加载时，预制构件截面高度小，与对比梁相比，存在“剪应力超前”，叠合后第二阶段加载时，叠合层后浇部分混凝土的应力从零开始，存在“剪应力滞后”。其他预制部分混凝土的应力较为复杂，原有应力与二次加载引起的应力有些相互抵消，有些互相叠加。这种现象随斜裂缝数量的增加和裂缝长度的延伸，使得截面上的应力不断发生重分布，当有斜裂缝贯通达到或接近叠合面时，应力重分布现象越发显著，使得第一次加载对预制构件的影响进一步减弱，梁上所有荷载逐步发展到由组合截面来承受，因此叠合梁的最终破坏形态与现浇梁接近。

国内还做过叠合板的叠合层埋钢管(模拟叠合层中预埋线管)、叠合面贴不同面积的塑料布(模拟建筑垃圾清理不干净)的低周反复荷载试验，均不配抗剪钢筋。结果表明，预埋钢管的叠合板受力性能和没有预埋钢管的叠合板相同；少量塑料布面积(约占叠合面面积 10%以下)不影响后浇层与预制构件的共同工作，即施工现场少量的建筑垃圾对叠合板的工作性能影响不大。

二阶段受力叠合梁板的设计与现浇梁有较大区别。

施工阶段无支撑的叠合受弯构件应对底部预制构件及浇筑混凝土后的叠合构件进行二阶段受力计算。施工阶段有可靠支撑的叠合受弯构件可按整体受弯构件设计计算，但其斜截面受剪承载力和叠合面受剪承载力应按施工阶段无支撑的叠合受弯构件计算。

二阶段成形的叠合梁、板，当预制构件的高度不足全截面高度的 40%时，施工阶段应有可靠支撑。

施工阶段不加支撑的叠合梁板，内力应分别按两个阶段计算：

第一阶段，后浇的叠合层混凝土尚未达到强度设计值，荷载由预制构件承担，预制构件按简支构件计算，荷载包括预制构件自重、预制楼板自重、叠合层自重以及本阶段的施工活荷载。

第二阶段，叠合层混凝土达到设计规定的强度以后，叠合构件按整体结构计算，荷载需要考虑施工阶段、使用阶段两种情况，并取较大值。施工阶段要考虑叠合构件自重、预制楼板自重、面层、吊顶等自重以及本阶段的施工活荷载；使用阶段要考虑上述所有自重以及使用阶段的可变荷载。在该阶段，当叠合层混凝土达到设计强度后仍可能存在施工活荷载，且其产生的荷载效应可能超过使用阶段可变荷载产生的荷载效应，所以应按这两种荷载效应中的较大值进行设计。

预制构件和叠合构件的正截面受弯承载力计算时，弯矩设计值按下列方法取用：

预制构件：

$$M_1 = M_{1G} + M_{1Q}$$

叠合构件的正弯矩区段：

$$M_1 = M_{1G} + M_{2G} + M_{2Q}$$

叠合构件的负弯矩区段：

$$M_1 = M_{2G} + M_{2Q}$$

式中：M_{1G} ——预制构件自重、预制楼板自重和叠合层自重在计算截面产生的弯矩设计值；

M_{2G} ——第二阶段面层、吊顶等自重在计算截面产生的弯矩设计值；

M_{1Q} ——第一阶段施工活荷载在计算截面产生的弯矩设计值；

M_{2Q} ——第二阶段可变荷载在计算截面产生的弯矩设计值，取本阶段施工活荷载和使用阶段可变荷载在计算截面产生的弯矩设计值中的较大值。

在计算中，正弯矩区段的混凝土强度等级按叠合层取用；负弯矩区段的混凝土强度等级按计算截面受压区的实际情况取用。

当预制构件高度与叠合构件高度之比 h_1/h 较小（较薄）时，预制构件正截面受弯承载力计算中可能出现 $\xi > \xi_b$ 的情况，此时纵向受拉钢筋的强度 f_y、f_{py} 应该用应力值 σ_s、σ_p 代替，也可取 $\xi = \xi_b$ 进行计算。

叠合梁斜截面受剪承载力可仍按普通钢筋混凝土梁受剪承载力公式计算。预制构件和叠合构件的斜截面受剪承载力计算时，剪力设计值按下列规定取用：

预制构件：

$$V_1 = V_{1G} + V_{1Q}$$

叠合构件：

$$V = V_{1G} + V_{2G} + V_{2Q}$$

式中：V_{1G} ——预制构件自重、预制楼板自重和叠合层自重在计算截面产生的剪力设计值；

V_{2G} ——第二阶段面层、吊顶等自重在计算截面产生的剪力设计值；

V_{1Q} ——第一阶段施工活荷载在计算截面产生的剪力设计值；

V_{2Q} ——第二阶段可变荷载产生的剪力设计值，取本阶段施工活荷载和使用阶段可变荷载在计算截面产生的剪力设计值中的较大值。

在计算中，叠合构件斜截面上混凝土和箍筋的受剪承载力设计值 V_{CS} 应取叠合层和预制构件中较低的混凝土强度等级进行计算（偏于安全），且不低于预制构件的受剪承载力设计值；对预应力混凝土叠合构件，由于预应力效应只影响预制构件，所以在斜截面受剪承载力计算中暂不考虑预应力的有利影响，取 $V_P = 0$。

叠合构件叠合面有可能先于斜截面达到其受剪承载能力极限状态，规范规定的叠合面受剪承载力计算公式是以剪摩擦传力模型为基础，并根据叠合构件试验和剪摩擦构件试验结果给出的。叠合式受弯构件的箍筋应按斜截面受剪承载力计算和叠合面受剪承载力计算得出的较大值配置。当叠合梁符合各项构造要求时，其叠合面的受剪承载力应符合下列规定：

$$V \leqslant 1.2 f_t b h_0 + 0.85 f_{yv} \frac{A_{sV}}{s} h_0$$

式中：V——剪力设计值(N)；

f_t——混凝土抗拉强度设计值，取叠合层和预制构件中较低值；

b——截面宽度(mm)；

h_0——截面有效高度；

f_{yv}——箍筋的抗拉强度设计值；

s——沿构件长度方向的箍筋间距；

A_{sV}——配置在同一截面内箍筋各肢的全部截面面积。

不配筋叠合面的受剪承载力离散性较大，国内外处理手法类似，即用于这类叠合面的受剪承载力计算公式暂不与混凝土强度等级挂钩。

对不配箍筋的叠合板，当预制板表面做成凹凸差不小于 4 mm 的粗糙面时，其叠合面的受剪强度应符合下列公式的要求：

$$\frac{V}{bh_0} \leqslant 0.4(\mathrm{N/mm^2})$$

式中：V——剪力设计值(N)；

b——截面宽度(mm)；

h——截面有效高度(mm)。

预应力混凝土叠合受弯构件，应分别对预制构件和叠合构件进行正截面抗裂验算。此时，在荷载的标准组合下，抗裂验算边缘混凝土的拉应力不应大于预制构件的混凝土抗拉强度标准值 f_{tk}。由于预制构件和叠合层可能选用强度等级不同的混凝土，因此在正截面抗裂验算和斜截面抗裂验算中应按折算截面确定叠合后构件的弹性抵抗矩、惯性矩和面积矩。抗裂验算边缘混凝土的法向应力应按下列公式计算：

预制构件：

$$\sigma_{ck} = \frac{M_{1k}}{W_{01}}$$

叠合构件：

$$\sigma_{ck} = \frac{M_{1Gk}}{W_{01}} + \frac{M_{2k}}{W_0}$$

式中：M_{1Gk}——预制构件自重、预制楼板自重和叠合层自重标准值在计算截面产生的弯矩值；

M_{1k}——第一阶段荷载标准组合下在计算截面产生的弯矩值，取 $M_{1k} = M_{1Gk} + M_{1Qk}$，此处，$M_{1Qk}$ 为第一阶段施工活荷载标准值在计算截面产生的弯矩值；

M_{2k}——第二阶段荷载标准组合下在计算截面产生的弯矩值，取 $M_{2k} = M_{2Gk} + M_{2Qk}$，此处，$M_{2Gk}$ 为面层、吊顶等自重标准值在计算截面产生的弯矩值，

M_{2Qk} 为使用阶段可变荷载标准值在计算截面产生的弯矩值；

W_{01} ——预制构件换算截面受拉边缘的弹性抵抗拒；

W_0——叠合构件换算截面受拉边缘的弹性地抗拒，此时，叠合层的混凝土截面面积应按弹性模量比换算成预制构件混凝土的截面面积。

预应力混凝土叠合构件，应进行斜截面抗裂验算；混凝土的主拉应力及主压应力应考虑叠合构件受力特点。

钢筋混凝土叠合受弯构件在荷载准永久值组合下，其纵向受拉钢筋的应力 σ_{sq} 应符合下列规定：

$$\sigma_{sq} \leqslant 0.9 f_y$$

$$\sigma_{sq} = \sigma_{s1k} + \sigma_{s2q}$$

在弯矩 M_{1Gk} 作用下，预制构件纵向受拉钢筋的应力 σ_{s1k} 可按下列公式计算：

$$\sigma_{s1k} = \frac{M_{1Gk}}{0.87 A_s h_{01}}$$

式中：h_{01} ——预制构件截面有效高度。

在荷载准永久值组合相应的弯矩 M_{2q} 作用下，叠合构件纵向受拉钢筋中的应力增量 σ_{s2q} 可按下列公式计算：

$$\sigma_{s2q} = \frac{0.5\left(1 + \frac{h_1}{h}\right) M_{2q}}{0.87 A_s h_0}$$

当 $M_{1Gk} < 0.35 M_{1u}$ 时，上式中的 $0.5\left(1+\frac{h_1}{h}\right)$ 值应取等于1.0；此处 M_{1u} 为预制构件正截面受弯承载力设计值，应按规范计算。

混凝土叠合构件应验算裂缝宽度，按荷载准永久组合或标准组合并考虑长期作用影响所计算的最大裂缝宽度 w_{max}，不应超过规范规定的最大裂缝宽度限值，可按下列公式计算：

钢筋混凝土构件：

$$w_{max} = 2 \frac{\varphi(\sigma_{s1k} + \sigma_{s2q})}{E_s} \left(1.9c + 0.08 \frac{d_{eq}}{\rho_{te1}}\right)$$

$$\varphi = 1.1 - \frac{0.65 f_{tk1}}{\rho_{te1} \sigma_{s1k} + \rho_{te} \sigma_{s2k}}$$

式中：d_{eq} ——受拉区纵向钢筋的等效直径；

ρ_{te1}、ρ_{te} ——按预制构件、叠合构件的有效受拉混凝土截面面积计算的纵向受拉钢筋配筋率；

f_{tk1} ——预制构件的混凝土抗拉强度标准值。

叠合构件应进行正常使用极限状态下的挠度验算。其中,叠合受弯构件按荷载准永久组合或标准组合并考虑长期作用影响的刚度可按下列公式计算:

钢筋混凝土构件:

$$B=\frac{M_q}{\left(\frac{B_{s2}}{B_{s1}}-1\right)M_{1Gk}+\theta M_q}B_{s2}$$

预应力混凝土构件:

$$B=\frac{M_k}{\left(\frac{B_{s2}}{B_{s1}}-1\right)M_{1Gk}+(\theta-1)M_q+M_k}B_{s2}$$

$$M_k=M_{1Gk}+M_{2k}$$

$$M_q=M_{1Gk}+M_{2Gk}+\varphi_q M_{2Qk}$$

式中:θ ——考虑荷载长期作用对挠度增大的影响系数,按规范计算;

M_k ——叠合构件按荷载标准组合计算的弯矩值;

M_q ——叠合构件按荷载准永久组合计算的弯矩值;

B_{s1} ——预制构件的短期刚度;

B_{s2} ——叠合构件第二阶段的短期刚度;

φ_q ——第二阶段可变荷载的准永久值系数。

荷载准永久组合或标准组合下叠合式受弯构件正弯矩区段内的短期刚度,可按下列规定计算。

钢筋混凝土叠合构件:

预制构件的短期刚度可按下列公式计算:

$$B_{s1}=\frac{E_s A_s h_{01}^2}{1.15\varphi+0.2+\frac{6\alpha_E\rho_1}{1+3.5\gamma_f'}}$$

叠合构件第二阶段的短期刚度可按下列公式计算:

$$B_{s2}=\frac{E_s A_s h_0^2}{0.7+0.6\frac{h_1}{h}+\frac{45\alpha_E\rho}{1+3.5\gamma_f'}}$$

式中:α_E ——钢筋弹性模量与叠合层混凝土弹性模量的比值:$\alpha_E=E_s/E_{c2}$;

E_s ——钢筋弹性模量;

ρ_1——纵向受拉钢筋配筋率;

γ_f'——受压翼缘截面面积与腹板有效面积比值。

预应力混凝土叠合构件：

预制构件的短期刚度可按下列公式计算：

$$B_{s1}=0.85E_{c1}I_{10}$$

叠合构件第二阶段的短期刚度可按下列公式计算：

$$B_{s2}=0.7E_{c1}I_{0}$$

式中：E_{c1} ——预制构件的混凝土弹性模量；

I_0——叠合构件换算截面的惯性矩，此时，叠合层的混凝土截面面积应按弹性模量比换算成预制构件混凝土的截面面积。

荷载准永久组合或标准组合下叠合受弯构件负弯矩区段内第二阶段的短期刚度 B_{s2} 可按规范计算，其中弹性模量的比值取 $\alpha_E=E_s/E_{c1}$。

预应力混凝土叠合受弯构件在使用阶段的预应力反拱值可用结构力学方法按预制构件的刚度进行计算。在计算中，预应力筋的应力应扣除全部预应力损失；考虑预应力长期影响，可将计算所得的预应力反拱值乘以增大系数 1.75。

2.5 装配式建筑结构拆分设计

装配整体式建筑是将预制构件通过可靠的连接构成整体结构的建筑，其设计与全现浇建筑有很大不同。预制构件布置（即构件拆分）是否合理是装配式建筑设计成功与否的关键。预制构件的布置应在项目前期策划、方案设计、初步设计、施工图设计以及预制构件深化设计阶段分步、分阶段完成，并按照布置结果进行结构整体分析，应杜绝“先按全现浇结构进行设计，直到构件深化设计阶段才进行预制构件布置（拆分）”的错误做法。

预制构件的布置，应遵循“少规格，多组合，兼顾合理分布及单件重量”的原则进行。布置预制构件应在了解预制构件制作生产、现场吊装及吊装组织、各专业设计和影响造价因素等的基础上进行。

2.5.1 预制构件布置（拆分）的原则

影响预制构件布置（拆分）的因素包括：建筑功能和外观、结构的合理性、制作运输安装环节的可行性和便利性等。预制构件布置不仅是技术工作，也包含对约束条件的调查及经济分析，应由建筑、结构、预算、制作工厂、运输及安装各个环节的技术人员协作完成。通常预制构件布置（拆分）应遵循下列原则：

（1）符合国家标准《装配式混凝土建筑技术标准》（GB/T 51231—2016）和行业标准《装配式混凝土结构技术规程》（JGJ 1—2014）的要求；

（2）在较小内力部位拼接，连接等同现浇，确保结构安全；

（3）有利于建筑功能的实现；

(4) 符合环境条件和制作、施工条件，便于实现；

(5) 经济合理。

2.5.2 预制构件拆分的内容

建筑外立面构件的拆分以建筑外观和功能需求为主，应同时满足结构、制作、运输、施工条件和成本因素。建筑外立面以外部件的拆分，主要从结构的合理性、实现的可能性和成本因素考虑。

在总体布置时，要确定现浇与预制的范围、边界；明确结构构件的拆分部位；表达后浇区与预制构件之间的关系；标明构件之间的分缝位置，如柱、梁、墙、板构件的分缝位置。

在节点设计时，要确定预制构件与预制构件、预制构件与现浇混凝土之间的连接，包括确定连接方式和连接构造设计。

在构件设计时，要将预制构件的钢筋进行精细化排布；对设备件进行准确定位，对吊点进行脱模承载力和吊装承载力验算，使每个构件均能够满足生产、运输、安装和使用的要求。考虑塔吊租赁的经济性，预制构件单件质量不宜超过 5 t。

叠合楼板拆分时，首先考虑模数化、标准化的因素，拆分应符合模数协调原则，优化预制板的尺寸和形状。预制板的模板种类由板宽决定，与出筋的间距也相关，控制最大板宽有利于卡车运输。减少预制板的种类，板宽种类尽可能少，同一房间内宜进行等宽拆分，板宽度不大于 2.5 m(最大宽度不宜大于 3 m)；预制板部分一般厚度为 60 mm，叠合楼板现浇层厚度不小于 70 mm，对于住宅工程，现浇层厚度宜取 80 mm，以利于机电管线施工。其次，应考虑预制板吊装过程中受力、变形等的限制，要对预制板进行施工过程受力验算。最后注意建筑平面的规则性，平面不规则处往往存在楼板应力集中且板形状复杂不易预制，宜采用现浇楼板，电梯前室处楼板如电气管线密集，宜采用现浇楼板，卫生间考虑防水要求，宜采用现浇楼板。

装配整体式混凝土框架结构拆分设计常见的有两种方式：第一种为梁预制，柱与梁柱节点现浇；第二种为梁、柱预制，梁柱节点现浇，见图 2.1。

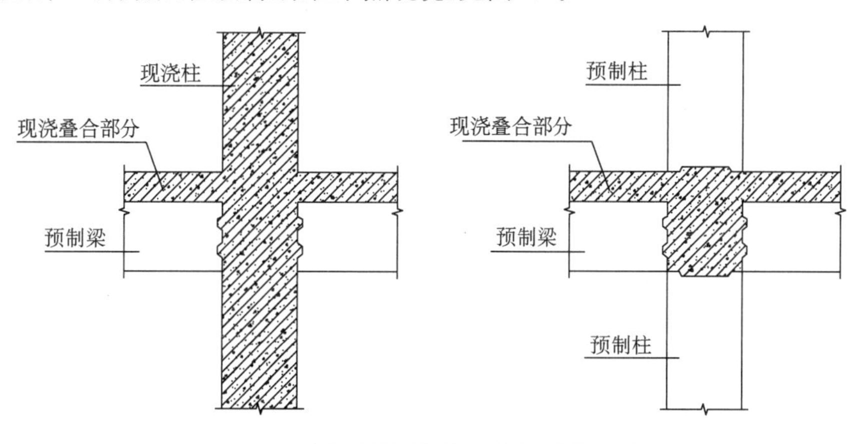

图 2.1 装配整体式混凝土框架拆分示意

装配整体式混凝土剪力墙结构拆分设计常见为边缘构件现浇，非边缘构件预制，见图2.2。

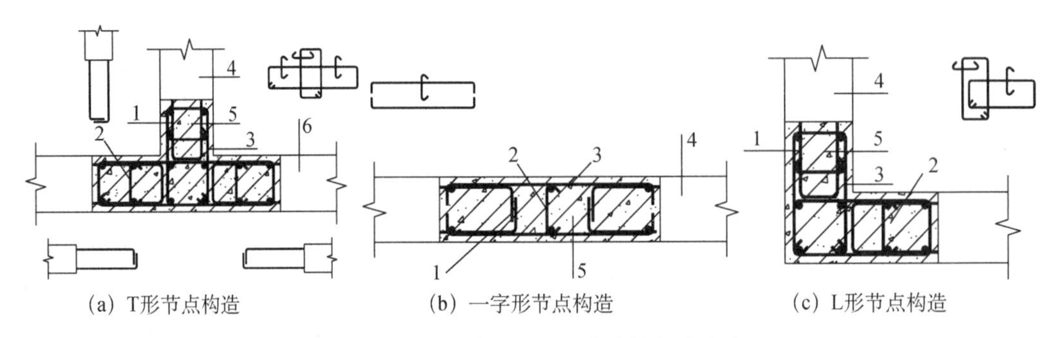

(a) T形节点构造　　(b) 一字形节点构造　　(c) L形节点构造

图2.2　装配整体式混凝土剪力墙拆分方式

1—水平连接钢筋；2—拉筋；3—边缘构件箍筋；4—预制墙板；5—现浇部分；6—预制外墙板

装配整体式剪力墙结构建筑平面布局形状宜规则，除楼梯间、电梯间局部有凸凹外，南北侧墙体、东西山墙尽可能采用直线型，避免出现厨房、卫生间局部内收、狭小豁口的户型。户型设计尽量将阳台、厨房、卫生间、空调板等“突出墙面”，避免凹入主体结构范围内，同时不宜做转角窗。预制剪力墙的水平拆分连接应保证门窗洞口的完整性，以便于部品标准化生产。剪力墙结构布置时，尽量避免带转角(如T形、L形、十字形等)。预制构件应以平面构件为主。

2.5.3　预制构件拆分设计深度要求

预制构件深化设计应满足主体设计的技术指标、结构安全和建筑性能等要求，预制构件加工图设计应充分考虑构件的生产、运输、堆放等相关内容。预制构件深化设计文件一般应包括以下内容：

(1) 工程概况(含工程地点、采用装配式建筑的结构类型、单体采用的预制构件类型及布置情况、预制构件的使用范围及预制构件的使用位置)。

(2) 图纸目录及数量表、构件生产说明、构件安装说明。

(3) 预制构件平面布置图、构件模板图、构件配筋图、连接节点详图、墙身构造详图、构件细部节点详图、构件吊装详图、构件预埋件埋设详图，以及合同要求的全部图纸。

(4) 与预制构件相关的生产、脱模、运输、安装等受力验算。计算书不属于必须交付的设计文件，但应归档保存。

深化设计说明应包括：①预制构件的基本构造、材料组成；②标明各类构件的混凝土强度等级、钢筋级别及种类、钢材级别、连接方式，采用型钢连接时应标明钢材的规格以及焊接材料级别；③连接材料的基本信息和技术要求；④各类构件表面成型处理的基本要求；⑤防雷接地引下线的做法。

预制构件生产技术要求应包括以下内容：①预制构件生产中养护要求或执行标准，以及构件脱模起吊、成品保护的要求；②面砖或石材饰面的材料要求；③构件加工隐蔽工程检查的内容或执行的相关标准；④预制构件质量检验执行的标准，对有特殊要求的应单独说明；⑤钢筋套筒连接应说明相应的检测方案。

构件安装要求宜包括以下内容：①构件吊具、吊装螺栓、吊装角度的基本要求；②预制构件安装精度、质量控制、施工检测等要求；③构件吊装顺序的基本要求（如先吊装竖向构件再吊装水平构件，外挂墙板宜从低层向高层安装等）；④主体结构装配中钢筋连接用钢筋套筒、约束浆锚连接，以及其他涉及结构钢筋连接方式的操作要求和执行的相应标准；⑤装饰性挂板以及其他构件连接的操作要求或执行的标准。

预制构件设计图纸一般包括预制构件模板图、配筋图和通用详图。模板图主要应绘制预制构件主视图、侧视图、背视图、俯视图、仰视图、门窗洞口剖面图，标注预制构件的外轮廓尺寸、缺口尺寸、看线的分布尺寸、预埋件的定位尺寸。配筋图应标注钢筋与构件外边线的定位尺寸、钢筋间距、钢筋外露长度、构件连接用钢筋套筒，以及其他钢筋连接用预留必须明确标注尺寸及外露长度，叠合类构件应标明外露桁架钢筋的高度。通用详图应包括预埋件详图（含埋件位置、埋设深度、外露高度、加强措施、局部构造做法、防腐防火措施）和通用索引图（预制构件与现浇部位的连接构造节点等标准做法，装配式建筑结构构件拼接处的防水、保温、隔声、防火、预制构件连接节点）等。

设计文件的深度要求可参考《建筑工程设计文件编制深度规定（2016 年版）》。

3 装配整体式混凝土框架结构设计

装配整体式框架结构装配效率高，现浇湿作业少，是最适合进行预制装配化的结构形式。该结构主要用于需要开敞大空间的厂房、仓库、商场、停车场、办公楼、教学楼、医务楼、商务楼等建筑，近年来也逐渐应用于居民住宅等民用建筑。装配整体式框架结构的设计一般要符合以下要求：

(1) 建筑设计应遵循少规格、多组合的原则；

(2) 宜采用主体结构、装修和设备管线的装配化集成技术；

(3) 建筑设计应符合建筑模数协调标准；

(4) 围护结构及建筑部品等宜采用工业化、标准化产品；

(5) 宜选用大开间、大进深的平面布置；

(6) 宜采用规则平面和立面布置。

装配整体式框架结构根据构件预制工艺及框架节点施工工艺的不同，可分为节点现浇和节点预制两种主要形式。

对于节点现浇的装配整体式框架结构，框架柱、梁均从节点处断开，框架柱可采用全现浇、全预制或部分现浇、部分预制等多种形式，框架梁和楼板一般采用叠合形式，节点连接构造可与现浇框架节点相同。此形式的装配整体式框架结构，在设计方面通过合理的节点构造处理，可顺利实现"强节点、弱构件"，并达到"等同现浇"性能目标；在施工方面，水平构件采用叠合形式，节省了大量模板与支撑材料及作业量；在构件制作方面，构件制作工艺简单，质量可靠。考虑到我国现阶段构件预制技术及现场施工水平的限制，以及民众的接受程度，在工程实践中，装配整体式框架结构一般采用节点现浇的形式，而节点预制的形式在推广应用上相对较少。

3.1 框架结构总体要求

总体来讲，装配整体式框架结构的设计分为以下几个方面：

1) 结构最大适用高度和抗震等级的确定

装配整体式框架结构的房屋最大适用高度、最大高宽比和结构抗震等级应按《装配式混凝土结构技术规程》(JGJ 1—2014)确定，并符合《建筑抗震设计规范》(GB 50011—2010)和《高层建筑混凝土结构技术规程》(JGJ 3—2010)的相关要求。

2）结构整体计算分析

由于装配整体式框架结构的连接技术较为成熟，可以达到与现浇框架结构等同的结构性能，装配整体式框架结构的计算分析方法与现浇结构相同，当梁柱节点连接构造不能使装配式结构成为等同现浇型混凝土结构时，应根据结构体系的受力性能、节点和连接的特点采取合理准确的计算模型，并应考虑连接节点对结构内力分布和整体刚度的影响。楼面荷载导荷方式等应根据工程实际确定，采用叠合楼板的装配式楼面梁的刚度增大系数可比相应的现浇楼板情况适当减小。

3）预制构件拆分设计

装配整体式框架结构拆分原则应符合以下原则：

（1）装配式框架结构中预制混凝土构件的拆分位置除宜在构件受力较小的地方拆分和依据套筒的种类、产业化政策指标、外部条件、结构弹塑性分析结果（塑性铰位置）来确定外，还应考虑生产方式、道路运输、吊装能力及施工方便等因素。

（2）梁拆分位置可以设置在梁端，也可以设置在梁跨中。拆分位置在梁的端部时，梁纵向钢筋套管连接位置距离柱边不宜小于 $1.0h$（h 为梁高），不应小于 $0.5h$（考虑塑性铰，塑性铰区域内存在的套管连接，不利于塑性铰转动）。

（3）柱拆分位置一般设置在楼层标高处，底层柱一般现浇，若采用预制形式则拆分位置应避开柱脚塑性铰区域。

4）预制构件设计

预制构件设计应满足《装配式混凝土结构技术规程》（JGJ 1—2014），《混凝土结构设计规范》（GB 50010—2010）和《建筑抗震设计规范》（GB 50011—2010）的相关规定，高层框架结构尚应满足《高层建筑混凝土结构设计规程》（JGJ 3—2010），《装配式混凝土建筑技术标准》（GB/T 51231—2016）的相关规定。

5）连接节点设计

装配整体式框架结构应重视预制构件连接节点的选型和设计，应根据设防烈度、建筑高度及抗震等级选择适当的节点连接方式和构造措施。重要且复杂的节点与连接的受力性能应通过试验研究确定，试验方法应符合相应规定。连接节点的选型和设计应注重概念设计，满足承载能力极限状态和正常使用极限状态及耐久性的要求。通过合理的连接节点与构造，保证构件的连续性和结构的整体性、稳定性，使整个结构具有必要的承载能力、刚度和延性，以及良好的抗风、抗震和抗偶然荷载的能力，并避免结构体系出现连续倒塌。

6）预制构件深化设计

在主体设计方案的基础上，结合构件生产及施工现场实际情况，对图纸进行完善、补充、细化，绘制成具有可用于构件生产制作的施工图纸。深化设计后的图纸应满足原主体设计技术要求，符合相关地域设计规范和施工规范，并通过审查。

3.2 叠合梁设计

3.2.1 叠合梁设计

叠合梁按受力性能又可分为“一阶段受力叠合梁”和“二阶段受力叠合梁”两类。前者是指施工阶段在预制梁下设有可靠支撑，能保证施工阶段作用的荷载不使预制梁受力而全部传给支撑，待叠合层后浇混凝土达到一定强度后，再拆除支撑，而由整个截面来承受全部荷载；后者则是指施工阶段在简支的预制梁下不设支撑，施工阶段作用的全部荷载完全由预制梁承担。对于施工阶段不加支撑的叠合梁，其内力应按两个阶段计算：①叠合层混凝土未达到设计强度之前的阶段，荷载由预制梁承担，预制梁按简支结构计算；②叠合层混凝土达到设计强度之后的阶段，叠合梁按整体梁计算。

叠合梁设计的另一个关键问题是梁端结合面的抗剪计算。叠合梁端结合面主要包括框架梁与节点区的结合面、梁自身连接的结合面以及次梁与主梁的结合面等几种类型。结合面的受剪承载力的组成主要包括：新旧混凝土结合面的粘结力、键槽的抗剪承载力、后浇混凝土叠合层的抗剪承载力、梁纵向钢筋的销栓抗剪承载力。

3.2.2 叠合梁构造

根据《装配式混凝土建筑技术标准》(GB/T 51231—2016)，叠合梁的箍筋配置应符合下列规定：

(1) 抗震等级为一、二级的叠合框架梁的梁端箍筋加密区宜采用整体封闭箍筋；当叠合梁受扭时宜采用整体封闭箍筋，且整体封闭箍筋的搭接部分宜设置在预制部分[图 3.1(a)]。

(2) 当采用组合封闭箍筋的形式时[图 3.1(b)]，开口箍筋上方两端应做成 135°弯钩，框架梁弯钩平直段长度不应小于 $10d$(d 为箍筋直径)；现场应采用箍筋帽封闭开口箍，箍筋帽宜两端做成 135°弯钩，也可做成一端 135°弯钩，另一端 90°弯钩，但 135°弯钩和 90°弯钩应沿纵向受力钢筋方向交错设置，框架梁弯钩平直段长度不应小于 $10d$(d 为箍筋直径)，次梁 135°弯钩平直段长度不应小于 $5d$，90°弯钩平直段长度不应小于 $10d$。

(3) 框架梁箍筋加密区长度内的箍筋肢距：一级抗震等级，不宜大于 200 mm 和 20 倍箍筋直径的较大值，且不应大于 300 mm；二、三级抗震等级，不宜大于 250 mm 和 20 倍箍筋直径的较大值，且不应大于 350 mm；四级抗震等级，不宜大于 300 mm，且不应大于 400 mm。

根据《装配式混凝土结构技术规程》(JGJ 1—2014)，在装配整体式框架结构中，当采用叠合梁时，框架梁的后浇混凝土叠合层厚度不宜小于 150 mm[图 3.2(a)]，次梁的后浇混凝土叠合层厚度不宜小于 120 mm；当采用凹口截面预制梁时图[3.2(b)]，凹口深度不宜小于50 mm，凹口边厚度不宜小于 60 mm。

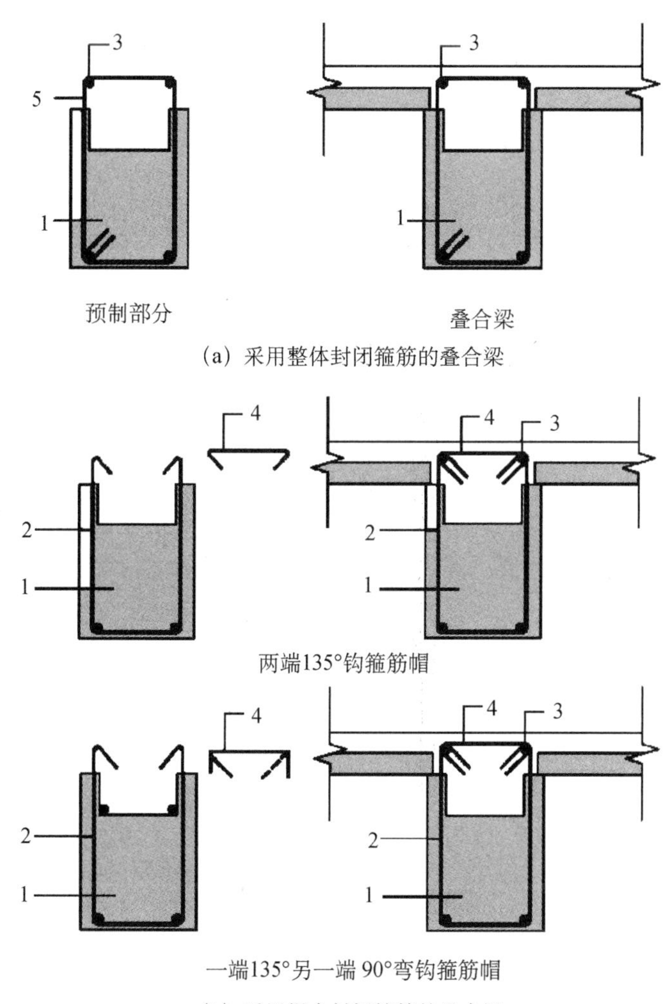

图 3.1 采用组合封闭箍筋的叠合梁

1—预制梁；2—开口箍筋；3—上部纵向钢筋；4—箍筋帽；5—封闭箍筋

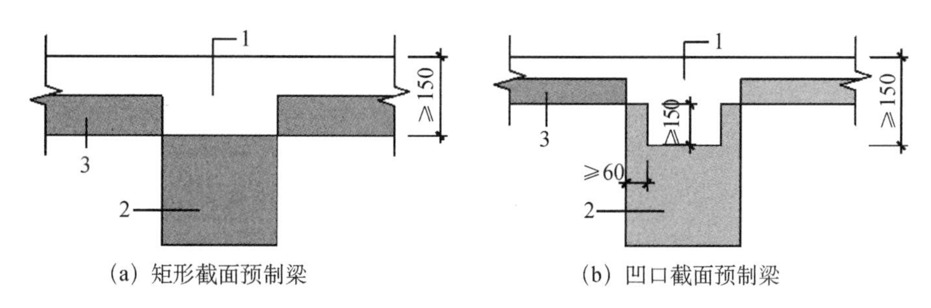

图 3.2 叠合框架梁截面示意图(单位:mm)

1—后浇混凝土叠合层；2—预制梁；3—预制板

预应力混凝土叠合梁的截面及配筋构造应满足表 3.1 相关要求。

表 3.1　预应力混凝土叠合梁截面及配筋的基本构造要求

<table>
<tr><th>分项</th><th colspan="2">构造要求</th></tr>
<tr><td>底部纵筋</td><td colspan="2">1. 梁底角部应设置普通钢筋,两侧应设置腰筋;
2. 梁端部应设置保证钢绞线位置的带孔模板;
3. 钢绞线的分布宜分散、对称;其混凝土保护层厚度(指钢绞线外边缘至混凝土表面的距离)不应小于 55 mm;下部纵向钢绞线水平方向的净间距不应小于 35 mm;各层钢绞线之间的净间距不应小于 25 mm;
4. 梁跨度较小时可不配置预应力筋;
5. 采用先张法预应力技术</td></tr>
<tr><td rowspan="2">箍筋形式</td><td> 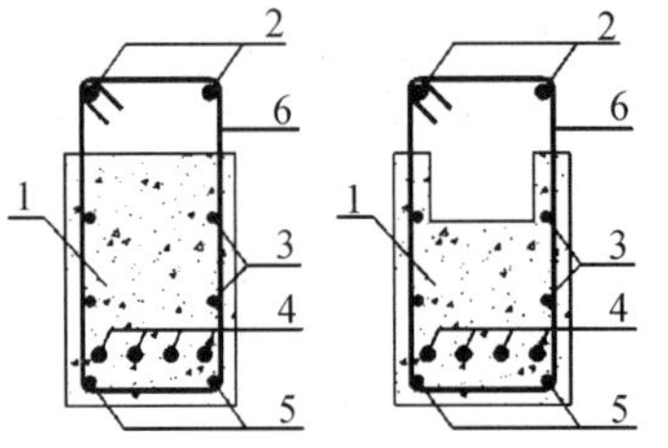(a) 采用组合封闭箍筋</td><td>抗震等级为一、二级的叠合框架梁的梁端箍筋加密区宜采用整体封闭箍筋;当叠合梁受扭时宜采用整体封闭箍筋</td></tr>
<tr><td> 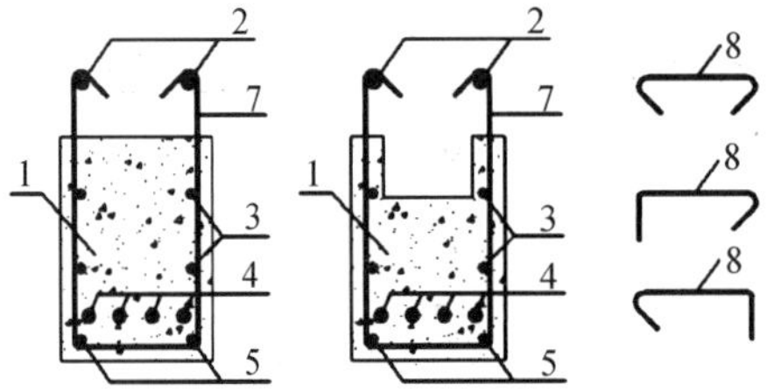(b) 采用普通封闭箍筋

1—预制梁;2—叠合梁上部钢筋;3—腰筋(按设计确定);4—钢绞线;5—普通钢筋;6—封闭箍筋;7—开口箍筋;8—箍筋帽</td><td>开口箍筋上方应设置 135°弯钩,框架梁弯钩平直段长度不应小于 $10d$(d 为箍筋直径),次梁弯钩平直段长度不应小于 $5d$;箍筋帽两端宜设置 135°弯钩,也可一端 135°另一端 90°弯钩,但 135°弯钩和 90°弯钩应沿纵向受力钢筋方向交错设置,框架梁弯钩平直段长度不应小于 $10d$(d 为箍筋直径),次梁 135°弯钩平直段长度不应小于 $5d$,90°弯钩平直段长度不应小于 $10d$</td></tr>
<tr><td>加密区箍筋间距</td><td colspan="2">一级抗震等级,不宜大于 200 mm 和 20 倍箍筋直径的较大值,且不应大于 300 mm;二、三级抗震等级,不宜大于 250 mm 和 20 倍箍筋直径的较大值,且不应大于 350 mm;四级抗震等级,不宜大于 300 mm,且不应大于 400 mm</td></tr>
</table>

3.3　预制柱设计

3.3.1　预制柱设计

预制柱是装配式混凝土结构的主要竖向受力构件,一般采用矩形截面形式,如图 3.3 所示。预制框架柱之间通常采用成熟的直螺纹套筒灌浆连接技术,实现预制柱上下层间钢筋牢固连接。

图 3.3 预制混凝土柱

3.3.2 预制柱构造

根据《装配式混凝土建筑技术标准》(GB/T 51231—2016)、《装配式混凝土结构技术规程》(JGJ 1—2014),预制柱的设计应符合现行国家标准《混凝土结构设计规范》(GB 50010—2010)、《建筑抗震设计规范》(GB 50011—2010)的规定,并应符合下列规定:

(1) 矩形柱截面边长不宜小于 400 mm,圆形截面柱直径不宜小于 450 mm,且不宜小于同方向梁宽的 1.5 倍。

(2) 柱纵向受力钢筋在柱底连接时,柱箍筋加密区长度不应小于纵向受力钢筋连接区域长度与 500 mm 之和;当采用套筒灌浆连接或浆锚搭接连接等方式时,套筒或搭接段上端第一道箍筋距离套筒或搭接段顶部不应大于 50 mm(图 3.4)。

(3) 柱纵向受力钢筋直径不宜小于 20 mm,纵向受力钢筋的间距不宜大于 200 mm 且不应大于 400 mm。柱的纵向受力钢筋可集中于四角配置且宜对称布置。柱中可设置纵向辅助钢筋且直径不宜小于 12 mm 和箍筋直径;当正截面承载力计算不计入纵向辅助钢筋时,纵向辅助钢筋可不伸入框架节点(图 3.5)。

(4) 预制柱箍筋可采用连续复合箍筋。

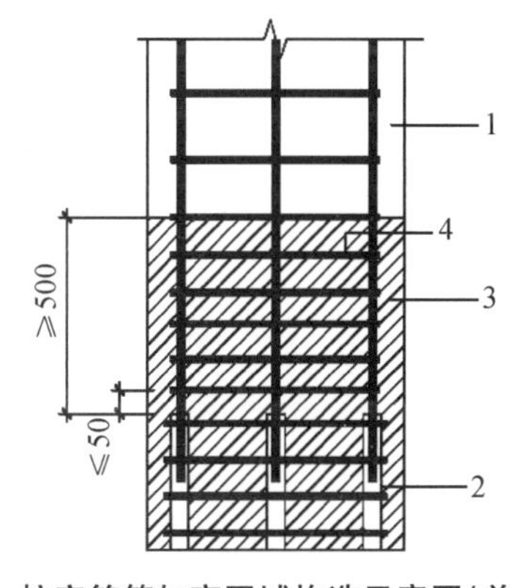

图 3.4 柱底箍筋加密区域构造示意图(单位:mm)

1—预制柱;2—灌浆套筒连接接头(或钢筋搭接区域);3—箍筋加密区(阴影区域);4—加密区箍筋

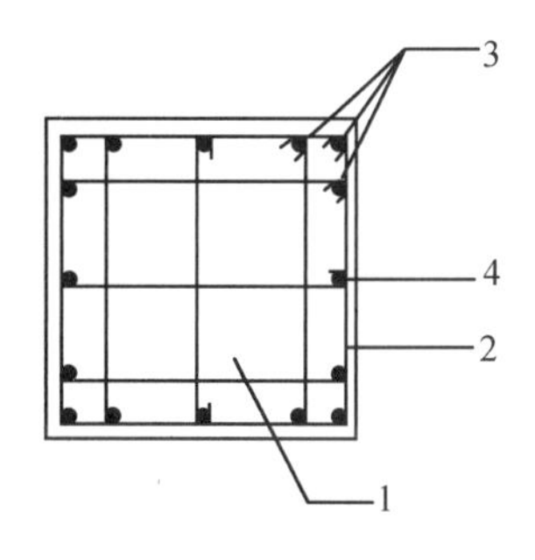

图 3.5 柱集中配筋构造平面示意图

1—预制柱;2—箍筋;3—纵向受力钢筋;4—纵向辅助钢筋

装配整体式框架中的预制柱的纵向钢筋连接尚应符合下列规定：

(1) 当房屋高度不大于 12 m 或层数不超过 3 层时，预制柱的纵向钢筋可采用套筒灌浆连接、螺栓连接、焊接连接、基于 UHPC 搭接连接等方式。

(2) 当房屋高度大于 12 m 或层数超过 3 层时，预制柱的纵向钢筋宜采用套筒灌浆连接、螺栓连接、基于 UHPC 搭接连接等方式。

预制柱构件可参照图 3.6 进行深化设计。

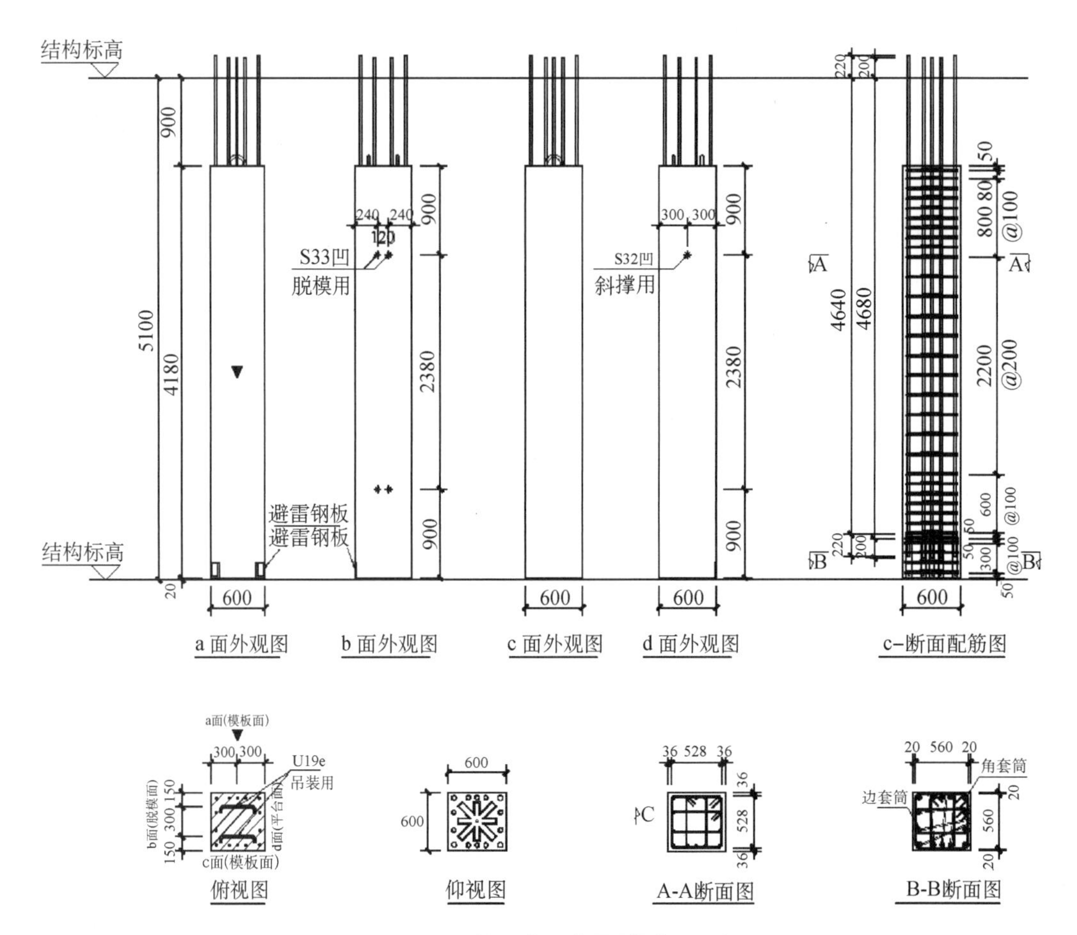

图 3.6　预制柱深化示意图(单位:mm)

3.4　节点设计

《装配式混凝土建筑技术标准》(GB/T 51231—2016)规定：装配式混凝土结构中，节点及接缝处的纵向钢筋连接宜根据接头受力、施工工艺等要求选用套筒灌浆连接、机械连接、浆锚搭接连接、焊接连接、绑扎连接等方式。直径大于 20 mm 的钢筋不宜采用浆锚搭接连接，直接承受动力荷载的构件纵向钢筋不应采用浆锚搭接连接。当采用套筒灌浆连接时，应符合现行行业标准《钢筋套筒灌浆连接应用技术规程》(JGJ 355—2015)的规定；当采用机械连接时，应符合现行行业标准《钢筋机械连接技术规程》(JGJ 107—2016)的规定；当采用焊接连接时，应符合现行行业标准《钢筋焊接及验收规程》(JGJ 18—2012)的规定。

预制构件的拼接应符合下列规定：

(1) 预制构件拼接部位的混凝土强度等级不应低于预制构件的混凝土强度等级；

(2) 预制构件的拼接位置宜设置在受力较小的部位，在多遇地震作用下，装配整体式框架结构中预制柱水平接缝处不宜出现拉力；

(3) 预制构件的拼接应考虑温度作用和混凝土收缩徐变的不利影响，宜适当增加配筋。

纵向钢筋采用挤压套筒连接时应符合下列规定：

(1) 连接框架柱、框架梁、剪力墙边缘构件纵向钢筋的挤压套筒接头应满足Ⅰ级接头的要求，连接剪力墙竖向分布钢筋、楼板分布钢筋的挤压套筒接头应满足Ⅰ级接头抗拉的要求；

(2) 被连接的预制构件之间应预留后浇段，后浇段的高度或长度应根据挤压套筒接头安装工艺确定，应采取措施保证后浇段的混凝土浇筑密实。

装配整体式混凝土框架结构连接节点种类繁多且构造复杂，节点质量对整体结构的性能影响较大，因此需要重视连接节点的设计。装配整体式混凝土框架结构连接方式主要有：柱-柱连接，梁-柱连接，梁-梁连接等。

3.4.1 柱-柱连接

目前常用的柱-柱连接中受力钢筋的连接方式有套筒灌浆连接、机械连接、钢筋焊接等。以下根据相关规范主要介绍套筒灌浆连接和挤压套筒连接的构造要求。

1) 套筒灌浆连接

套筒灌浆连接方式在欧美、日本等国家有长期大量的实践经验，国内也有充分的试验研究、一定的应用经验及相关产品的标准和技术规程。当房屋层数较多时，如房屋高度大于 12 m 或层数超过 3 层时，柱的纵向钢筋采用套筒灌浆连接可以保证结构的安全。

当采用套筒灌浆连接时，预制柱中钢筋接头处套筒外侧箍筋的混凝土保护层厚度不应小于 20 mm；为保证施工过程中套筒之间的混凝土可以浇筑密实，套筒之间的净距不应小于 20 mm。

采用套筒灌浆技术的柱-柱连接要素为钢筋、混凝土粗糙面、键槽。由于后浇混凝土、灌浆料或坐浆料与预制构件结合面的粘结抗剪强度往往低于预制构件本身混凝土的抗剪强度，因此，接缝一般采用强度等级高于构件的后浇混凝土、灌浆料或坐浆料。根据江苏省地方标准《装配整体式混凝土框架结构技术规程》(DGJ32/TJ 219—2017)规定：当预制柱纵向钢筋采用套筒灌浆连接时，预制柱顶、底与后浇节点区之间设置拼缝(图 3.7)，并应符合下列规定：

(1) 预制柱顶及后浇节点区顶面应做成粗糙面，凹凸深度不小于 6 mm；

(2) 预制柱底面应设置键槽；

(3) 预制柱底面与后浇核心区之间应设置接缝，接缝厚度为 15 mm，并应采用灌浆料填实。

2) 挤压套筒连接

根据《装配式混凝土建筑技术标准》(GB/T 51231—2016)规定：上、下层相邻预制柱纵向受力钢筋采用挤压套筒连接时(图 3.8)，柱底后浇段的箍筋应满足下列要求：

(1) 套筒上端第一道箍筋距离套筒顶部不应大于 20 mm，柱底部第一道箍筋距柱底面不应大于 50 mm，箍筋间距不宜大于 75 mm；

(2) 抗震等级为一、二级时，箍筋直径不应小于 10 mm，抗震等级为三、四级时，箍筋直径不应小于 8 mm。

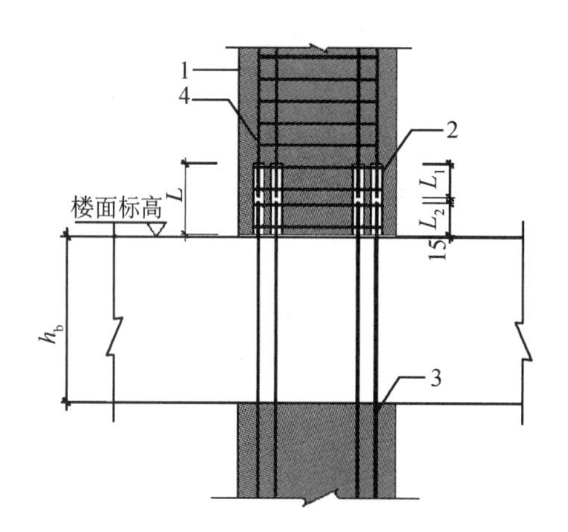

图 3.7　预制柱底接缝构造示意图

1—预制柱；2—套筒连接器；
3—下部预制柱主筋；4—上部预制柱主筋；
L—钢筋套筒连接器全长；h_b—梁高；
L_1—预制固定端；L_2—现场插入端

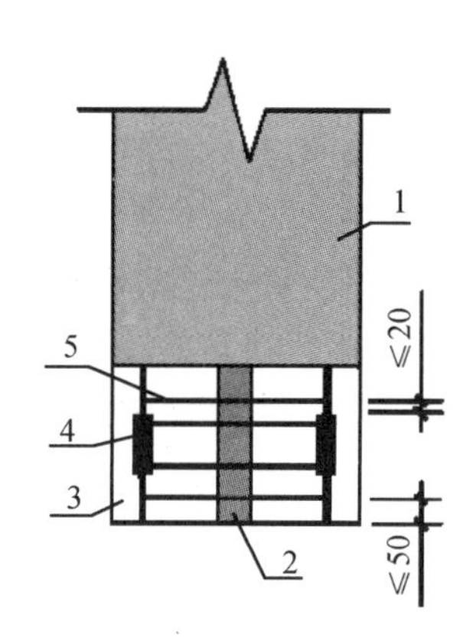

图 3.8　柱底后浇段箍筋配置示意图(单位：mm)

1—预制柱；2—支腿；3—柱底后浇段；
4—挤压套筒；5—箍筋

3.4.2　梁-梁连接

1) 叠合梁对接

根据《装配式混凝土结构技术规程》(JGJ 1—2014)，叠合梁可采用对接连接(图 3.9)并应符合下列规定：

(1) 连接处应设置后浇段，后浇段的长度应满足梁下部纵向钢筋连接作业的空间需求；

(2) 梁下部纵向钢筋在后浇段内宜采用机械连接、套筒灌浆连接或焊接连接；

(3) 后浇段内的箍筋应加密，箍筋间距不应大于 $5d$(d 为纵向钢筋直径)，且不应大于 100 mm。

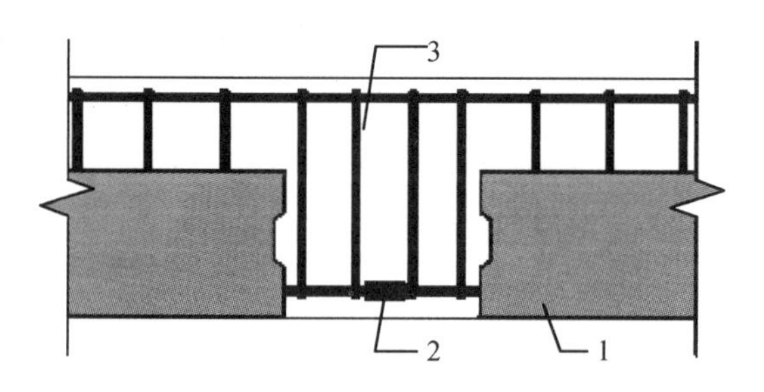

图 3.9　叠合梁连接节点示意图

1—预制梁；2—钢筋连接接头；3—后浇段

2）次梁与主梁后浇段连接

对于叠合楼盖结构，次梁与主梁的连接可采用后浇混凝土节点，即主梁上预留后浇段，混凝土断开而钢筋连通，以便穿过和锚固次梁钢筋。次梁与主梁宜采用铰接连接，也可采用刚接连接。

当采用刚接连接并采用后浇段的形式时应符合《装配式混凝土结构技术规程》(JGJ 1—2014)的规定：

(1) 在端部节点处，次梁下部纵向钢筋深入主梁后浇段内的长度不应小于 $12d$。次梁上部纵向钢筋应在主梁后浇段内锚固。当采用弯折锚固[图 3.10(a)]或锚固板时，锚固直段长度不应小于 $0.6l_{ab}$；当钢筋应力大于钢筋强度设计值的 50%时，锚固直段长度不应小于 $0.6l_{ab}$；当钢筋应力不大于钢筋强度设计值的 50%时，锚固直线段长度不应小于 $0.35l_{ab}$；弯折锚固的弯折后直段长度不应小于 $12d$（d 为纵向钢筋直径）；

(2) 在中间节点处，两侧次梁的下部纵向钢筋深入主梁后浇段内长度不应小于 $12d$（d 为纵向钢筋直径）；次梁上部纵向钢筋应在现浇层内贯通[图 3.10(b)]。

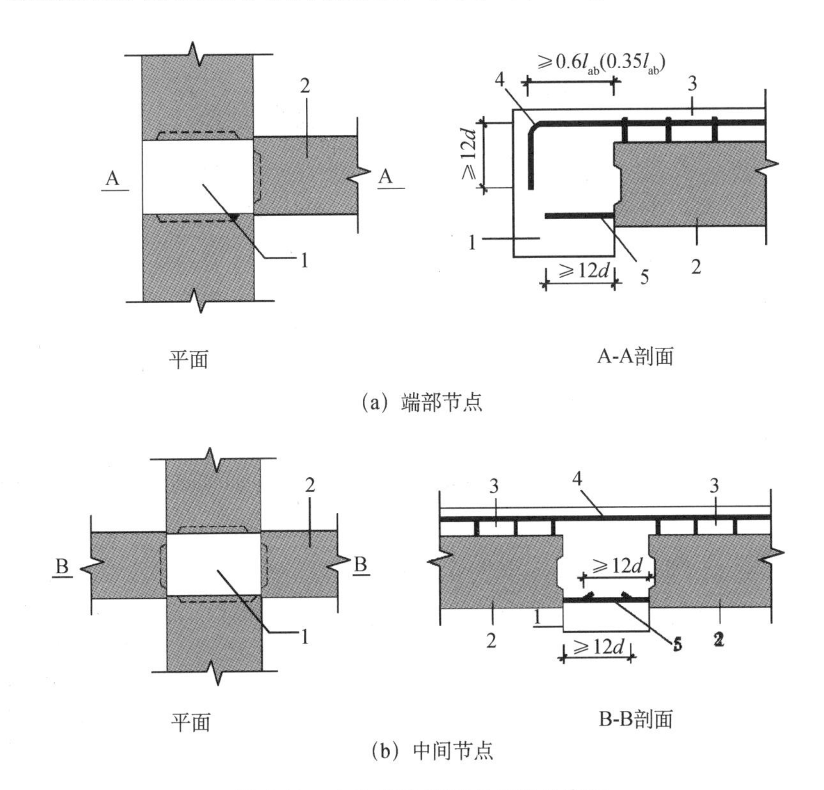

图 3.10 主次梁连接节点构造示意图

1—主梁后浇段；2—次梁；3—后浇混凝土；4—次梁上部纵向钢筋；5—次梁下部纵向钢筋

3）次梁与主梁企口连接

当次梁与主梁采用铰接连接时，可采用企口连接或钢企口连接形式，采用企口连接时应符合国家现行标准的有关规定。

根据《装配式混凝土建筑技术标准》(GB/T 51231—2016)，当次梁不直接承受动力荷载且跨度不大于 9 m 时，可采用钢企口连接(图 3.11)，并应符合下列规定：

(1) 钢企口两侧应对称布置抗剪栓钉，钢板厚度不应小于栓钉直径的 0.6 倍；预制主梁与钢企口连接处应设置预埋件；次梁端部 1.5 倍梁高(h)范围内，箍筋间距不应大于 100 mm。

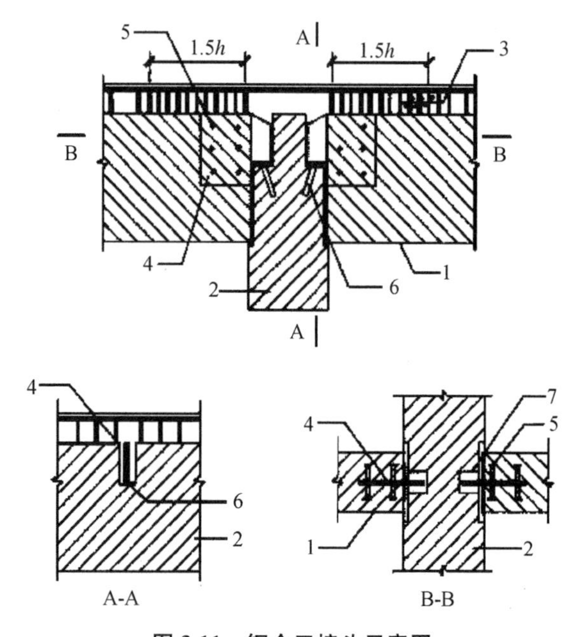

图 3.11　钢企口接头示意图

1—预制次梁；2—预制主梁；3—次梁端部加密箍筋；4—钢板；5—栓钉；6—预埋件；7—灌浆料

(2) 钢企口接头(图 3.12)的承载力验算，除应符合现行国家标准《混凝土结构设计规范》(GB 50010—2010)、《钢结构设计标准》(GB 50017—2017)的有关规定外，尚应符合下列规定：

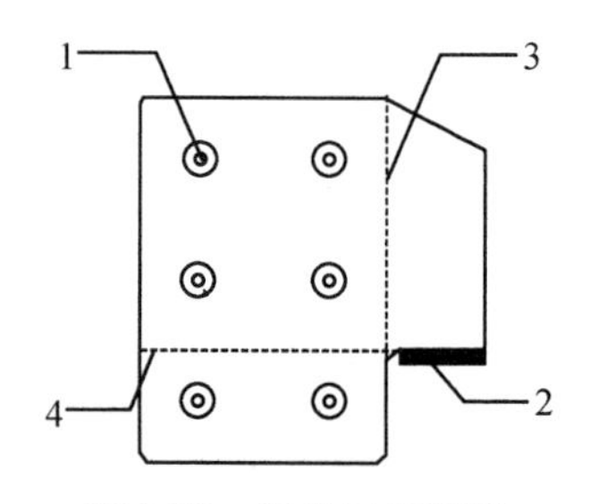

图 3.12　钢企口示意图

1—栓钉；2—预埋件；3—截面 A；4—截面 B

① 钢企口接头应能够承受施工及使用阶段的荷载；

② 应验算企口截面 A 处在施工及使用阶段的抗弯、抗剪强度；

③ 应验算钢企口截面 B 处在施工及使用阶段的抗弯强度；

④ 凹槽内灌浆料未达到设计强度前，应验算钢企口外挑部分的稳定性；

⑤ 应验算栓钉的抗剪强度；

⑥ 应验算钢企口搁置处的局部受压承载力。

(3) 抗剪栓钉的布置，应符合下列规定：

① 栓钉杆直径不宜大于 19 mm，单侧抗剪栓钉排数及列数均不应小于 2；

② 栓钉间距不应小于杆径的 6 倍且不宜大于 300 mm；

③ 栓钉至钢板边缘的距离不宜小于 50 mm，至混凝土构件边缘的距离不应小于 200 mm；

④ 栓钉钉头内表面至连接钢板的净间距不宜小于 30 mm；

⑤ 栓钉顶面的保护层厚度不应小于 25 mm。

(4) 主梁与钢企口连接处应设置附加横向钢筋，相关计算及构造要求应符合现行国家标准《混凝土结构设计规范》(GB 50010—2010)的有关规定。

3.4.3 梁-柱连接

常用的梁-柱连接方式有整浇式连接、牛腿连接等。

1) 整浇式节点

整浇式节点是柱与梁通过后浇混凝土形成刚性节点，这种节点的优点是梁柱构件外形简单，制作和吊装方便，节点整体性好。

在预制柱叠合梁框架节点中，梁钢筋在节点中的锚固及连接方式是决定施工可行性以及节点受力性能的关键。梁、柱构件受力钢筋应尽量采用较粗直径、较大间距的布置方式，节点区的主筋较少，有利于节点的装配施工，保证施工质量。在设计过程中，应充分考虑施工装配的可行性，合理确定梁、柱截面尺寸及钢筋的数量、间距及位置。梁、柱纵向钢筋在后浇节点区内采用直线锚固、弯折锚固或机械锚固的方式时，其锚固长度应符合现行国家标准《混凝土结构设计规范》(GB 50010—2010)中的有关规定；当梁、柱纵向钢筋采用锚固板时，应符合现行行业标准《钢筋锚固板应用技术规程》(JGJ 256—2011)中的有关规定。

根据《装配式混凝土建筑技术标准》(GB/T 51231—2016)，采用预制柱及叠合梁的装配整体式框架节点，梁纵向受力钢筋应伸入后浇节点区内锚固或连接，并应符合下列规定：

(1) 框架梁预制部分的腰筋不承受扭矩时，可不伸入梁柱节点核心区。

(2) 对框架中间层中节点，节点两侧的梁下部纵向受力钢筋宜锚固在后浇节点核心区内[图 3.13(a)]，也可采用机械连接或焊接的方式连接[图 3.13(b)]；梁的上部纵向受力钢筋应贯穿后浇节点核心区。

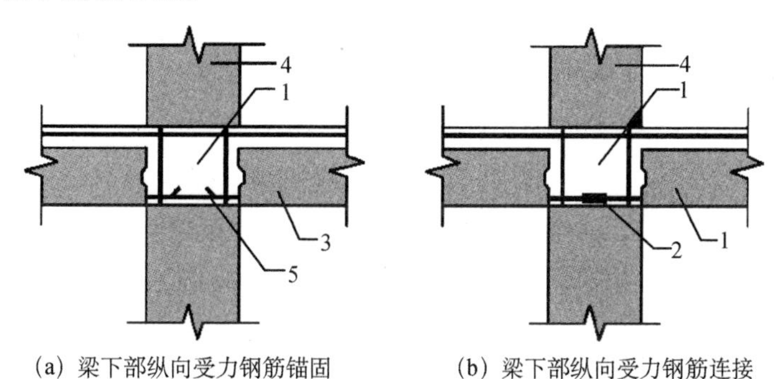

图 3.13 预制柱及叠合梁框架中间层中节点构造示意图

1—后浇区；2—梁下部纵向受力钢筋连接；3—预制梁；4—预制柱；5—梁下部纵向受力钢筋锚固

(3) 对框架中间层端节点,当柱截面尺寸不满足梁纵向受力钢筋的直线锚固要求时,宜采用锚固板锚固(图3.14),也可采用90°弯折锚固。

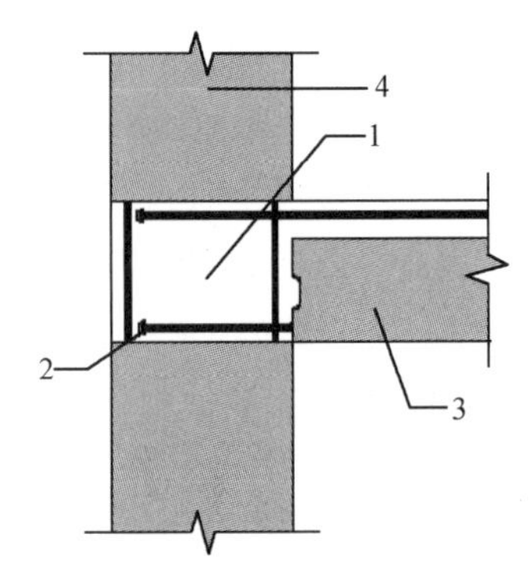

图 3.14 预制柱及叠合梁框架中间层端节点构造示意图

1—后浇区;2—梁纵向钢筋锚固板锚固;3—预制梁;4—预制柱

(4) 对框架顶层中节点,梁纵向受力钢筋的构造应符合现行国家标准《装配式混凝土建筑技术标准》(GB/T 51231—2016)第5.6.5条第2款规定。柱纵向受力钢筋宜采用直线锚固;当梁截面尺寸不满足直线锚固要求时,宜采用锚固板锚固(图3.15)。

(5) 对框架顶层端节点,柱宜伸出屋面并将柱纵向受力钢筋锚固在伸出段内(图3.16),柱纵向钢筋宜采用锚固板的锚固方式,此时锚固长度不应小于$0.6l_{abE}$。伸出段内箍筋直径不应小于$d/4$(d为柱中心受力钢筋的最大直

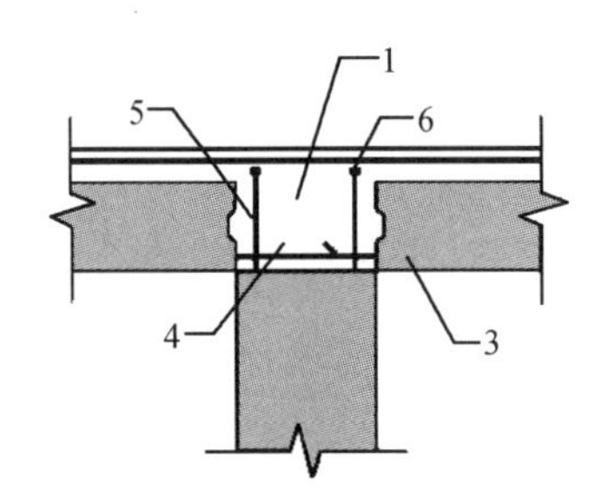

(a) 梁下部纵向受力钢筋锚固

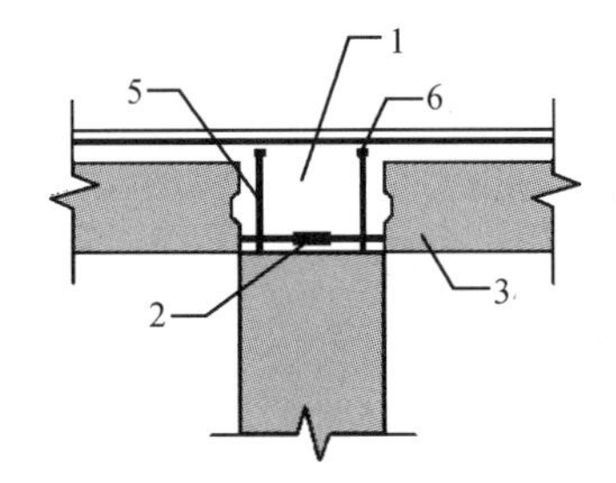

(b) 梁下部纵向受力钢筋连接

图 3.15 预制柱及叠合梁框架顶层中节点构造示意图

1—后浇区;2—梁下部纵向受力钢筋连接;3—预制梁;4—梁下部纵向受力钢筋锚固;5—柱纵向受力钢筋;6—锚固板

径),伸出段内箍筋间距不应大于$5d$(d为柱纵向受力钢筋的最小直径)且不应大于100 mm;梁纵向受力钢筋应锚固在后浇节点区内,且宜采用锚固板的锚固方式,此时锚固长度不应小于$0.6l_{abE}$。

根据《装配式混凝土建筑技术标准》(GB/T 51231—2016),采用叠合梁及预制柱的装配式框架中节点,两侧叠合梁底部水平钢筋采用挤压套筒连接时,可在核心区外一侧梁端后浇段内连接(图3.17),也可在核心区外两侧梁端后浇段内连接(图3.18),连接接头距柱边不小于$0.5h_b$(h_b为叠合梁截面高度)且不小于300 mm,叠合梁后浇叠合层顶部的水平钢筋应贯穿后浇核心区。梁端后浇段的箍筋尚应满足下列要求:

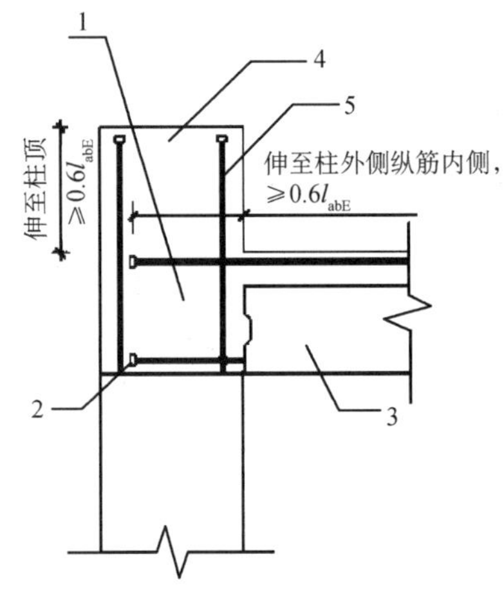

图 3.16 预制柱及叠合梁框架顶层端节点构造示意图

1—后浇区;2—梁下部纵向受力钢筋锚固;3—预制梁;4—柱延伸段;5—柱纵向受力钢筋

(1) 箍筋间距不宜大于 75 mm；

(2) 抗震等级为一、二级时，箍筋直径不应小于 10 mm；抗震等级为三、四级时，箍筋直径不应小于 8 mm。

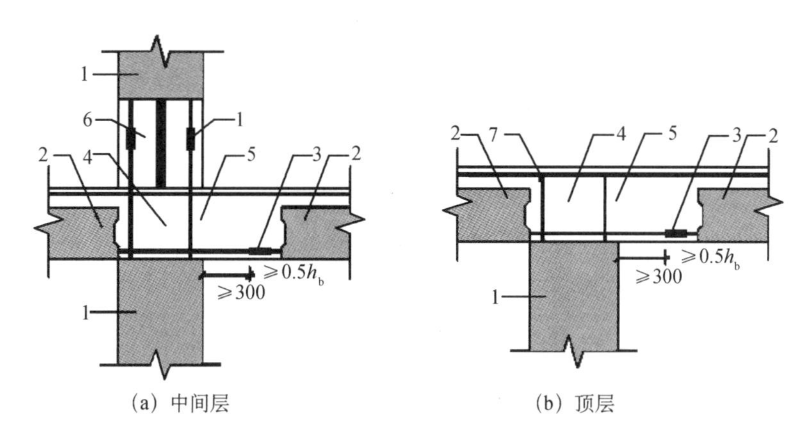

图 3.17　框架中节点叠合梁底部水平钢筋在一侧梁端后浇段内挤压套筒连接示意图(单位:mm)

1—预制柱；2—叠合梁预制底梁；3—挤压套筒；4—后浇核心区；5—梁端后浇段；6—柱底后浇段；7—锚固板

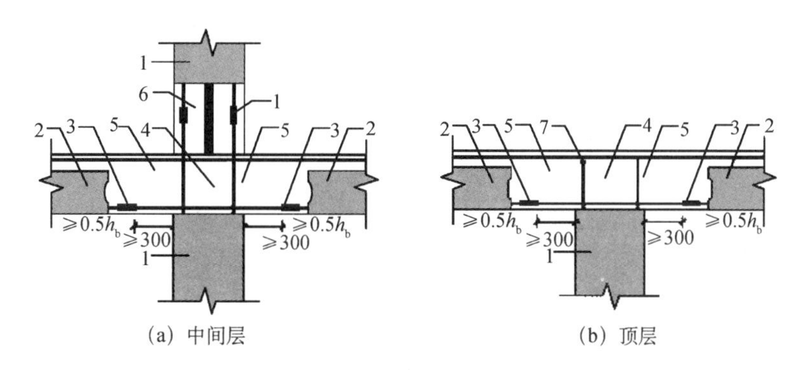

图 3.18　框架中节点叠合梁底部水平钢筋在两侧梁端后浇段内挤压套筒连接示意图(单位:mm)

1—预制柱；2—叠合梁预制底梁；3—挤压套筒；4—后浇核心区；5—梁端后浇段；6—柱底后浇段；7—锚固板

2) 牛腿式节点

牛腿凭借较高的承载力及其可靠的竖向传力方式，是应用较为广泛的一种干连接方式。这种节点形式分为明牛腿式和暗牛腿式两种。

对于暗牛腿，有很多种做法，如型钢暗牛腿、混凝土暗牛腿等。型钢暗牛腿(图 3.19)传力明确，变形性能良好，具有很好的应用前景。该节点将型钢直接伸出来而不用混凝土包裹直接做成暗牛腿，梁端的剪力可以直接通过牛腿传递到柱子上，梁端的弯矩可以通过梁端和牛腿顶部设置的预埋件传递。当剪力较大时，用型钢做成的牛腿还可以减小暗牛腿的高度，相应地增加梁端缺口

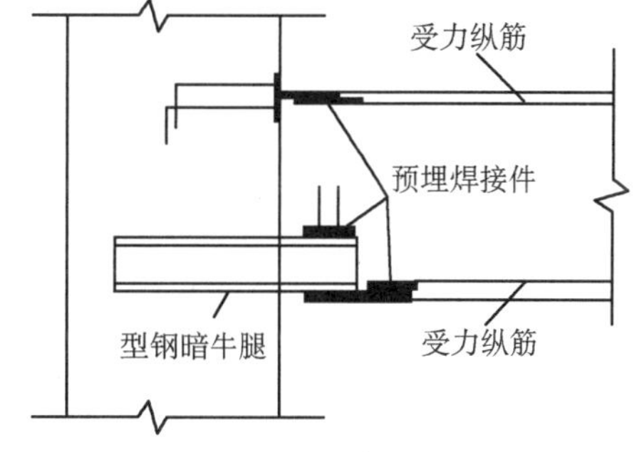

图 3.19　型钢暗牛腿连接

梁的高度以增加抗剪能力。

明牛腿节点主要用于厂房等工业建筑，是一种常用的框架节点形式。此类节点主要由牛腿支撑竖向荷载及梁端剪力，大部分牛腿节点设计中被看成铰接节点。除现浇混凝土中可做成牛腿节点外，螺栓、焊接等方式也常用于牛腿连接。

焊接牛腿连接：该焊接连接的抗震性能不理想，在反复地震荷载作用下焊缝处容易发生脆性破坏，所以其能量耗散性能较差。但是焊接连接的施工方法避免了现场现浇混凝土，也不必进行必要的养护，可以节省工期。开发变形性能较好的焊接连接构造也是当前干式连接构造的发展方向(图 3.20)。

螺栓牛腿连接：牛腿具有很好的竖向承载力，但需要较大的建筑空间，影响建筑外观，因此主要用于一些厂房建筑中；也有用型钢等做成暗牛腿连接的，可以减小空间的使用。牛腿连接配合焊接及螺栓，形成的节点形式多样，可做成刚接形式，也可做成铰接形式，适用范围更广(图 3.21)。

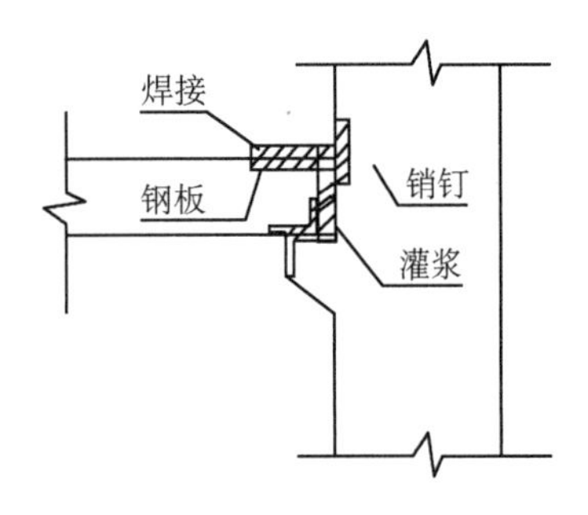

图 3.20　焊接牛腿连接

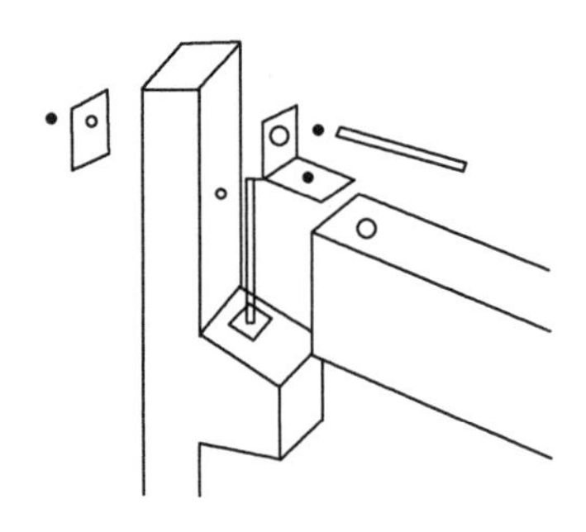

图 3.21　螺栓牛腿连接

3.4.4　底层柱-基础连接

框架底层柱一般采用现浇施工，当确有必要并采取相应的技术措施后，底层柱也可采用预制。预制柱与现浇基础的连接可以参考江苏省地方标准《装配整体式混凝土框架结构技术规程》(DGJ32/TJ 219—2017)，当底层预制柱与基础采用套筒灌浆连接时，应满足下列要求：

(1) 连接位置宜伸出基础顶面一倍柱截面高度；

(2) 基础内的框架柱插筋下端宜做成直钩，并伸至基础底部钢筋网上，同时应满足锚固长度的要求，宜设置主筋定位架辅助主筋定位；

(3) 预制柱底应设置键槽，基础伸出部分的顶面应设置粗糙面，凹凸深度不应小于 6 mm；

(4) 柱底接缝厚度为 15 mm，并应采用灌浆料填实(图 3.22)。

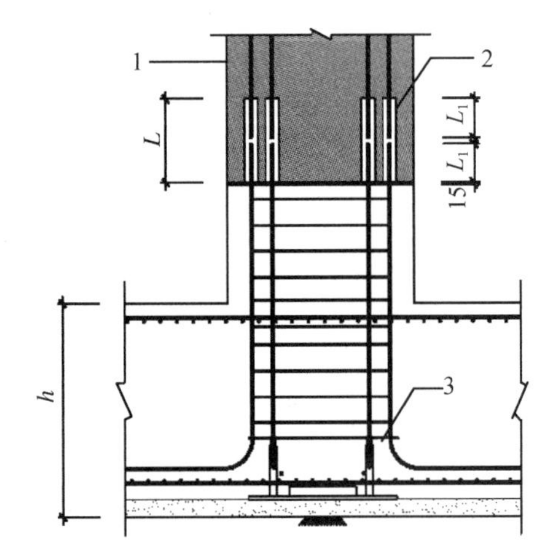

图 3.22　预制柱与现浇基础的连接示意图(单位:mm)

1—预制柱；2—灌浆套筒；3—主筋定位架
h—基础高度；L—钢筋套筒连接器全长；
L_1—预制固定端；L_2—现场插入端

3.5 接缝设计

3.5.1 接缝正截面承载力

在装配整体式结构中，接缝的正截面承载力应符合现行国家标准《混凝土结构设计规范》(GB 50010—2010)的规定。接缝的受剪承载力应符合下列规定：

(1) 持久设计状况

$$\gamma_0 V_{jd} \leqslant V_u$$

(2) 地震设计状况

$$V_{jdE} \leqslant V_{uE}/\gamma_{RE}$$

在梁、柱端部箍筋加密区及剪力墙底部加强部位，尚应符合以下规定：

$$\eta_j V_{mua} \leqslant V_{uE}$$

式中：γ_0——结构重要性系数，安全等级为一级时不应小于 1.1，安全等级为二级时不应小于 1.0；

V_{jd}——持久设计状况下接缝剪力设计值；

V_{jdE}——地震设计状况下接缝剪力设计值；

V_u——持久设计状况下梁端、柱端、剪力墙底部接缝受剪承载力设计值；

V_{uE}——地震设计状况下梁端、柱端、剪力墙底部接缝受剪承载力设计值；

V_{mua}——被连接构件端部按实配钢筋面积计算的斜截面受剪承载力设计值；

η_j——接缝受剪承载力增大系数，取 1.2；

γ_{RE}——承载力抗震调整系数。

3.5.2 叠合梁端竖向接缝受剪承载力

叠合梁端竖向接缝主要包括框架梁与节点区的接缝、梁自身连接的接缝以及次梁与主梁的接缝集中类型。叠合梁端竖向接缝受剪承载力的组成主要包括：新旧混凝土结合面的粘结力、键槽的抗剪能力、后浇混凝土叠合层的抗剪能力、梁纵向钢筋的销栓抗剪作用。

现行行业标准《装配式混凝土结构技术规程》(JGJ 1—2014)不考虑新旧混凝土结合面的粘结力，取混凝土抗剪键槽的受剪承载力、后浇层混凝土部分的受剪承载力，穿过结合面的钢筋销栓抗剪作用之和。在反复地震荷载作用下，对后浇层混凝土部分的受剪承载力进行折减，参照混凝土斜截面受剪承载力设计方法，折减系数取 0.6。

混凝土叠合梁端竖向接缝的受剪承载力设计值应按下列公式计算：

(1) 持久设计状况

$$V_u = 0.07 f_c A_{c1} + 0.10 f_c A_k + 1.65 A_{sd} \sqrt{f_c f_y}$$

（2）地震设计状况

$$V_{uE}=0.04f_cA_{c1}+0.06f_cA_k+1.65A_{sd}\sqrt{f_cf_y}$$

式中：A_{c1}——叠合梁端截面后浇混凝土叠合层截面面积；

f_c——预制构件混凝土轴心抗压强度设计值；

f_y——垂直穿过结合面钢筋抗拉强度设计值；

A_k——各键槽的根部截面面积之和（图 3.23），按后浇键槽根部截面和预制键槽根部截面分别计算，并取二者的较小值；

A_{sd}——垂直穿过结合面除预应力筋外的所有钢筋的面积，包括叠合层内的纵向钢筋。

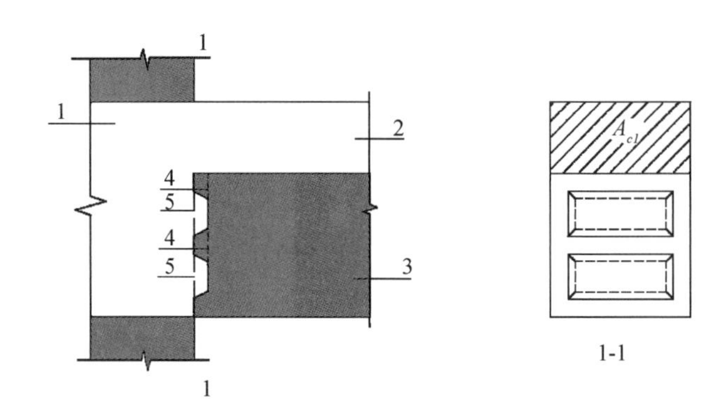

图 3.23　叠合梁端受剪承载力计算示意图

1—后浇节点区；2—后浇混凝土叠合层；3—预制梁；4—预制键槽根部截面；5—后浇键槽根部截面

例 3.1　选取一实际工程项目中的次梁为例计算，次梁截面尺寸详见图 3.24。混凝土强度等级为 C35，$f_c=16.7\ N/mm^2$，$f_t=1.57\ N/mm^2$；钢筋采用 HTRB600E，抗拉强度设计值为 500 MPa。次梁端部伸入主梁底部配筋 2 根（直径 25 mm），上部 5 根（直径 25 mm），由计算结果查得梁端剪力设计值为 360 kN。

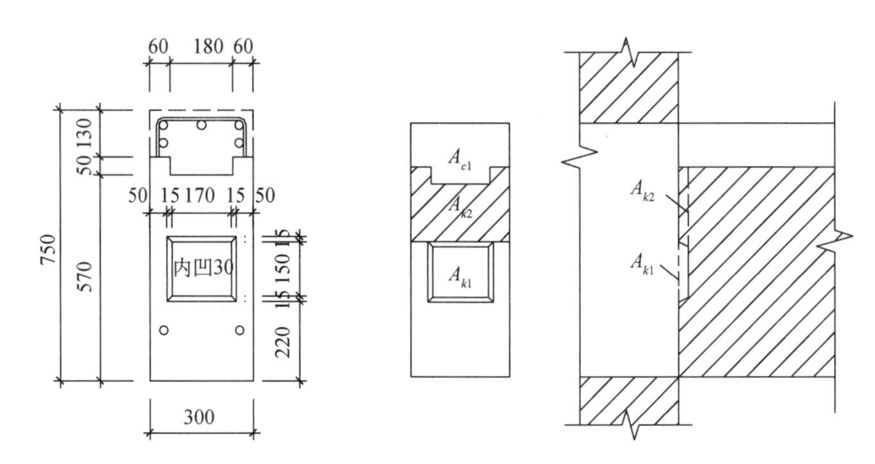

图 3.24　次梁截面尺寸（单位：mm）

根据《装配式混凝土结构技术规程》(JGJ 1—2014)中第 7.2.2 条，

(1) 持久设计状态：

$$V_u = 0.07 f_c A_{c1} + 0.10 f_c A_k + 1.65 A_{sd} \sqrt{f_c f_y}$$

其中：

$$A_{c1} = 130 \times 300 + 50 \times 180 = 48\ 000\ (mm^2)$$

$$A_{k1} = 180 \times 200 = 36\ 000\ (mm^2)$$

$$A_{k2} = (570 - 220 - 180) \times 300 = 51\ 000\ (mm^2)$$

$$A_k = \min\{A_{k1},\ A_{k2}\} = 36\ 000\ (mm^2)$$

$$A_{sd} = 7 \times 490 = 3\ 436\ (mm^2)$$

可知梁端受剪承载力设计值为：

$$V_u = 0.07 \times 16.7 \times 48\ 000 + 0.10 \times 16.7 \times 36\ 000 + 1.65 \times 3\ 436 \times \sqrt{16.7 \times 500}$$
$$= 634\ 292(N) = 634.3\ (kN) > 360\ (kN)$$

(2) 地震设计状况：

$$V_{uE} = 0.04 f_c A_{c1} + 0.06 f_c A_k + 1.65 A_{sd} \sqrt{f_c f_y}$$
$$= 0.04 \times 16.7 \times 48\ 000 + 0.06 \times 16.7 \times 36\ 000 + 1.65 \times 3\ 436 \times \sqrt{16.7 \times 500}$$
$$= 586\ 196(N) = 586.2\ (kN) > 360\ (kN)$$

满足要求。

3.5.3 预制柱底水平接缝受剪承载力

预制柱底水平接缝处的受剪承载力的组成包括：新旧混凝土结合面的粘结力、粗糙面或键槽的抗剪能力、轴压产生的摩擦力、柱纵向钢筋的销栓抗剪作用或摩擦抗剪作用，其中后者为抗剪承载力的主要组成部分。在反复地震荷载作用下，混凝土粘结作用及粗糙面的受剪承载力丧失较快，计算时不考虑。当柱受压时，计算轴压产生的摩擦力，柱底接缝灌浆层上下表面接触的混凝土均有粗糙面及键槽构造，因此摩擦系数取 0.8。当柱受拉时，没有轴压力产生的摩擦力，且由于钢筋受拉，计算钢筋销栓作用时，需要根据钢筋中的拉应力结果对销栓受剪承载力进行折减。因此在柱全截面受拉的情况下，不宜采用装配式构件。

根据《装配式混凝土结构技术规程》(JGJ 1—2014)，在地震设计状况下，预制柱底水平接缝的受剪承载力设计值应按下列公式计算：

(1) 当预制柱受压时：

$$V_{uE} = 0.8\ N + 1.65 A_{sd} \sqrt{f_c f_y}$$

(2) 当预制柱受拉时：

$$V_{uE}=1.65A_{sd}\sqrt{f_cf_y\sqrt{\left[1-\left(\frac{N}{A_{sd}f_y}\right)^2\right]}}$$

式中：f_c——预制构件混凝土轴心抗压强度设计值；

f_y——垂直穿过结合面钢筋抗拉强度设计值；

N——与剪力设计值 V 相应的垂直于结合面的轴向力设计值，取绝对值进行计算；

A_{sd}——垂直穿过结合面除预应力筋外的所有钢筋的面积，包括叠合层内的纵向钢筋；

V_{uE}——地震设计状况下接缝受剪承载力设计值。

例 3.2 以一实际工程中的柱为例，如图 3.25 所示。矩形柱截面计算参数：$b=800$ mm，$h=1\ 000$ mm；混凝土强度等级为 C45，$f_c=21.10$ N/mm^2，$f_t=1.80$ N/mm^2；钢筋采用 HRB400，$f_y=360$ N/mm^2；柱截面的纵向钢筋面积为 $A_s=314.16\times8+490.87\times10=7\ 422$ (mm^2)；由计算结果查得柱的轴向力设计值为 4 051 kN，与此轴向力相应的柱底剪力设计值为 $V=234.78$ kN。

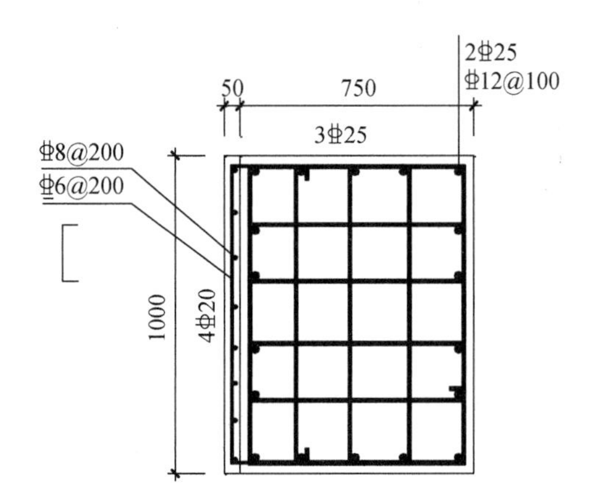

图 3.25 柱截面尺寸及配筋(单位：mm)

根据《装配式混凝土结构技术规程》(JGJ 1—2014)中第 7.2.3 条，预制柱底水平接缝的受剪承载力设计值：

$$\begin{aligned}V_{uE}&=0.8\,N+1.65A_{sd}\sqrt{f_cf_y}\\&=0.8\times4\ 051\times10^3+1.65\times7\ 422\times\sqrt{21.1\times360}\\&=4\ 308\ 127(\text{N})=4\ 308\ (\text{kN})\geqslant234.78\ (\text{kN})\end{aligned}$$

满足要求。

3.5.4 叠合板受剪承载力计算

未配置抗剪钢筋的叠合板，水平叠合面的受剪承载力可按照下式计算：

$$\frac{V}{bh_0}\leqslant0.4(\text{N/mm}^2)$$

式中：V——叠合板验算截面处剪力；

b——叠合板宽度；

h_0——叠合板有效高度。

3.5.5 梁柱节点核心区验算

对抗震等级一、二、三级的装配整体式框架，应进行梁柱节点核心区抗震受剪承载力验算；对四级框架可不进行验算。梁柱节点核心区抗震受剪承载力验算和构造应符合现行国家标准《混凝土结构设计规范》(GB 50010—2010)及《建筑抗震设计规范》(GB 50011—2010)的有关规定。

3.6 世构体系

从 2001 年完成的试点工程——南京金聚龙礼品公司厂房宿舍开始，世构体系在我国已有近 20 年的工程应用。传统的世构体系的梁柱连接方式安装方便，先张法预制梁底的预应力筋与穿过梁柱节点的 U 形钢筋在柱外凹槽处搭接，U 形钢筋以及叠合梁上部钢筋采用满足抗震要求的带肋钢筋制作，这样就满足了框架梁支座截面的抗震要求。东南大学等完成的多批试验(中节点、边节点)表明世构体系节点的抗震性能良好。由于预制梁端预留的凹槽空间有限，支座截面梁底钢筋过多的话就无法满足间距要求。

有些情况下框架梁支座截面梁底钢筋数量较多。抗震设防 7 度有可能出现这种状况，如节点梁侧跨度相差较大，或者是大跨度框架。当抗震设防 8 度时，这种问题就较为突出了。为了解决上述问题，同时保留世构体系原有的特点(优点)我们提出了两种改进方法。

(1) 无壁凹槽 U 形筋搭接连接

取消预制梁端的预留凹槽，预制梁的钢绞线与穿过节点的 U 形钢筋在梁端搭接连接。这种方法可以有效地解决框架梁支座截面下部钢筋拥挤问题，但代价是施工时需要在该部位设置模板。

(2) 无壁凹槽 U 形筋搭接连接＋套筒连接

取消预制梁端的预留凹槽，预制梁钢筋部分采用普通钢筋，采用机械连接穿过节点的普通钢筋，预制梁中的钢绞线与穿过节点的 U 形钢筋在梁端搭接连接。这种方法和第一种方法的不同之处是穿过节点的普通钢筋不全部是 U 形钢筋，有一部分是和预制梁底的普通钢筋通过机械套筒直接连接。

上述两种方法保留了世构体系的特点，先张法预应力混凝土预制梁能够安全用于抗震设防区的框架结构，施工时预制梁(含钢筋)不长于预制柱之间的净距，适用于多截柱。

针对上述两种改进的节点形式，完成了两组节点的低周反复荷载试验。根据这两批试验结果，以及结合其他项目完成的多批节点试验研究，形成了适用于高烈度区的预制预应力混凝土装配整体式框架结构体系，扩大了世构体系的适用范围，成果已列入国家行业标准《预制预应力混凝土装配整体式结构技术标准》(JGJ 224—2010)。

世构体系的有壁凹槽梁柱连接方式非常方便施工安装，但预留的凹槽空间有限，不能设置太多的 U 形搭接钢筋。抗震设防 7 度区的框架梁支座处梁底钢筋大部分为根据抗震等级按上部钢筋的一定比例设置，预留凹槽的方法没有问题。但8度区的框架梁支座底部钢筋按计算确定的比例很高，需要的钢筋数量多，此时再留凹槽钢筋就放置不完，因此宜采用不留凹槽的方式。7度区也可能有这种情况。

节点梁底纵筋的连接方式设计时应注意两点：一是框架梁支座部位下部钢筋首先要满足计算要求（按内力包络图最大值计算），然后根据抗震等级判别是否满足与上部钢筋的比例关系；二是抗震设防烈度越高、框架层数越多、高度越高，对框架节点的要求越高。因此，对于不同的抗震设防烈度、不同的抗震等级可采用不同的配筋形式和节点连接方式。总体原则为：

(1) 柱的轴压比及柱和梁的钢筋配置应符合现行国家标准《混凝土结构设计规范》(GB 50010—2010)的有关规定。

(2) 梁端凹槽和凹槽内U形钢筋平直段的长度应符合表3.2的规定。

表3.2 梁端凹槽和凹槽内U形钢筋平直段的长度

凹槽长度 L_j(mm)	凹槽内U形钢筋平直段的长度 L_u(mm)
$0.5l_{lE}+50$ 与400的较大值	$0.5l_{lE}$ 与350的较大值

注：表中 l_{lE} 为U形钢筋搭接长度。

(3) 框架梁梁端截面的底部伸入节点的U形连接钢筋面积及伸入节点的底部普通钢筋面积之和不应少于按计算所需的支座梁底钢筋，且其与顶部纵向受力钢筋截面面积的比值，一级抗震等级不应小于0.55，二、三级抗震等级不应小于0.4。

(4) 抗震设防烈度7度及以下地区的框架可采用凹槽节点、无凹槽节点。抗震设防烈度8度区一级抗震等级的框架应采用无凹槽形式；8度区二级抗震等级的框架宜采用无凹槽形式；高度不超过12 m，且层数不超过3层的框架可采用凹槽节点。

(5) 抗震设防烈度8度区采用无凹槽形式时，沿梁全长底面应至少配置两根通长的纵向钢筋，钢筋直径不应小于14 mm，且不应少于梁底面纵向受力钢筋中最大钢筋截面面积的1/3，计算底部纵向受力钢筋截面面积时，应将预应力筋按抗拉强度设计值换算为普通钢筋截面面积。

(6) 抗震设防烈度8度区采用无凹槽形式时，框架梁底面纵向普通钢筋配筋率不应小于0.2%。

梁与柱的连接可采用有壁凹槽节点、无壁凹槽节点两种形式，具体构造要求如下：

柱与梁的连接当采用有壁凹槽节点时(图3.26)，凹槽的U形连接钢筋直径不应小于12 mm，不宜大于20 mm。凹槽内钢绞线在梁端90°弯折，弯锚长度不应小于210 mm。U形连接钢筋伸入节点的锚固长度应符合现行国家标准《混凝土结构设计规范》(GB 50010—2010)的规定。预留凹槽壁厚宜取40 mm。U形连接钢筋的弯折半径不宜小于其直径的6倍；双层布置时内侧的U形连接钢筋的弯折半径不宜小于其直径的4倍。U形连接钢筋在边节点处钢筋水平长度未伸过柱中心时不得向上弯折。当中间层边节点梁上部纵筋、U形连接钢筋外侧端采用钢筋锚固板时[图3.26(f)(i)]，应符合现行国家标准

《混凝土结构设计规范》(GB 50010—2010)、现行行业标准《钢筋锚固板应用技术标准》(JGJ 256—2011)的相关规定。

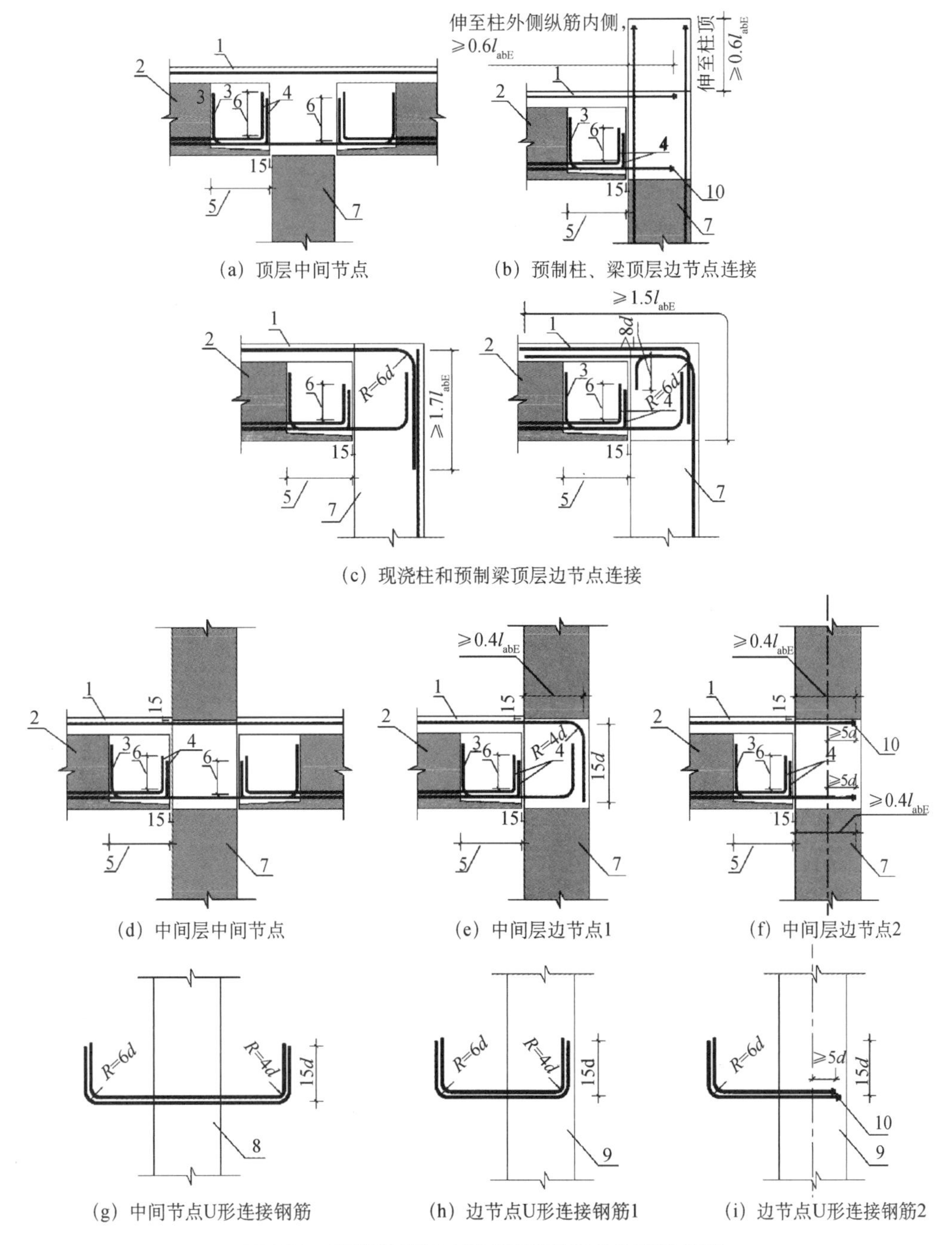

图 3.26 有壁凹槽梁柱节点浇筑前钢筋连接构造图

1—叠合层；2—预制梁；3—U 形连接钢筋；4—预制梁中伸出、弯折的钢绞线；5—凹槽长度；6—钢绞线弯锚长度；7—框架柱；8—中柱；9—边柱；10—钢筋锚固板；l_{abE}—受拉钢筋基本抗震锚固长度；R—U 形连接钢筋弯折半径(外侧 6d、内侧 4d)

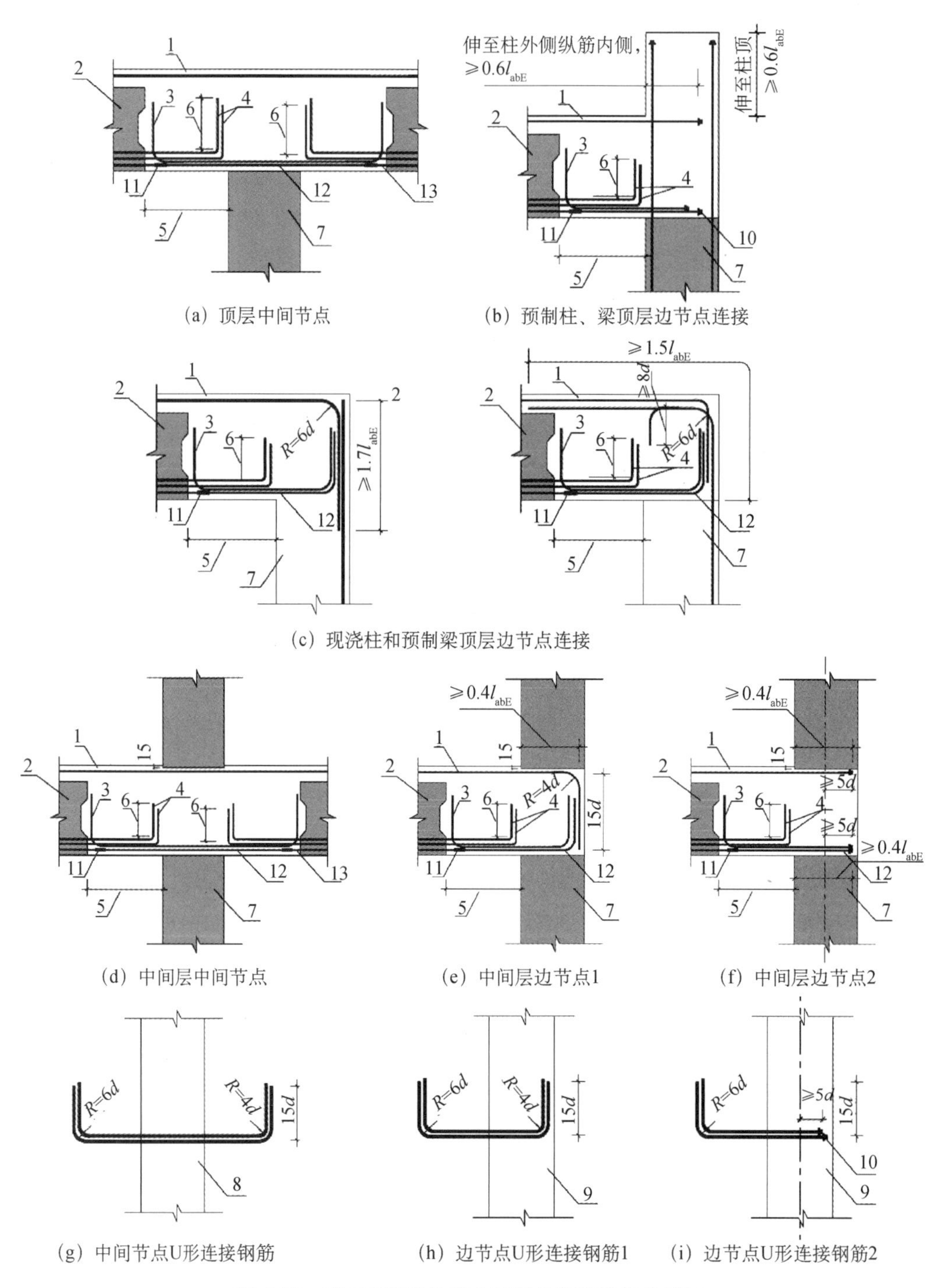

图 3.27 无壁凹槽梁柱节点浇筑前钢筋连接构造图

1—叠合层；2—预制梁；3—U 形连接钢筋；4—预制梁中伸出、弯折的钢绞线；5—梁端后浇段长度；6—钢绞线弯锚长度；7—框架柱；8—中柱；9—边柱；10—钢筋锚固板；11—机械套筒；12—伸入节点钢筋；13—预制梁底普通钢筋；l_{abE}—受拉钢筋基本抗震锚固长度；R—U 形连接钢筋弯折半径(外侧 6d、内侧 4d)

对框架顶层端节点，柱宜伸出屋面并将柱纵向受力钢筋锚固在伸出段内[(图 3.26(b)]，柱纵向受力钢筋宜采用锚固板锚固方式，此时锚固长度不应小于 $0.6l_{abE}$。伸出段内箍筋直径不应小于柱纵向受力钢筋最大直径的 1/4，伸出段箍筋间距不应大于柱纵向受力钢筋最小直径的 5 倍，且不应大于 100 mm；梁纵向受力钢筋应锚固在后浇节点区内，且宜采用锚固板锚固，此时锚固长度不应小于 $0.6l_{abE}$。

柱与梁的连接当采用无壁凹槽节点(图 3.27)时，U 形连接钢筋直径不应小于12 mm，且不宜大于 20 mm。梁端后浇段内钢绞线靠近柱边 90°弯折，弯锚长度不应小于 210 mm，U 形连接钢筋的锚固长度应满足现行国家标准《混凝土结构设计规范》(GB 50010—2010)的规定。现场施工时应在梁端后浇段位置设置模板，安装梁端后浇段部位箍筋和 U 形钢筋后方可浇筑混凝土。U 形连接钢筋的弯折半径不宜小于其直径的 6 倍；双层布置时内侧的 U 形连接钢筋的弯折半径不宜小于其直径的 4 倍。U 形连接钢筋在边节点处钢筋水平长度未伸过柱中心时不得向上弯折。中间层边节点梁上部纵筋、U 形连接钢筋外侧端采用钢筋锚固板时[图 3.27(f)(i)]，应符合现行国家标准《混凝土结构设计规范》(GB 50010—2010)、现行行业标准《钢筋锚固板应用技术标准》(JGJ 256—2011)的相关规定。

对框架顶层端节点，柱宜伸出屋面并将柱纵向受力钢筋锚固在伸出段内(图 3.27b)，柱纵向受力钢筋宜采用锚固板的锚固方式，此时锚固长度不应小于 $0.6l_{abE}$。伸出段内箍筋直径不应小于柱纵向受力钢筋最大直径的 1/4，伸出段箍筋间距不应大于柱纵向受力钢筋最小直径的 5 倍，且不应大于 100 mm；梁纵向受力钢筋应锚固在后浇节点区内，且宜采用锚固板锚固，此时锚固长度不应小于 $0.6l_{abE}$。

4 装配整体式混凝土剪力墙结构设计

装配整体式混凝土剪力墙结构是全部或部分剪力墙采用预制混凝土墙板或叠合墙板，通过钢筋、连接件等可靠方式连接并与现场浇筑的混凝土、水泥基灌浆料形成整体的装配式剪力墙结构。

4.1 预制剪力墙结构设计

设计装配整体式剪力墙结构比设计现浇剪力墙结构应更注重剪力墙布置的规则性，更均衡地沿建筑平面的两个主轴方向布置剪力墙；剪力墙的截面宜简单、规则；预制墙的门窗洞口宜上下对齐、成列布置。剪力墙长度应大于 4 倍墙厚，且不超过 8 m。高层装配整体式剪力墙结构宜设置地下室，且地下室宜采用现浇混凝土。

截面厚度不大于 300 mm、各肢截面高度与厚度之比的最大值大于 4 但不大于 8 的剪力墙为短肢剪力墙。短肢剪力墙的抗震性能较差，在高层建筑中应避免过多采用。在规定的水平地震作用下，短肢剪力墙承担的底部倾覆力矩不小于结构底部总地震倾覆力矩 30%的剪力墙结构为具有较多短肢剪力墙的剪力墙结构。《装配式混凝土结构技术规程》(JGJ 1—2014)要求：在抗震设计时，高层装配整体式剪力墙结构不应全部采用短肢剪力墙；抗震设防烈度为 8 度时，不宜采用具有较多短肢剪力墙的剪力墙结构。当采用具有较多短肢剪力墙的剪力墙结构时，在规定的水平地震作用下，短肢剪力墙承担的底部倾覆力矩不宜大于结构底部总地震倾覆力矩的 50%；房屋适用高度应比表 4.1 规定的装配整体式剪力墙结构的最大适用高度适当降低，抗震设防烈度为 7 度和 8 度时宜分别降低 20 m。

表 4.1 装配式混凝土结构房屋的最大适用高度(单位:m)

<table>
<tr><th rowspan="3">结构类型</th><th rowspan="3">非抗震设计</th><th colspan="4">抗震设防烈度</th></tr>
<tr><th rowspan="2">6 度</th><th rowspan="2">7 度</th><th colspan="2">8 度</th></tr>
<tr><th>0.2g</th><th>0.3g</th></tr>
<tr><td>装配整体式剪力墙结构</td><td>140(130)</td><td>130(120)</td><td>110(100)</td><td>90(80)</td><td>70(60)</td></tr>
<tr><td>装配整体式部分框支剪力墙结构</td><td>120(110)</td><td>110(100)</td><td>90(80)</td><td>70(60)</td><td>40(30)</td></tr>
<tr><td>双面叠合剪力墙结构</td><td>—</td><td>90</td><td>80</td><td>60</td><td>50</td></tr>
</table>

注：房屋高度指室外地面到主要屋面的高度，不包括局部突出屋面的部分。

高层装配整体式剪力墙结构的高宽比不宜超过表 4.2 的限值，该限值相比于现浇剪力墙结构的高宽比限值略有不同。

表 4.2　装配整体式剪力墙结构房屋的最大高宽比

<table>
<tr><td rowspan="2">结构类型</td><td rowspan="2">非抗震设计</td><td colspan="2">抗震设防烈度</td></tr>
<tr><td>6 度、7 度</td><td>8 度</td></tr>
<tr><td>装配整体式剪力墙结构</td><td>6</td><td>6</td><td>5</td></tr>
</table>

装配整体式剪力墙结构构件的抗震设计应根据设防类别、烈度、结构类型和房屋高度采用不同的抗震等级，并应符合相应的计算和构造措施要求。标准设防类（丙类）装配整体式剪力墙结构的抗震等级应按表 4.3 确定，需要注意的是抗震等级的划分高度与现浇结构不同。重点设防类（乙类）装配整体式剪力墙结构应按本地区抗震设防烈度提高一度的要求加强其抗震措施。当本地区抗震设防烈度为 8 度且抗震等级为一级时，应采取比一级更高的抗震措施。当建筑场地为 I 类时，仍可按本地区抗震设防烈度的要求采取抗震构造措施。

表 4.3　标准设防类装配整体式剪力墙结构的抗震等级

<table>
<tr><td colspan="2" rowspan="2">结构类型</td><td colspan="8">抗震设防烈度</td></tr>
<tr><td colspan="2">6 度</td><td colspan="3">7 度</td><td colspan="3">8 度</td></tr>
<tr><td rowspan="2">装配整体式剪力墙结构</td><td>高度（m）</td><td>≤70</td><td>>70</td><td>≤24</td><td>>24 且≤70</td><td>>70</td><td>≤24</td><td>>24 且≤70</td><td>>70</td></tr>
<tr><td>剪力墙</td><td>四</td><td>三</td><td>四</td><td>三</td><td>二</td><td>三</td><td>二</td><td>一</td></tr>
<tr><td rowspan="4">装配整体式部分框支剪力墙结构</td><td>高度（m）</td><td>≤70</td><td>>70</td><td>≤24</td><td>>24 且≤70</td><td>>70</td><td>≤24</td><td>>24 且≤70</td><td></td></tr>
<tr><td>现浇框支框架</td><td>二</td><td>二</td><td>二</td><td>二</td><td>一</td><td>一</td><td>一</td><td></td></tr>
<tr><td>底部加强部位剪力墙</td><td>三</td><td>二</td><td>三</td><td>二</td><td>一</td><td>二</td><td>一</td><td></td></tr>
<tr><td>其他区域剪力墙</td><td>四</td><td>三</td><td>四</td><td>三</td><td>二</td><td>三</td><td>二</td><td></td></tr>
<tr><td colspan="2">多层装配式墙板结构</td><td colspan="2">四</td><td colspan="3">四</td><td colspan="3">三</td></tr>
</table>

剪力墙底部可能出现塑性铰的区域应予以加强，设计成剪力墙的底部加强部位。高层装配整体式剪力墙结构底部加强部位的剪力墙宜采用现浇混凝土。抗震设防烈度为 8 度时，高层装配整体式剪力墙结构中的电梯井筒宜采用现浇混凝土。带转换层的装配整体式部分框支剪力墙结构，底部框支层不宜超过 2 层，框支层及相邻上一层应采用现浇结构，同时转换梁和转换柱也宜现浇。

因预制剪力墙的接缝对墙的整体性及抗侧刚度有一定的削弱作用，抗震设防地区同一层内既有现浇墙肢也有预制墙肢的装配整体式剪力墙结构，应对弹性计算的内力进行调整，《装配式混凝土结构技术规程》（JGJ 1—2014）规定：现浇墙肢水平地震作用弯矩、剪力宜乘以不小于 1.1 的增大系数,同时偏安全的不折减预制剪力墙的剪力和弯矩。

预制剪力墙宜采用一字形,也可采用 L 形、T 形或 U 形,如图 4.1 所示;开洞预制剪力墙洞口宜居中布置,洞口两侧的墙肢宽度不应小于 200 mm,洞口上方连梁高度不宜小于 250 mm。

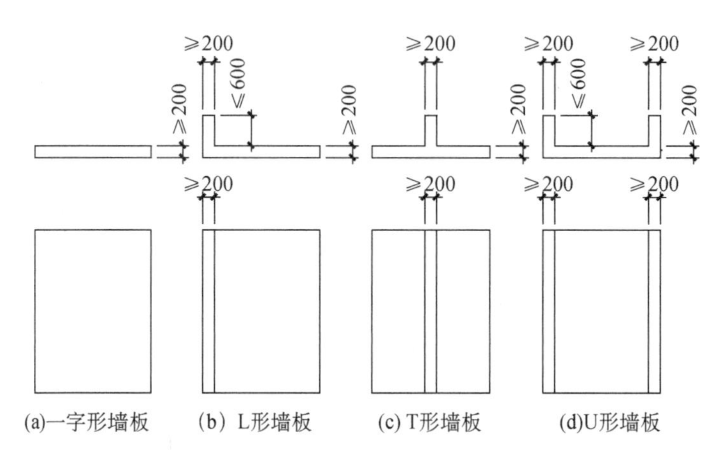

图 4.1　预制墙板截面类型(单位:mm)

端部不设边缘构件的预制剪力墙,宜在端部配置 2 根直径不小于 12 mm 的竖向构造钢筋;沿该钢筋竖向应配置拉筋,拉筋直径不宜小于 6 mm 且间距不宜大于 250 mm。

当预制外墙采用夹心墙板时,应满足:

(1) 外叶墙厚度不小于 50 mm,且外叶墙板应与内叶墙可靠连接;

(2) 夹心外墙板的夹层厚度不宜大于 120 mm;

(3) 当作为承重墙时,内叶墙板应按剪力墙进行设计。

预制剪力墙的连梁不宜开洞;确需开洞时,洞口宜预埋套管,洞口上、下截面的有效高度不宜小于梁高的 1/3,且不宜小于 200 mm;被洞口削弱的连梁截面应进行承载力验算,洞口处应配置补强纵向钢筋和箍筋(图 4.2),补强纵向钢筋的直径不应小于 12 mm。

预制剪力墙开有边长小于 800 mm 的洞口且在结构整体计算中不考虑其影响时,应沿洞口周边配置补强钢筋;补强钢筋的直径不应小于 12 mm,截面面积不应小于同方向被洞口截断的钢筋面积;该钢筋自孔洞边角算起伸入墙内的长度,非抗震设计时不应小于 l_a,抗震设计时不应小于 l_{aE}。

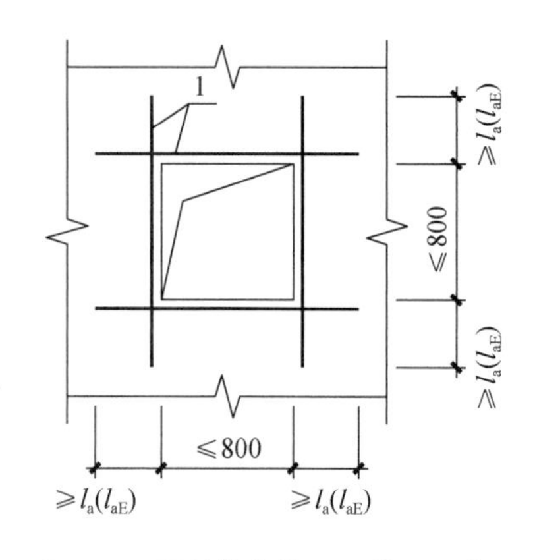

图 4.2　预制剪力墙开洞补强示意

1—墙洞补强钢筋

装配整体式剪力墙结构的层间位移角限值与现浇剪力墙结构相同,弹性层间位移角限值为 1/1 000,弹塑性层间位移角限值为 1/120。内力和变形计算时,抗震设计的连梁刚度折减系数可取 0.5~0.7,周期折减系数可取 0.8~1.0。在竖向荷载作用下,可考虑叠合梁端塑性变形内力重分布，对梁端负弯矩乘以调幅系数进行调幅，调幅系数可取 0.8～0.9，并采取有效的构造措施，满足正常使用极限状态的要求。

对于房屋高度、规则性、结构类型等超过《装配式混凝土结构技术规程》(JGJ 1—2014)的规定或抗震设防标准有特殊要求时，可按现行行业标准《高层建筑混凝土结构技术规程》(JGJ 3—2010)的有关规定进行结构抗震性能化设计。

4.1.1 预制构件设计

预制构件的设计应符合《混凝土结构设计规范》(GB 50010—2010)的要求，并分不同设计状况进行以下验算：

(1) 对持久设计状况，应对预制构件进行承载力、变形、裂缝控制验算；

(2) 对地震设计状况，应对预制构件进行承载力验算；

(3) 对制作、运输和堆放安装等短暂设计状况下的预制构件验算，应符合《混凝土结构工程施工规范》(GB 50666—2011)的相关规定。

抗震设计时装配整体式剪力墙结构构件及节点的承载力抗震调整系数 γ_{RE} 应取为 0.85，当只考虑竖向地震作用组合时，承载力抗震调整系数 γ_{RE} 应取为 1.0；预埋件锚筋截面计算的承载力抗震调整系数 γ_{RE} 应取为 1.0。

预制构件在制作、运输和堆放安装等短暂设计状况下的验算应选取相应阶段的荷载设计值，采用合理的计算简图进行计算，构件自重应乘以脱模吸附系数或动力系数。通常脱模吸附系数可取 1.5，构件运输、吊运时动力系数取 1.5，构件翻转、安装的动力系数取 1.2。当有可靠经验时，可适当调整脱模系数和动力系数。安装阶段还应根据具体情况适当考虑风荷载的影响。

预制板式楼梯的一端可采用可滑动构造，梯段板底应配置通长纵向钢筋，板面宜配置通长纵向钢筋；当两端都不能滑动时，板面应配置通长纵向钢筋。

阳台、空调室外机搁板、挑檐等悬挑构件可与相邻楼板、屋面板合并设计成大型构件。合并设计时应注意满足运输对单个构件尺寸的限制以及单件质量不宜过大(一般不超过 5 t)。多数工程中考虑到降低工厂模具制作难度和费用，以及便于吊装、运输等因素而采用构件分开预制、现场连接，此时预制悬挑构件的负弯矩钢筋应伸入相邻楼板、屋面板现浇叠合层中可靠锚固。

用于固定连接件的预埋件不宜兼作吊件、临时支撑用的预埋件。当兼用时，应经验算以同时满足各种设计工况的要求。

4.1.2 竖向钢筋连接设计

装配整体式剪力墙结构设计的关键在于预制墙体之间的连接，接缝处的竖向钢筋连接可以根据接头受力和施工工艺等要求选用机械连接、套筒灌浆连接、浆锚搭接连接、焊接连接、绑扎搭接连接等方式。不论采用哪种连接方式，连接的破坏都不应先于构件破坏，连接不应出现钢筋锚固失效、混凝土破坏等脆性破坏，各构件之间的连接构造应符合整体结构的受力模式及传力途径。

当采用套筒灌浆连接或浆锚搭接连接时，边缘构件竖向钢筋应逐根连接；预制剪力墙的竖向分布钢筋也可以部分连接。当仅部分连接时(图 4.3)，被连接的同侧钢筋间距不应大于 600 mm，且在剪力墙构件承载力设计和分布钢筋配筋率计算中不可以计入没有连接的竖向分布钢筋；不连接的竖向分布钢筋直径不应小于 6 mm。

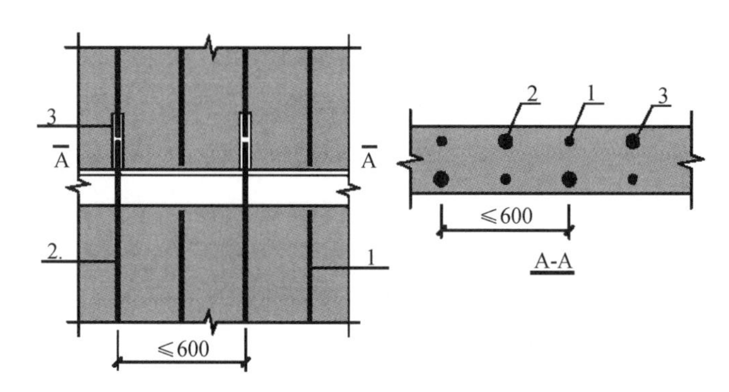

图 4.3　预制剪力墙竖向分布钢筋部分连接构造示意图(单位:mm)

需要注意的是，套筒灌浆连接所采用的套筒不允许屈服，套筒所在的区段应保持处于弹性阶段，所有套筒应该避开可能形成塑性铰的区域来设置。

剪力墙竖向分布筋还有一种“单排连接”的做法，即墙身两侧的竖向分布筋在拼接处一起断开，在墙身截面正中另设较大直径的单排连接钢筋，上下墙身连接时只连接这些较大直径的短钢筋。但这种做法属于间接连接，在剪力墙对延性要求较高的区域不宜采用。采用单排连接时，计算分析不应考虑剪力墙平面外的刚度和承载力，连接钢筋的受拉承载力不应小于上下层被连接钢筋受拉承载力的 1.1 倍。

预制剪力墙相邻下层为现浇剪力墙时，预制剪力墙和下层现浇剪力墙中竖向钢筋的连接也应该符合上述要求，且下层现浇剪力墙顶面应设置粗糙面。

1) 套筒灌浆连接

套筒灌浆连接是在预制混凝土墙板内预埋的金属套筒中插入钢筋并灌注水泥基灌浆料而实现钢筋连接的方式，在日本及欧美等国家已有长期、大量的成功实践经验。

套筒灌浆连接实际操作时是将两根钢筋分别从套筒两端插入，套筒内注满水泥基灌浆料，通过灌浆料的传力作用实现钢筋对接。接头由灌浆套筒、硬化后的灌浆料、连接钢筋三者共同组成。

在国内现行规范中，套筒灌浆连接适用于所有预制剪力墙钢筋连接的情况，包括一级抗震等级剪力墙和二、三级抗震等级剪力墙的底部加强部位，以及剪力墙边缘构件的竖向钢筋等。竖向钢筋采用套筒灌浆连接时，接头应满足《钢筋机械连接技术规程》(JGJ 107—2016)中Ⅰ级接头的性能要求。

套筒灌浆连接包括全灌浆套筒连接和半灌浆套筒连接两种类型。前者是两端都采用套筒灌浆连接的套筒(图 4.4)；后者是一端采用套筒灌浆连接方式，另一端采用机械连接方式(如螺旋方式)连接的套筒(图 4.5)。

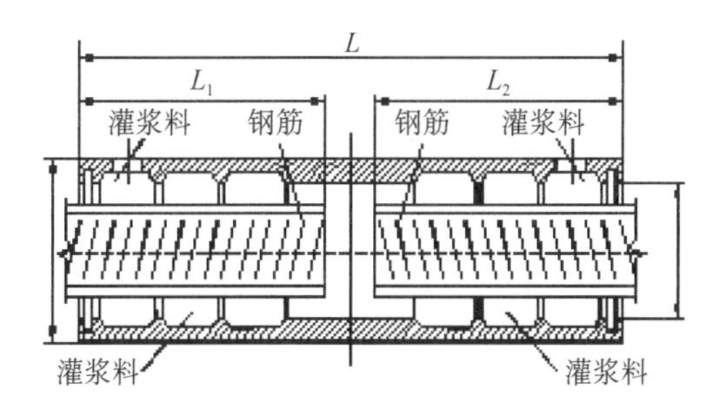

图 4.4　全灌浆套筒连接

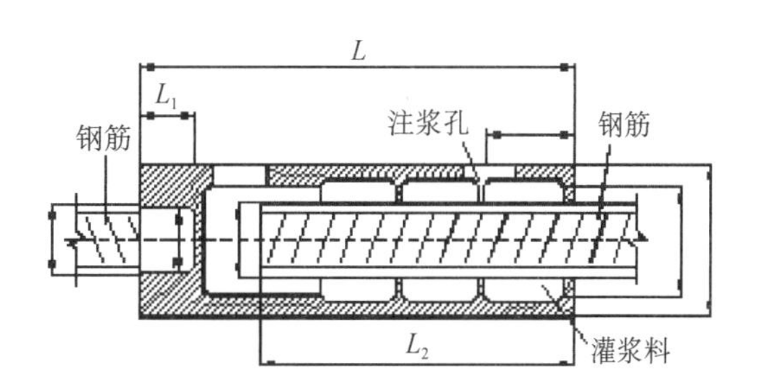

图 4.5　半灌浆套筒连接

预制剪力墙中钢筋接头处套筒外侧钢筋的混凝土保护层厚度不应小于 15 mm,预制柱中钢筋接头处套筒外侧箍筋的混凝土保护层厚度不应小于 20 mm。套筒之间的净距不应小于 25 mm。

自套筒底部至套筒顶部并向上延伸 300 mm 的范围内,预制剪力墙的水平分布钢筋应加密(图 4.6),加密区水平分布钢筋的最大间距及最小直径应符合表 4.4 的规定,套筒上端第一道水平分布钢筋距离套筒顶部不应大于 50 mm。

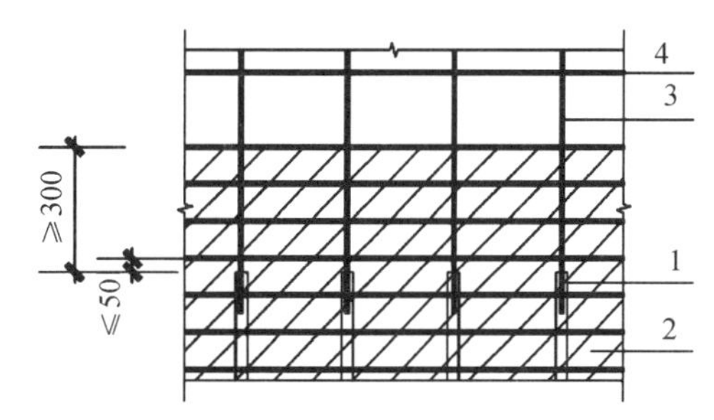

图 4.6　钢筋套筒灌浆连接部位水平分布钢筋的加密构造示意图(单位:mm)

1—灌浆套筒;2—水平分布钢筋加密区域(阴影区域);3—竖向钢筋;4—水平分布钢筋

表 4.4　加密区水平分布钢筋的要求

抗震等级	最大间距(mm)	最小直径(mm)
一、二级	100	8
三、四级	150	8

2) 浆锚搭接连接

浆锚搭接连接是在预制混凝土构件中预留孔道,在孔道中插入需搭接的钢筋,并灌入水泥基灌浆料而实现的钢筋搭接连接方式。常见浆锚搭接连接方式主要有插入式预留孔灌浆钢筋搭接连接(图 4.7)和金属波纹管浆锚搭接连接(图 4.8)。设螺旋箍筋可约束浆锚搭接连接接头。

竖向钢筋采用浆锚搭接连接时,对预留孔的成孔工艺、孔道形状、长度等要求以及灌浆料和被连接钢筋等,都应进行力学性能和适用性的试验验证。直径大于 20 mm 的钢筋不宜采用浆锚搭接连接,直接承受动力荷载构件的纵向钢筋不应采用浆锚搭接连接。当剪力墙边缘构件采用浆锚搭接连接时,房屋最大适用高度应比规范规定的最大值降低 10 m。钢筋伸入金属波纹管内的长度不得小于 $1.2l_{aE}$;预埋金属波纹管的直线段长度应

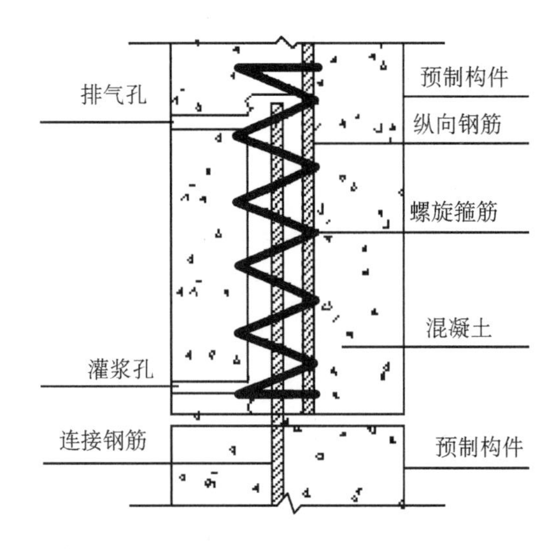

图 4.7 插入式预留孔灌浆钢筋搭接连接

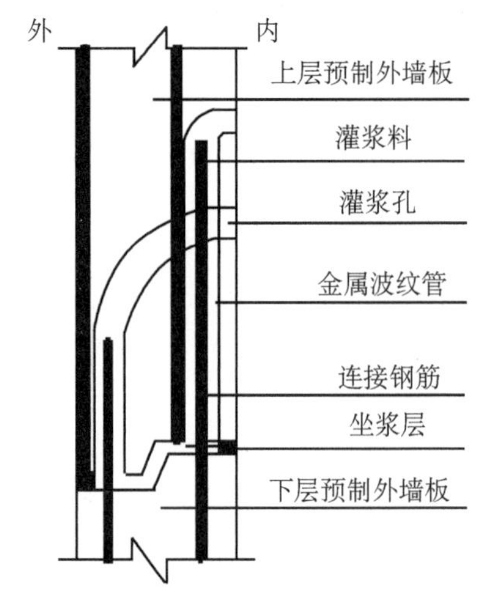

图 4.8 金属波纹管浆锚搭接连接

比浆锚钢筋的长度增加 30 mm；孔道上部应根据灌浆要求设置合理弧度；预埋金属波纹管的内径不宜小于 40 mm 和 2.5d（d 为伸入孔道的连接钢筋直径）的较大值，孔道之间的水平净间距不宜小于 50 mm；孔道外壁到剪力墙外表面的净间距不宜小于 30 mm；灌浆材料应采用水泥基灌浆料，性能需要符合有关规定。

设螺旋箍筋改善浆锚搭接连接的受力时，螺旋箍筋宜采用圆环形，且应沿金属波纹管直线段全长布置；螺旋箍筋保护层厚度不应小于 15 mm，螺旋箍筋之间的净距不宜小于 25 mm，其下端距混凝土墙板底面之间的净距不宜大于 25 mm；螺旋箍筋开始和结束的位置应有水平段，长度不小于一圈半。

竖向钢筋浆锚搭接连接有每根竖向钢筋都浆锚搭接连接、"梅花形"浆锚搭接连接、单排浆锚搭接连接等多种。需要注意的是，不同的浆锚搭接连接对应不同的连接钢筋伸入长度。

4.1.3 边缘构件

设置边缘构件约束的剪力墙的承载能力、延性及耗能能力显著优于没设置边缘构件的剪力墙，边缘构件可以结合相邻预制剪力墙的连接尽可能设计成后浇混凝土。约束边缘构件位于纵横墙交界处时，约束边缘构件的阴影区域（图 4.9）宜全部采用在现场浇筑的后浇混凝土，并应在后浇段内配置封闭箍筋。

构造边缘构件位于纵横墙交接处时，宜全部采用现场浇筑的后浇混凝土（图 4.10）。当只在一面墙上设置后浇段时，后浇段的长度不宜小于 300 mm（图 4.11）。

预制剪力墙边缘构件内的配筋及构造要求按现行国家标准《建筑抗震设计规范》（GB 50011—2010）的有关规定执行；预制剪力墙的水平分布钢筋在后浇段内的锚固、连接应符合现行国家标准《混凝土结构设计规范》（GB 50010—2010）的有关规定。

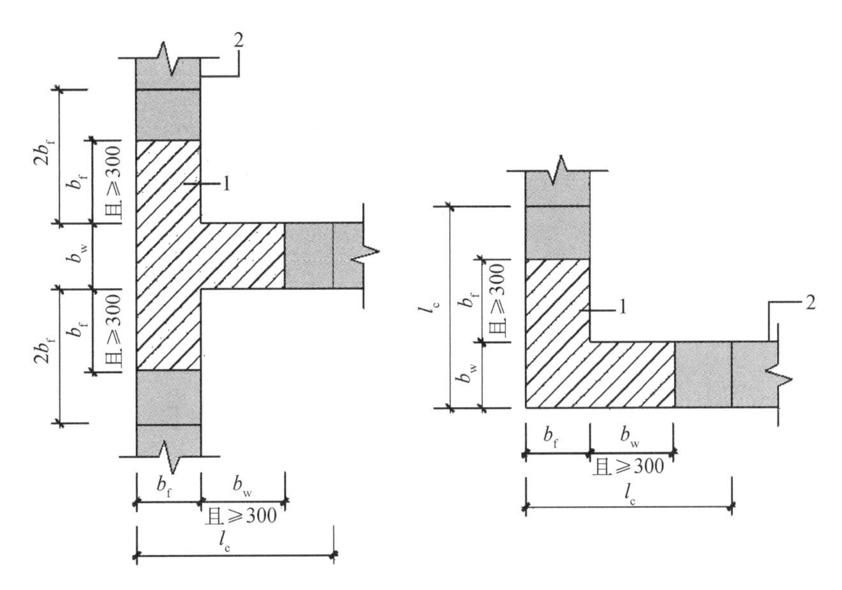

图 4.9　约束边缘构件阴影区域全部后浇构造示意图(单位:mm)

1—后浇段；2—预制剪力墙

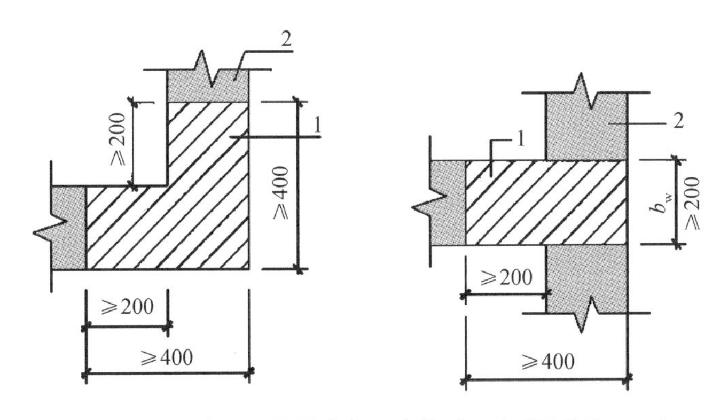

图 4.10　构造边缘构件全部后浇构造示意图(单位:mm)

(阴影区域为构造边缘构件范围)1—后浇段；2—预制剪力墙

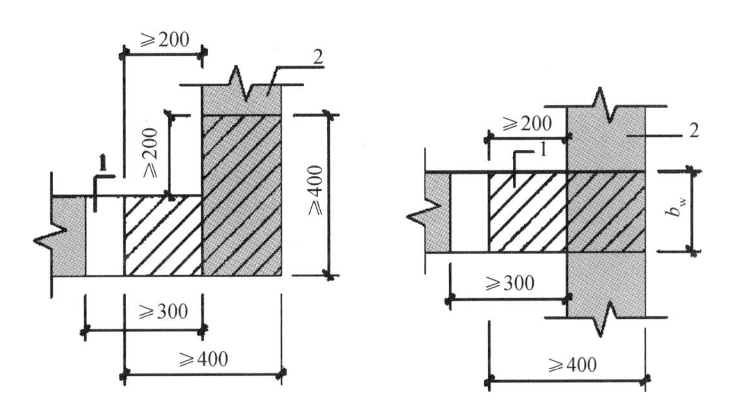

图 4.11　构造边缘构件部分后浇构造示意图(单位:mm)

(阴影区域为构造边缘构件范围)1—后浇段；2—预制剪力墙

4.1.4 接缝设计

预制剪力墙墙板通常在楼层标高处设置水平接缝。接缝处的压力通过灌浆料、后浇混凝土或坐浆材料直接传递；接缝处不宜承受拉力，如出现拉力应由钢筋连接或预设埋件传递。接缝处的剪力由结合面混凝土的粘结强度、粗糙面、键槽以及钢筋的摩擦抗剪、销栓抗剪作用共同提供，其受剪承载力按下式设计：

（1）持久设计状况

$$\gamma_0 V_{jd} \leqslant V_u$$

（2）地震设计状况

$$V_{jdE} \leqslant V_{uE}/\gamma_{RE}$$

在剪力墙底部加强部位，还应满足下式要求：

$$\eta_j V_{mua} \leqslant V_{uE}$$

式中：γ_0——结构重要性系数，安全等级为一级时不应小于 1.1，安全等级为二级时不应小于 1.0；

V_{jd}——持久设计状况下接缝剪力设计值；

V_{jdE}——地震设计状况下接缝剪力设计值；

V_u——持久设计状况下剪力墙底部接缝受剪承载力设计值；

V_{uE}——地震设计状况下剪力墙底部接缝受剪承载力设计值：$V_{uE}=0.6f_y A_{sd}+0.8N$；

V_{mua}——被连接剪力墙端部按实配钢筋面积计算的斜截面受剪承载力设计值；

η_j——接缝受剪承载力增大系数，抗震等级为一、二级取 1.2，抗震等级为三、四级取 1.1；

f_y——垂直穿过结合面的钢筋抗拉强度设计值；

N——与剪力设计值 V 相应的垂直于结合面的轴向力设计值，压力时取正，拉力时取负；

A_{sd}——垂直穿过结合面的抗剪钢筋面积。

接缝的正截面受压、受弯承载力计算方法和现浇结构相同。

预制剪力墙的顶部和底部与后浇混凝土的结合面、侧面与后浇混凝土的结合面都应设置粗糙面，侧面与后浇混凝土的结合面也可设置键槽。键槽深度 t 不宜小于 20 mm，宽度 w 不宜小于深度的 3 倍且不宜大于深度的 10 倍，键槽间距宜等于键槽宽度，键槽端部斜面倾角不宜大于 30°。粗糙面的面积不宜小于结合面的 80%，预制墙端的粗糙面凹凸深度不应小于 6 mm。

非边缘构件位置侧面相接，应在相邻预制剪力墙构件之间设置后浇段，后浇段的宽度不应小于墙厚且不宜小于 200 mm；后浇段内应设置不少于 4 根竖向钢筋，钢筋直径不应小于墙体竖向分布筋直径且不小于 8 mm；两侧墙体的水平分布钢筋在后浇段内的锚固、连接应符合现行国家标准《混凝土结构设计规范》(GB 50010—2010)的有关规定。

屋面及立面收进的楼层，应在预制剪力墙的顶部设置封闭的后浇钢筋混凝土圈梁（图 4.12），圈梁截面宽度一般可取剪力墙的厚度，截面高度可取楼板厚度及 250 mm 的较大值；圈梁应与现浇楼、屋盖或叠合楼、屋盖浇筑成整体。圈梁配筋不应少于 4Φ12，同时按全截面计算的配筋率不应小于 0.5％和水平分布筋配筋率的较大值，纵筋竖向间距不应大于 200 mm；箍筋间距不应大于 200 mm，且直径不应小于 8 mm。

各层楼面位置，预制剪力墙顶部没有设置后浇圈梁时，应设置连续的水平后浇带（图 4.13）；水平后浇带宽度应取剪力墙的厚度，高度不小于楼板厚度；水平后浇带应与现浇楼、屋盖或叠合楼、屋盖浇筑成整体。水平后浇带内应配置不少于 2 根连续纵筋，其直径不宜小于 12 mm。

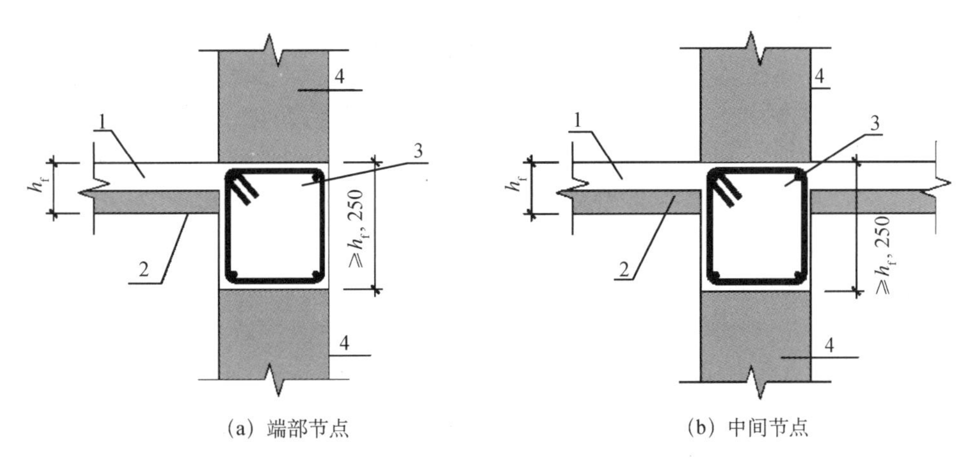

(a) 端部节点　　(b) 中间节点

图 4.12　后浇钢筋混凝土圈梁构造示意图(单位:mm)

1—后浇混凝土叠合层；2—预制板；3—后浇圈梁；4—预制剪力墙

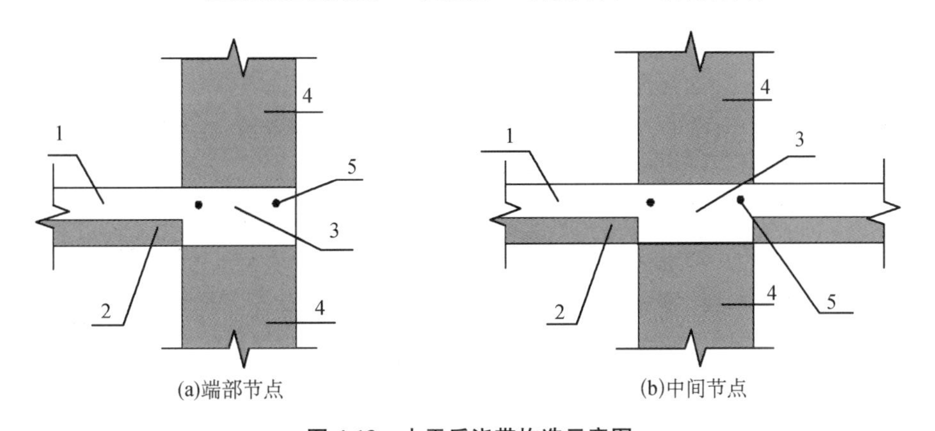

(a)端部节点　　(b)中间节点

图 4.13　水平后浇带构造示意图

1—后浇混凝土叠合层；2—预制板；3—水平后浇带；4—预制墙板；5—纵向钢筋

预制剪力墙底部接缝宜设置在楼面标高处，且接缝高度宜为 20 mm，并采用灌浆料填实，接缝处后浇混凝土的上表面应设置粗糙面或键槽。

从便于预制和运输出发，预制墙板大多采用一字形，当楼层内相邻预制剪力墙之间采用接缝连接时，接缝按剪力墙的平面相交情况可分为 T 形、L 形及一字形等形式，接缝内应设置封闭箍筋，其构造应保证剪力墙连接的整体性。

预制墙板接缝处后浇混凝土强度等级不应低于预制墙板的混凝土强度等级。多层剪力墙结构中墙板水平接缝用坐浆材料的强度等级应大于被连接预制墙板的混凝土强度等级。

预制墙板中外露预埋件应凹入构件表面，凹入深度不宜小于 10 mm。

4.1.5 其他

叠合连梁的预制部分宜与剪力墙整体预制，也可在跨中拼接或在端部与预制剪力墙拼接。叠合连梁在跨中拼接可采用对接连接，在接缝处设置后浇段。后浇段的长度应满足梁下部纵筋连接作业的空间要求，梁下部纵筋在后浇段内宜采用机械连接、套筒灌浆连接或焊接连接。后浇段内的箍筋应加密，箍筋间距不应大于 5d（d 为纵向钢筋直径）和 100 mm的较小值。

当叠合连梁端部与预制剪力墙在平面内拼接，墙端边缘构件采用后浇混凝土时，连梁纵筋应在后浇段中可靠锚固[图 4.14(a)]或连接[图 4.14(b)]；当预制剪力墙端部上角预留局部后浇节点区时，连梁的纵筋应在局部后浇节点区内可靠锚固[图 4.14(c)]或连接[图 4.14(d)]。

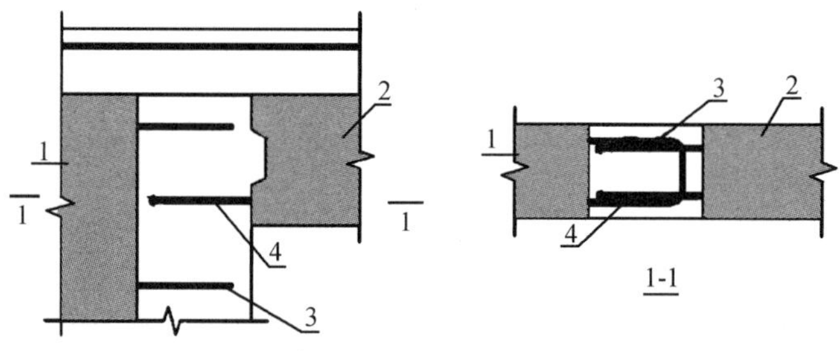

(a)预制连梁钢筋在后浇段内锚固构造示意图

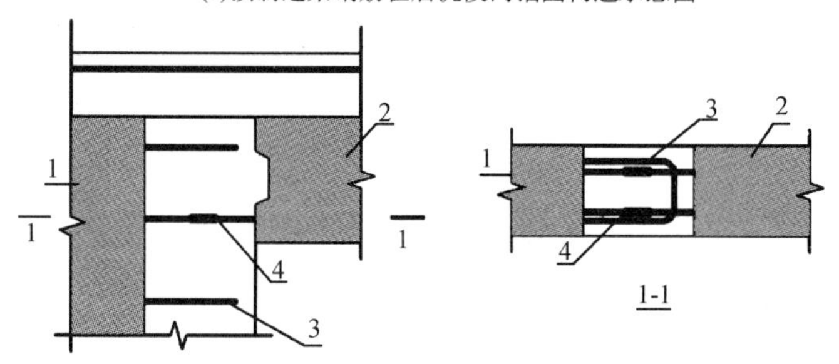

(b)预制连梁钢筋在后浇段内与预制剪力墙预留钢筋连接构造示意图

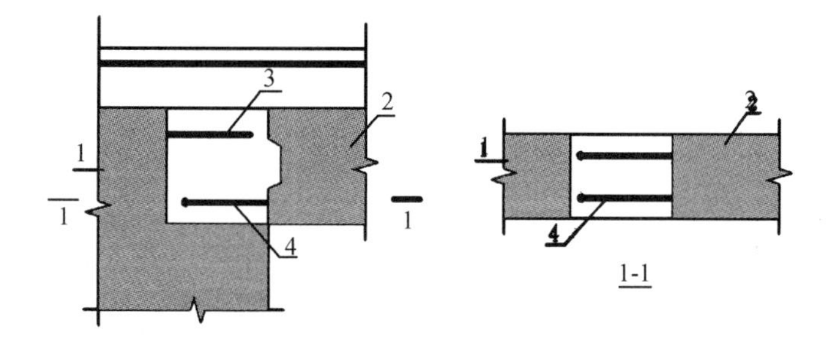

(c) 预制连梁钢筋在预制剪力墙局部后浇段内锚固构造示意图

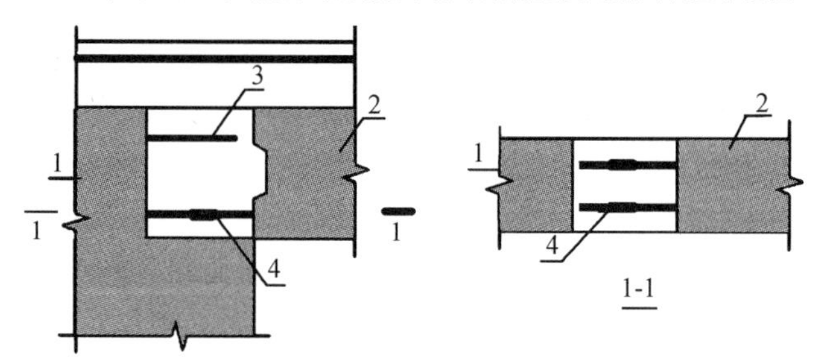

(d)预制连梁钢筋在预制剪力墙局部后浇段内与墙板预留钢筋连接构造示意图

图 4.14 同一平面内预制连梁与预制剪力墙连接构造示意图

1—预制剪力墙；2—预制连梁；3—边缘构件箍筋；4—连梁下部纵向受力钢筋锚固或连接

当采用后浇连梁时，宜在预制剪力墙端伸出预留纵筋，并与后浇连梁的纵筋可靠连接（图 4.15）。

预制剪力墙洞口上方的连梁宜与后浇圈梁或水平后浇带形成叠合连梁(图 4.16)，叠合连梁的配筋及构造要求应符合现行国家标准《混凝土结构设计规范》(GB 50010—2010)的有关规定。当预制剪力墙洞口下方有墙体时，宜将洞口下墙体作为单独的连梁进行设计(图 4.17)。

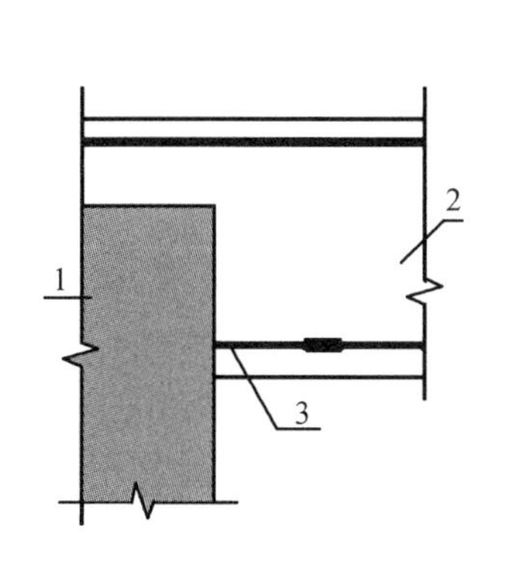

图 4.15 后浇连梁与预制剪力墙连接构造示意图

1—预制墙板；2—后浇连梁；3—预制剪力墙伸出纵向受力钢筋

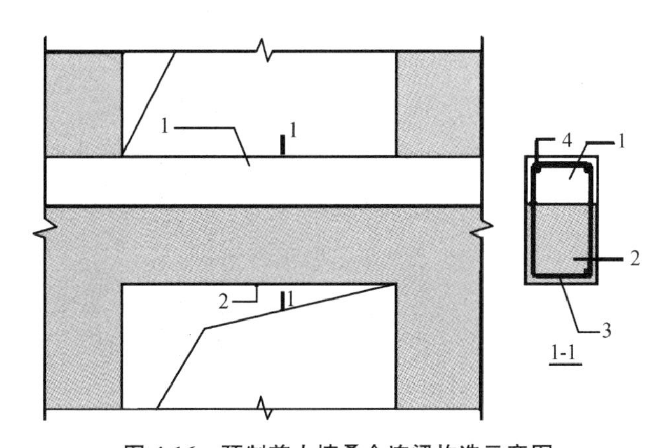

图 4.16 预制剪力墙叠合连梁构造示意图

1—后浇圈梁或后浇带；2—预制连梁；3—箍筋；4—纵筋

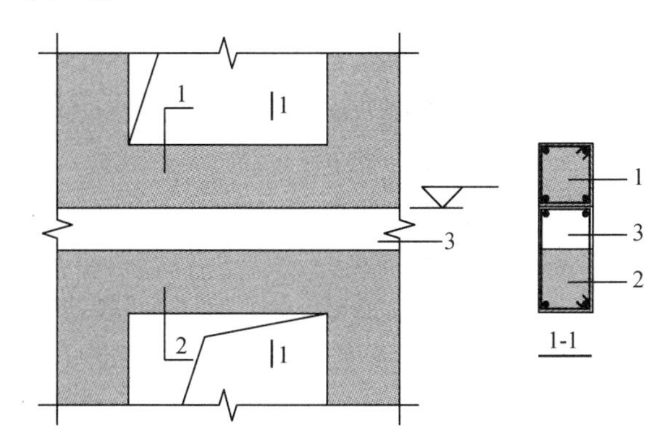

图 4.17 预制剪力墙洞口下墙双连梁设计构造示意图

1—洞口下墙；2—预制连梁；3—后浇圈梁或水平后浇带

另外，楼面梁应避免与预制剪力墙在剪力墙平面外单侧连接；当难以避免时，宜采用铰接。

4.2 双面叠合剪力墙结构设计

叠合剪力墙是一种采用部分预制、部分现浇工艺生产的装配整体式钢筋混凝土剪力墙，其预制部分称为预制墙板，在工厂制作，养护拼装成型，运到施工现场后，在中间空腔内浇筑混凝土形成整体结构。叠合剪力墙结构包括双面叠合剪力墙结构和夹心保温叠合剪力墙结构两种形式。双面叠合剪力墙由两块预制混凝土墙板通过桁架钢筋或其他形式的连接钢筋连接成具有中间空腔的构件，现场安装固定后，在中间空腔内浇筑混凝土形成整体受力的叠合式结构。

现行规范对双面叠合剪力墙结构的高度限制严于一般预制剪力墙结构。双面叠合剪力墙结构底部加强部位的剪力墙宜采用现浇混凝土。叠合剪力墙墙肢轴压比限值比普通剪力墙的轴压比限值降低 0.10。

4.2.1 双面叠合剪力墙结构的计算

在各种设计状况下，叠合剪力墙结构可采用与现浇混凝土结构相同的方法进行结构分析，其承载能力极限状态及正常使用极限状态的作用效应分析可采用弹性方法。

对同一层内既有现浇墙肢也有叠合墙肢的叠合剪力墙结构，现浇墙肢水平地震作用下的弯矩、剪力宜乘以不小于 1.1 的增大系数。在结构内力与位移计算时，应考虑现浇楼板或叠合楼板对梁刚度的增大作用，中梁可根据翼缘情况近似取为 1.3～2.0 的增大系数，边梁可根据翼缘情况取 1.0～1.5 的增大系数。内力和变形计算时，应计入填充墙对结构刚度的影响。当采用轻质墙板填充墙时，可采用周期折减的方法考虑其对结构刚度的影响，周期折减系数可取 0.8～1.0。

叠合剪力墙结构的作用及作用组合应符合国家现行标准《建筑结构荷载规范》(GB 50009—2012)、《建筑抗震设计规范》(GB 50011—2010)、《高层建筑混凝土结构技术规程》(JGJ 3—2010)、《混凝土结构设计规范》(GB 50010—2010)、《混凝土结构工程施工规范》(GB 50666—2011)和《装配式混凝土建筑技术标准》(GB/T 51231—2016)的有关规定。还应验算预制混凝土墙板在叠合剪力墙空腔中浇筑混凝土时的强度和稳定性。

叠合剪力墙用作地下室外墙时，应按承载力极限状态计算叠合剪力墙预制混凝土墙板的竖向分布钢筋和水平接缝处的竖向连接钢筋；按正常使用极限状态进行正截面裂缝宽度验算，并满足现行国家标准《混凝土结构设计规范》(GB 50010—2010)的要求。

叠合剪力墙的计算条件按表 4.5 采用。

表 4.5 叠合剪力墙的计算条件

类别	计算截面厚度	单层墙体高度
双面叠合剪力墙	取全截面厚度	根据叠合剪力墙的边界条件、截面厚度、受力和稳定性计算确定
夹心保温叠合剪力墙	取内叶预制混凝土墙板厚度与后浇混凝土厚度之和	

叠合剪力墙正截面轴心受压承载力计算应按《混凝土结构设计规范》(GB 50010—2010)的有关规定进行。矩形、T 形、I 形偏心受压叠合剪力墙墙肢的正截面承载力和斜截面承载力应按《建筑抗震设计规范》(GB 50011—2010)、《高层建筑混凝土结构技术规程》(JGJ 3—2010)的有关规定进行计算。双面叠合剪力墙水平接缝处的正截面承载力计算可考虑预制混凝土墙板的受压作用，但不应考虑预制混凝土墙板的受拉作用。

偏心受压截面叠合剪力墙水平接缝处正截面承载力可按组成墙肢分别计算(图4.18),各墙肢的计算应符合下列规定:

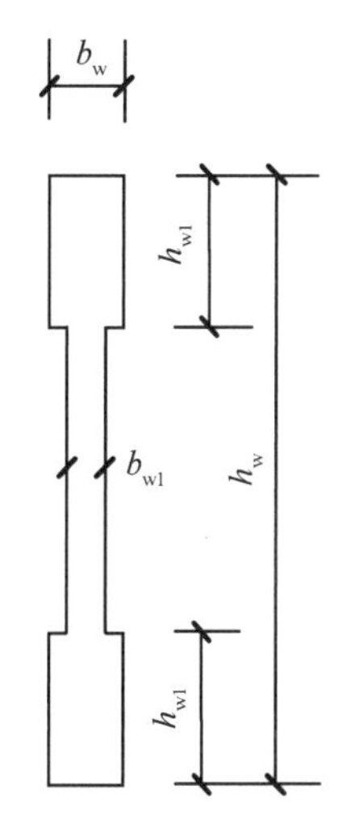

图4.18　截面尺寸

持久、短暂设计状况:

$$N \leqslant A'_s f'_y - A_s \sigma_s - N_{sw} + N_c$$

$$N\left(e_0 + h_{w0} - \frac{h_w}{2}\right) \leqslant A'_s f'_y (h_{w0} - a'_s) - M_{sw} + M_c$$

当 $x > h_{w1}$ 时:$N_c = \alpha_1 f_c b_w h_{w1} + \alpha_1 f_c (x - h_{w1}) b_{w1}$

$$M_c = \alpha_1 f_c b_w h_{w1}\left(h_{w0} - \frac{h_{w1}}{2}\right) + \alpha_1 f_c b_{w1}(x - h_{w1})\left(h_{w0} - \frac{x - h_{w1}}{2} - h_{w1}\right)$$

当 $x < h_{w1}$ 时:$N_c = \alpha_1 f_c b_w x$

$$M_c = \alpha_1 f_c b_w x\left(h_{w0} - \frac{x}{2}\right)$$

当 $x < \xi_b h_{w0}$ 时:$\sigma_s = f_y$

$$N_{sw} = (h_{w0} - 1.5x) b_w f_{yw} \rho_w$$

$$M_{sw} = \frac{1}{2}(h_{w0} - 1.5x)^2 b_w f_{yw} \rho_w$$

当 $x > \xi_b h_{w0}$ 时:$\sigma_s = \dfrac{f_y}{\xi_b - \beta_1}\left(\dfrac{x}{h_{w0} - \beta_1}\right)$

$$N_{sw} = 0$$

$$M_{sw} = 0$$

$$\xi_b = \frac{\beta_1}{1 + \dfrac{f_y}{E_s \varepsilon_{cu}}}$$

式中:A_s——受拉区纵向钢筋截面面积;

A'_s——受压区纵向钢筋截面面积;

a'_s——受压区端部钢筋合力点到受压区边缘的距离;

b_w——I形截面腹板宽度;

e_0——偏心距,$e_0 = M/N$;

f_y——受拉钢筋强度设计值;

f'_y——受压钢筋强度设计值;

f_{yw}——竖向分布钢筋强度设计值;

f_c——混凝土轴心抗压强度设计值;

h_{w1}——I形截面受压区翼缘的高度;

h_{w0}——I形截面有效高度，$h_{w0}=h_w-a'_s$；

ρ_w——竖向分布钢筋配筋率，计算面积时不考虑预制部分的面积；

α_1——受压区混凝土矩形应力图的应力与混凝土轴心抗压强度设计值的比值，当混凝土强度等级不超过C50时取1.0；当混凝土强度等级为C80时取0.94；当混凝土强度等级在C50和C80之间时，可按线性内插取值；

β_1——受压区混凝土矩形应力图高度调整系数，当混凝土强度等级不超过C50时取0.8；当混凝土强度等级为C80时取0.74；当混凝土强度等级在C50和C80之间时，可按线性内插取值；

ξ_b——界限相对受压区高度，计算时，按现浇混凝土强度等级确定；

ε_{cu}——混凝土极限压应变，应按现行国家标准《混凝土结构设计规范》(GB 50010—2010)的有关规定采用；当预制和现浇混凝土强度等级不同时，取现浇混凝土等级对应的极限压应变。

在地震设计状况时，以上两公式右端均应除以承载力抗震调整系数γ_{RE}，γ_{RE}取0.85。当采用叠合连梁与叠合剪力墙边缘构件连接时，应进行叠合连梁梁端竖向接缝的受剪承载力计算。

采用叠合墙作地下室外墙时，应分别计算叠合墙的竖向钢筋和水平接缝处的接缝连接钢筋，并按正常使用极限状态进行裂缝宽度验算。叠合墙竖向连接钢筋应按平面外受弯构件计算确定，且其抗拉承载力不应小于叠合墙单侧预制混凝土墙板内竖向分布钢筋抗拉承载力的1.1倍。

预制构件的配筋设计应综合考虑结构整体性和便于工厂化生产及现场连接。

双面叠合剪力墙中预制构件的连接方式应能保证结构的整体性，且传力可靠、构造简单、施工方便；预制构件的连接节点和接缝应受力明确、构造可靠，并应满足承载力、刚度、延性和耐久性等要求。

4.2.2 双面叠合剪力墙结构的构造

双面叠合剪力墙的预制构件混凝土强度不应低于C30，空腔内后浇混凝土的强度不应低于预制混凝土构件，且宜高于预制混凝土构件一个强度等级(5 MPa)。

双面叠合剪力墙墙身的构造要求如表4.6所示。

双面叠合剪力墙结构可采用预制混凝土叠合连梁(图4.19)，也可采用现浇混凝土连梁。连梁配筋及构造应符合现行国家标准《混凝土结构设计规范》(GB 50010—2010)和《装配式混凝土结构技术规程》(JGJ 1—2014)的有关规定

叠合剪力墙两端和洞口两侧应设置边缘构件，其中二、三级叠合剪力墙应在底部加强部位及相邻上一层设置约束边缘构件，其余情况设置构造边缘构件。

双面叠合剪力墙结构约束边缘构件内的配筋及构造要求应符合现行国家标准《建筑抗震设计规范》(GB 50011—2010)和《高层建筑混凝土结构技术规程》(JGJ 3—2010)的有关规定，并应符合：

表 4.6 双面叠合剪力墙的构造要求

<table>
<tr><th></th><th>双面叠合剪力墙</th><th>单叶预制墙板</th><th>备注</th></tr>
<tr><td>墙肢</td><td>厚度不宜小于 200 mm</td><td>厚度不宜小于 50 mm</td><td>预制墙板内外叶内表面应设置粗糙面，粗糙面凹凸深度不应小于 4 mm</td></tr>
<tr><td>空腔净距</td><td colspan="2">不宜小于 100 mm</td><td></td></tr>
<tr><td>配筋</td><td colspan="2">宜选用不低于 HRB400 级的热轧钢筋。钢筋直径不应小于 8 mm，间距不宜大于 200 mm</td><td></td></tr>
<tr><td rowspan="2">混凝土保护层厚度</td><td colspan="2">预制混凝土墙板的混凝土保护层应符合现行国家标准《混凝土结构设计规范》(GB 50010—2010)的规定</td><td rowspan="2"></td></tr>
<tr><td colspan="2">内、外叶预制混凝土墙板的钢筋位于中间空腔一侧的保护层厚度不宜小于 10 mm</td></tr>
<tr><td rowspan="3">竖向和水平分布钢筋的配筋率</td><td colspan="2">二、三级时不应小于 0.25%</td><td rowspan="2"></td></tr>
<tr><td colspan="2">四级和非抗震设计时不应小于 0.20%</td></tr>
<tr><td colspan="2">顶层叠合剪力墙、长形平面房屋的楼梯间和电梯间叠合剪力墙、端开间纵向叠合剪力墙以及端山墙的水平和竖向分布钢筋的配筋率均不应小于 0.25%</td><td>钢筋间距均不应大于 200 mm</td></tr>
<tr><td>分布钢筋间距</td><td colspan="2">不宜大于 250 mm</td><td></td></tr>
<tr><td rowspan="2">分布钢筋直径</td><td colspan="2">不应小于 8 mm</td><td rowspan="2">预制板设置的水平和竖向分布筋距预制部分边缘的水平距离不应大于 40 mm</td></tr>
<tr><td colspan="2">不宜大于叠合剪力墙截面宽度的 1/10</td></tr>
<tr><td>地下室外墙</td><td colspan="2">后浇混凝土的厚度不应小于 200 mm</td><td></td></tr>
</table>

(1) 约束边缘构件(图 4.20)阴影区域宜全部采用后浇混凝土，并在后浇段内设置封闭箍筋；其中暗柱阴影区域可采用叠合暗柱或现浇暗柱；

(2) 约束边缘构件非阴影区的拉筋可由叠合墙板内的桁架钢筋代替，桁架钢筋的面积、直径、间距应满足拉筋的相关规定。

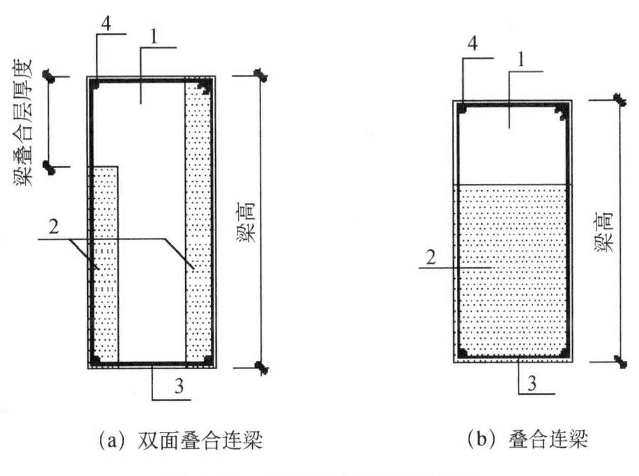

图 4.19 预制叠合连梁示意图

1—后浇部分；2—预制部分；3—连梁箍筋；4—连接钢筋

双面叠合剪力墙构造边缘构件内的配筋及构造要求应符合现行国家标准《建筑抗震设计规范》(GB 50011—2010)和《高层建筑混

凝土结构技术规程》(JGJ 3—2010)的有关规定。构造边缘构件(图 4.21)宜全部采用后浇混凝土,并在后浇段内设置封闭箍筋;其中暗柱可采用叠合暗柱或现浇暗柱。

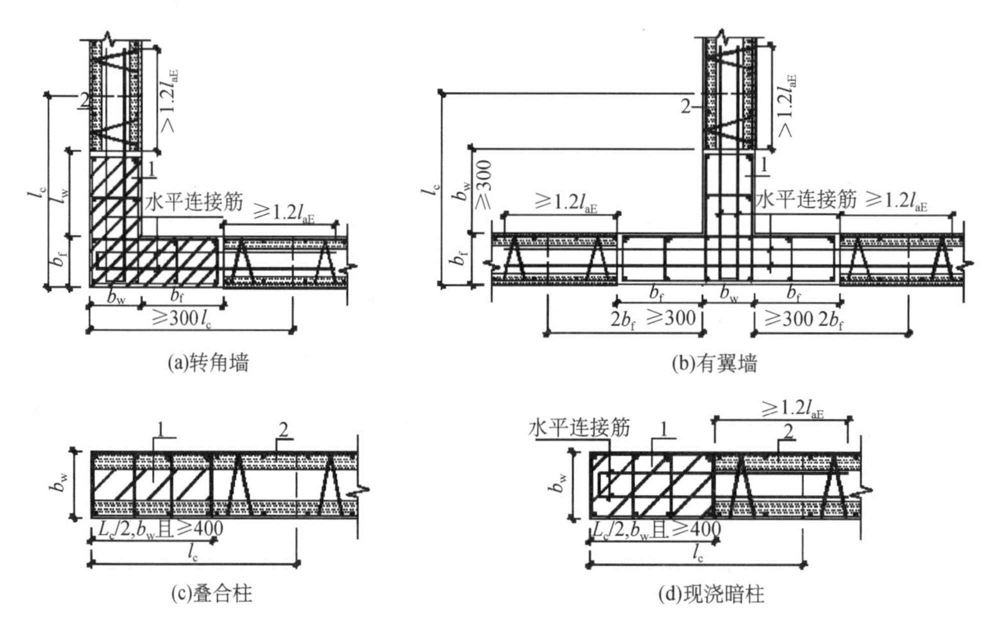

图 4.20　约束边缘构件

l_c—约束边缘构件沿墙肢长度;1—后浇段;2—双面叠合剪力墙

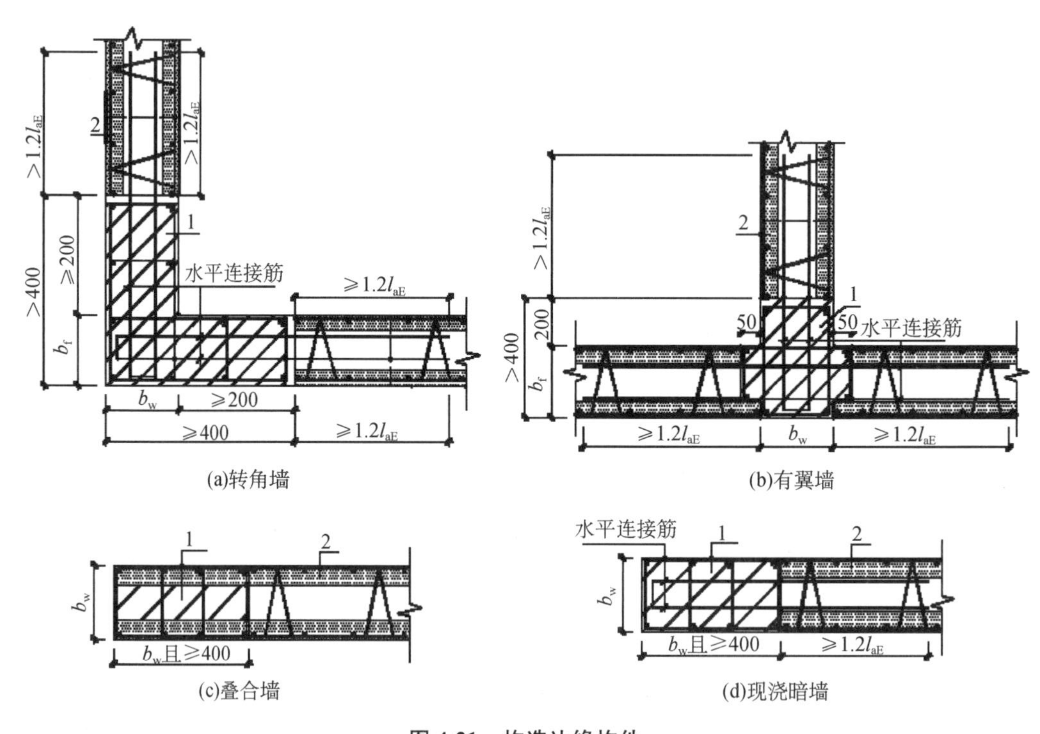

图 4.21　构造边缘构件

1—后浇段;2—双面叠合剪力墙

在非边缘构件位置的相邻双面叠合剪力墙之间应设置后浇段，后浇段的宽度不应小于墙厚且不宜小于 200 mm，后浇段内应设置不少于 4 根竖向钢筋，钢筋直径不应小于墙体竖向分布筋直径且不应小于 8 mm；两侧墙体与后浇段之间应采用水平连接钢筋连接，水平连接钢筋应符合：

(1) 水平连接钢筋在双面叠合剪力墙中的锚固长度不应小于 $1.2l_{aE}$(图 4.22)；

(2) 水平连接钢筋的间距宜与叠合剪力墙预制墙板中水平分布钢筋的间距相同，且不宜大于 200 mm；水平连接钢筋的直径不应小于叠合剪力墙预制墙板中水平分布钢筋的直径。

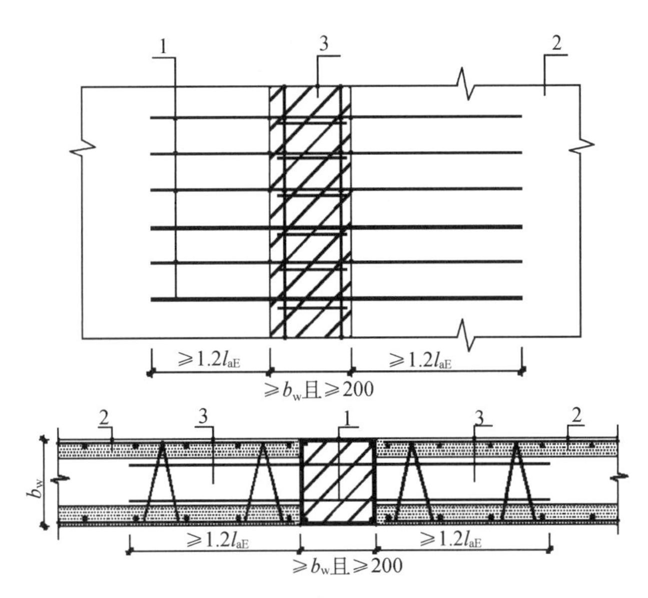

图 4.22 水平连接钢筋搭接构造(单位:mm)

1—连接钢筋；2—预制部分；3—现浇部分

双面叠合剪力墙结构边缘构件应设置封闭箍筋并采用现浇混凝土，边缘构件纵筋及箍筋的实际配筋量均应按计算结果放大 1.2 倍配置。

对于采用钢筋桁架的双面叠合剪力墙，钢筋桁架的设置应满足运输、吊装和现浇混凝土施工的要求，并应符合：

(1) 钢筋桁架宜竖向设置，单片叠合剪力墙墙肢内不应少于 2 榀；

(2) 钢筋桁架中心间距不宜大于 400 mm，且不宜大于竖向分布筋间距的 2 倍；钢筋桁架距叠合剪力墙预制墙板边的水平距离不宜大于 150 mm；钢筋桁架上、下弦钢筋中心至预制混凝土墙板内侧的距离不应小于 15 mm；

(3) 钢筋桁架的上弦钢筋直径不宜小于 10 mm，下弦钢筋及腹杆钢筋直径不宜小于 6 mm；

(4) 钢筋桁架应与两层分布筋网片可靠连接，连接方式可采用焊接。

双面叠合剪力墙之间的水平缝宜设置在楼面标高处，水平接缝处应设置竖向连接钢筋，连接钢筋应通过计算确定，且截面面积不应小于预制混凝土墙板内的竖向分布钢筋面积，并应符合：①底部加强部位，连接钢筋应交错布置，上下端头错开位置不应小于 500 mm（图 4.23）；其他部位，连接钢筋在上下层墙板中的锚固长度不应小于 $1.2l_{aE}$（图 4.24）；非抗震设计时，连接钢筋锚固长度不应小于 $1.2l_a$。l_a、l_{aE}分别为非抗震设计和抗震设计时受拉钢筋的锚固长度，应符合现行国家标准《混凝土结构设计规范》（GB 50010—2010）的规定；②竖向连接钢筋的间距不应大于叠合剪力墙预制墙板中竖向分布钢筋的间距，且不宜大于 200 mm；竖向连接钢筋的直径不应小于叠合剪力墙预制墙板中竖向钢筋的直径；③水平缝高度不宜小于 50 mm，也不宜大于 70 mm，水平缝处后浇混凝土应与墙中间空腔内混凝土一起浇筑密实。

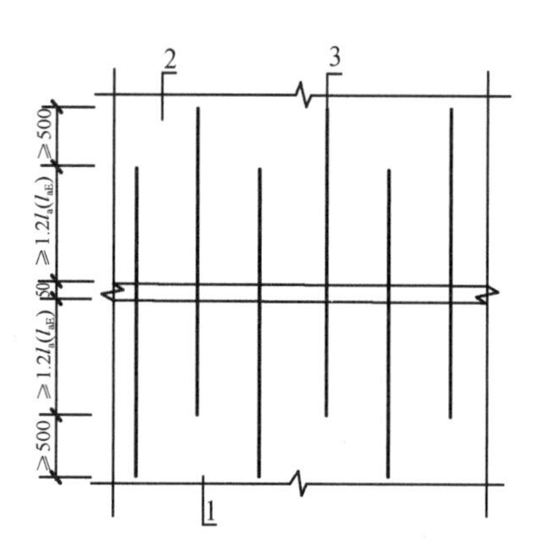

图 4.23　底部加强部位竖向连接钢筋搭接构造（单位：mm）

1—下层叠合剪力墙；2—上层叠合剪力墙；3—竖向连接钢筋

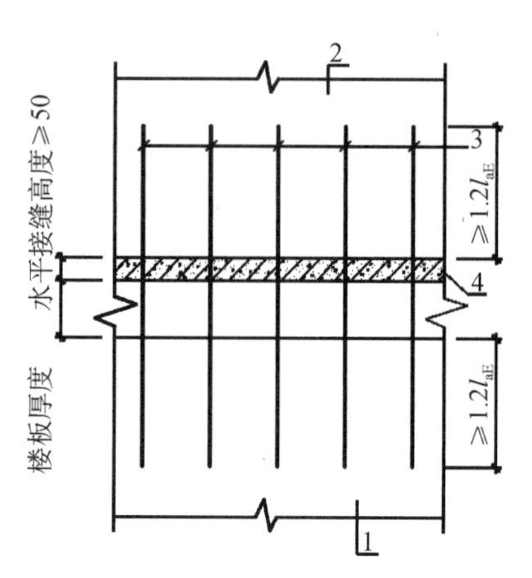

图 4.24　竖向连接钢筋搭接构造（单位：mm）

1—下层叠合剪力墙；2—上层叠合剪力墙；3—竖向连接钢筋；4—楼层水平接缝

4.3　集束连接剪力墙结构设计

集束连接剪力墙结构是东南大学、南京大地建设集团等单位从 2010 年起研发的一种装配整体式剪力墙结构。在预制混凝土剪力墙构件中预留孔道，孔道外侧采用螺旋箍筋约束，在孔道中插入下层剪力墙的竖向钢筋束，并灌注水泥基灌浆料而实现的预制剪力墙竖向钢筋搭接连接方式。

4.3.1　集束连接剪力墙结构的计算

集中约束搭接连接的预制剪力墙的设计除应符合本节的规定外，尚应符合现行国家标准《混凝土结构设计规范》（GB 50010—2010）、现行行业标准《高层建筑混凝土结构技术规程》（JGJ 3—2010）的有关规定。

4.3.2　集束连接剪力墙结构的构造

预制剪力墙当采用集中约束搭接连接时除本节规定外，其他构造要求应符合现行国家标准《装配式混凝土建筑技术标准》(GB/T 51231—2016)、现行行业标准《装配式混凝土结构技术标准》(JGJ 1—2014)的相关规定。

集中约束搭接连接的灌浆材料应采用无收缩水泥基灌浆料，1 d龄期的强度不宜低于25 MPa，28 d龄期的强度不应低于60 MPa，其余条件应满足现行国家标准《水泥基灌浆材料应用技术规范》(GB/T 50448—2015)中Ⅱ类水泥基灌浆材料的要求。

坐浆材料宜采用无收缩灌浆料，1 d龄期的强度不宜低于25 MPa，28 d龄期的强度不应低于60 MPa，其余条件应满足现行国家标准《水泥基灌浆材料应用技术规范》(GB/T 50448—2015)中Ⅱ类水泥基灌浆材料的要求。

集中约束搭接连接预留孔道采用的金属波纹管应符合现行行业标准《预应力混凝土用金属波纹管》(JG/T 225—2020)的规定。

图4.25为集中约束搭接连接示意图。预制剪力墙下部设置预留连接孔道，孔道外侧设置螺旋箍筋或焊接环箍，下层预制墙的上部竖向钢筋弯折后伸入预留孔道，注入灌浆料，与上层预制墙的竖向钢筋搭接连接。伸入预留孔道的竖向钢筋应对称设置，竖向钢筋之间的净间距不应小于25 mm，与孔道壁的净间距宜为15 mm。边缘构件部位每孔增加一根同直径的附加竖向钢筋。下部墙体弯折之后的空缺部位设置短钢筋。

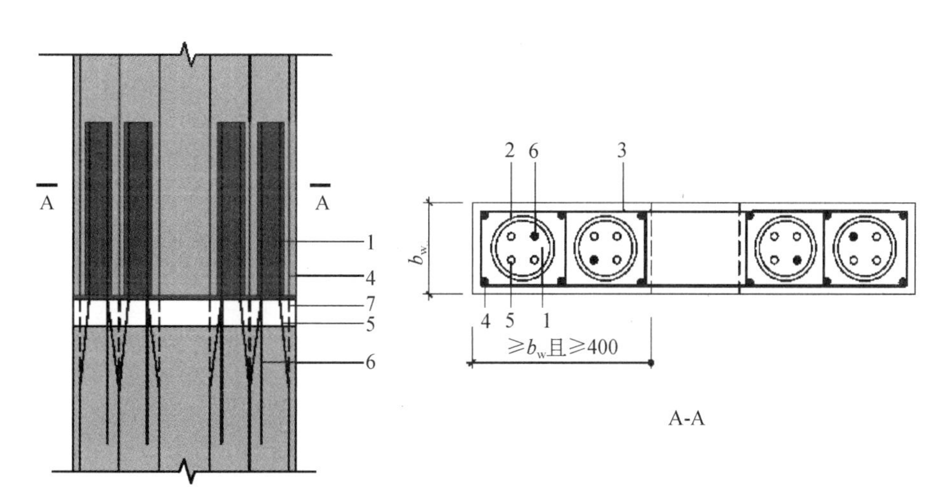

图4.25 竖向钢筋集中约束搭接连接示意图(单位:mm)

1—预留孔道；2—螺旋箍筋；3—箍筋；4—上层预制墙竖向钢筋；5—下层预制墙伸入孔道竖向钢筋；6—附加竖向钢筋；7—短钢筋

剪力墙纵向钢筋采用套筒灌浆连接、浆锚搭接连接、机械连接、焊接连接、绑扎搭接连接逐根连接钢筋时，应符合现行国家标准《装配式混凝土建筑技术标准》(GB/T 51231—2016)、现行行业标准《装配式混凝土结构技术标准》(JGJ 1—2014)的规定。

采用竖向钢筋集中约束搭接连接的钢筋直径不宜大于18 mm，预留孔在墙体厚度方向居中设置，其直径应满足下列要求：

(1) 当剪力墙的截面厚度为 200 mm 时，预留孔金属波纹管直径不应小于 110 mm，不宜大于 130 mm；

(2) 当剪力墙的截面厚度为 250 mm 时，预留孔金属波纹管直径不应小于 160 mm，不宜大于 180 mm；

(3) 当剪力墙的截面厚度为 300 mm 时，预留孔金属波纹管直径不应小于 180 mm，不宜大于 230 mm。

边缘构件部分预留孔道高度为 $l_{lE}+50$ mm，其余部分预留孔道高度为 $1.2l_{aE}+50$ mm。

预制剪力墙内预留孔道外侧设置螺旋箍筋，范围同预留孔高度。其缠绕直径大于预留孔道外径 10 mm，下部 1/2 螺距为 50 mm，上部 1/2 螺距为 100 mm。螺旋箍筋采用 HRB400 钢筋制作，连接纵筋直径为 12、14 mm 时，螺旋箍筋直径采用 6 mm，连接纵筋直径为 16、18 mm 时，螺旋箍筋直径采用 8 mm。

当采用竖向钢筋集中约束搭接连接时，暗柱竖向钢筋搭接长度范围内箍筋、拉筋间距应不大于 $5d$（d 为搭接钢筋较小直径）和 100 mm 的较小值。

预制剪力墙上部竖向钢筋可弯折两次，弯折角不应大于 1/6，伸出部分垂直于楼面。当现浇连梁、圈梁截面高度或水平后浇带截面高度范围内截面高度不能满足弯折角要求时，竖向钢筋应在预制剪力墙内上端预先弯折。

屋面以及立面收进的楼层，应在剪力墙顶部设置封闭的后浇钢筋混凝土圈梁（图 4.26），并应符合下列规定：

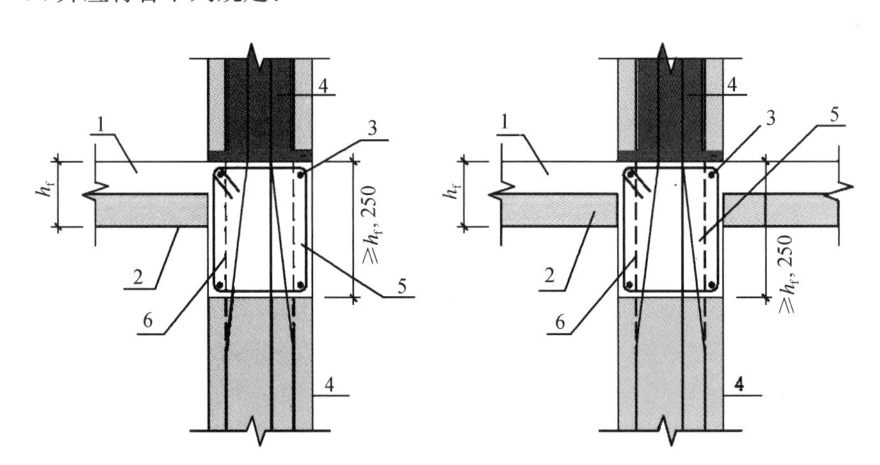

图 4.26　后浇钢筋混凝土圈梁构造示意图(单位:mm)

1—叠合板后浇层；2—预制楼板；3—纵向钢筋；4—预制剪力墙；5—后浇圈梁；6—直径 8 mm 短钢筋

(1) 圈梁截面宽度不应小于剪力墙的厚度，截面高度不宜小于楼板厚度及 250 mm 的较大值；圈梁应与现浇或者叠合楼盖或屋盖浇筑成整体；

(2) 圈梁内配置的纵筋不小于 4Φ12，且按全截面计算的配筋率不应小于 0.5% 与水平分布筋配筋率的较大值，纵筋竖向间距不应大于 200 mm；箍筋间距不应大于 200 mm 且直径不应小于 8 mm；

(3) 纵筋弯折范围应设置直径 8 mm 的短钢筋，短钢筋上端与后浇楼面顶平，下端从剪力墙竖向钢筋起弯点向下延伸 200 mm。

各层楼面位置，剪力墙顶部无后浇圈梁时，应设置连续的水平后浇带(图 4.27)；水平后浇带应符合下列规定：

(1) 水平后浇带宽度应取剪力墙的厚度，高度宜同楼板厚度；水平后浇带应与现浇或者叠合楼盖浇筑成整体；

(2) 水平后浇带内应配置不少于 2 根连续纵向钢筋，其直径不宜小于 12 mm；

(3) 纵筋弯折范围应设置直径 8 mm 的短钢筋，短钢筋上端与后浇楼面顶平，下端从剪力墙竖向钢筋起弯点向下延伸 200 mm。

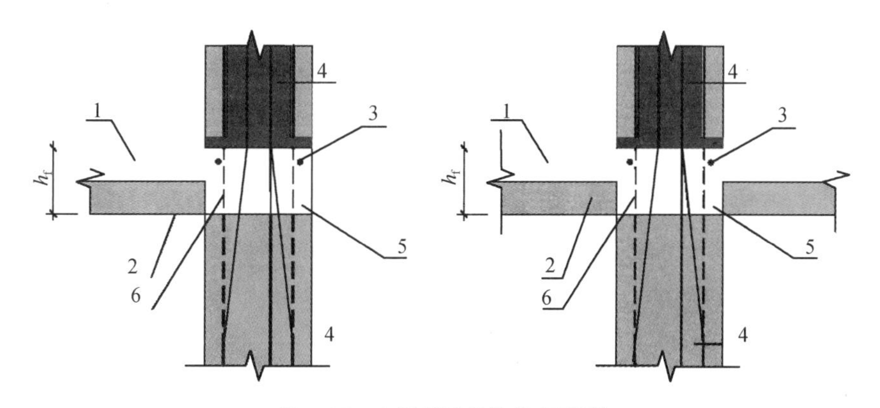

图 4.27 水平后浇带构造示意图

1—叠合板后浇层；2—预制板；3—纵向钢筋；4—预制墙板；5—水平后浇带；6—直径 8 mm 短钢筋

边缘构件部分每个预留孔内应设置 4 根钢筋，宜设置直径及伸出长度与其相同的附加钢筋，其面积不少于总面积的 25%。附加钢筋应设置在预制墙中并满足锚固长度要求。

当剪力墙接缝位于边缘构件区域时，应符合现行国家标准《装配式混凝土建筑技术标准》(GB/T 51231—2016)、现行行业标准《装配式混凝土结构技术规程》(JGJ 1—2014)的相关规定。

当剪力墙接缝不在约束边缘构件区域时，纵向钢筋连接采用集中约束搭接连接的预制剪力墙的边缘构件宜采用暗柱和翼墙(图 4.28)，并应符合现行行业标准《高层建筑混凝土结构技术标准》(JGJ 3—2010)的相关规定。

当剪力墙接缝不在构造边缘构件区域时，纵向钢筋连接采用集中约束搭接连接的预制剪力墙的边缘构件范围宜按图 4.29 确定，并应符合现行行业标准《高层建筑混凝土结构技术标准》(JGJ 3—2010)的相关规定。

预制剪力墙的竖向分布钢筋当采用集中约束搭接连接时，可采用每预留孔 4 根钢筋搭接连接，也可采用每预留孔 2 根钢筋搭接连接(图 4.30)。每预留孔 2 根钢筋搭接连接时，预留孔直径不宜小于 90 mm，螺旋箍筋缠绕直径大于预留孔道外径 10 mm，螺距为 100 mm；孔道中心间距不大于 720 mm，且在剪力墙构件承载力设计和分布钢筋配筋率计算中不得计入不连接的分布钢筋；不连接的竖向分布钢筋直径不应小于 6 mm。

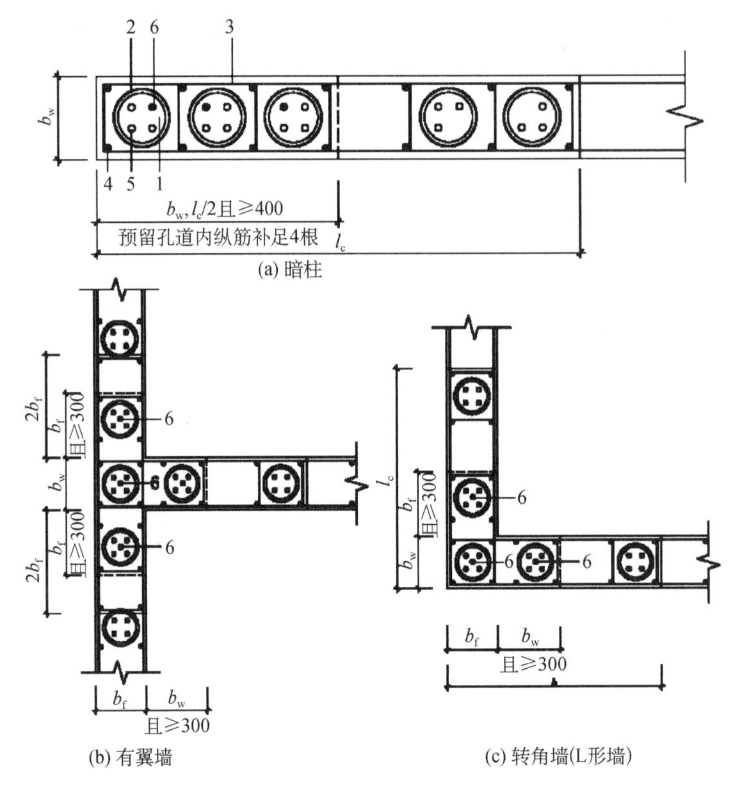

图 4.28　预制剪力墙的约束边缘构件示意图(单位:mm)

1—预留孔道；2—螺旋箍筋；3—箍筋；4—上层预制墙竖向钢筋；5—下层预制墙伸入孔道竖向钢筋；6—附加竖向钢筋

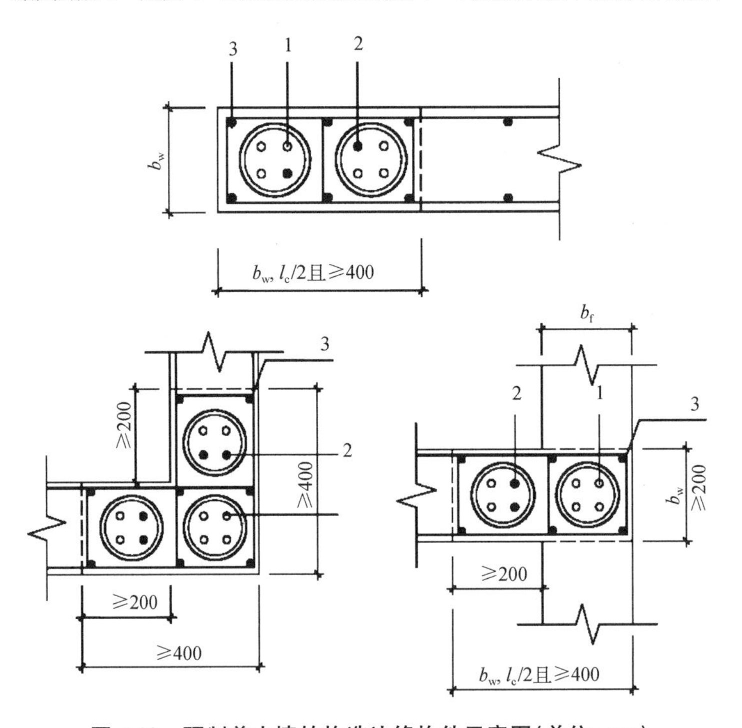

图 4.29　预制剪力墙的构造边缘构件示意图(单位:mm)

1—下层预制墙伸入孔道竖向钢筋；2—附加竖向钢筋；3—上层预制墙竖向钢筋

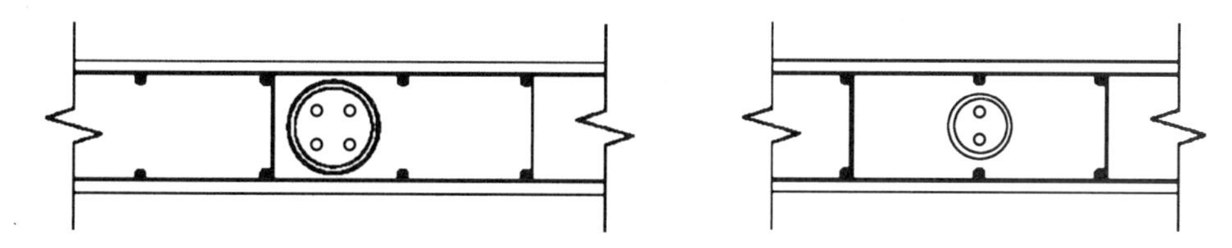

图 4.30 预制剪力墙的竖向分布钢筋搭接示意图(单位:mm)

预制剪力墙与后浇混凝土、灌浆料、坐浆材料的结合面应设置粗糙面、键槽,并应符合下列规定:

(1) 预制墙板的顶部和底部与后浇混凝土的结合面应设置粗糙面;

(2) 预制墙板侧面与后浇混凝土的结合面应设置粗糙面,也可设置键槽(图 4.31)。键槽深度 t 不宜小于 20 mm,宽度 w 不宜小于深度的 3 倍且不宜大于深度的 10 倍,键槽间距宜等于键槽宽度,键槽端部斜面倾角不宜大于 30°。

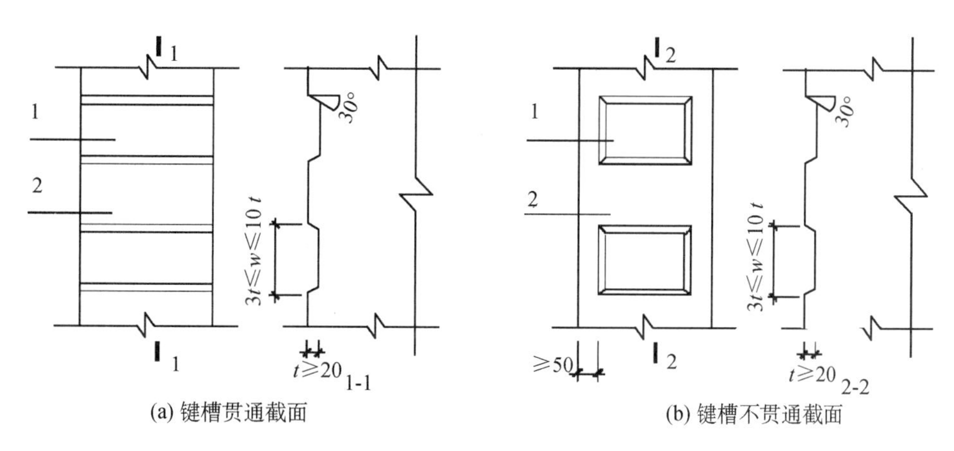

图 4.31 墙端键槽构造示意图(单位:mm)

1—键槽;2—墙端面

开洞预制剪力墙、开洞预制剪力墙的连梁构造应符合现行国家标准《装配式混凝土建筑技术标准》(GB/T 51231—2016)、现行行业标准《装配式混凝土结构技术规程》(JGJ 1—2014)的规定。

预制剪力墙底部接缝宜设置在楼面标高处,并应符合下列规定:

(1) 接缝高度宜为 20 mm;

(2) 接缝宜采用灌浆料填实。

预制剪力墙相邻下层为现浇剪力墙时,预制剪力墙与下层现浇剪力墙中竖向钢筋的连接应符合本节的有关规定,下层现浇剪力墙顶面应设置粗糙面。预制剪力墙中的集中约束搭接预留孔道,预制过程中可采用金属波纹管成型。金属波纹管可在成孔后旋出,也可永久留置预制构件中。

4.4 多层装配式墙板结构

4.4.1 适用范围和一般要求

本节所涉及的多层装配式墙板结构是在高层装配整体式剪力墙结构的基础上进行的简化，并参照原行业标准《装配式大板居住建筑设计和施工规程》(JGJ 1—91)的相关节点构造进行设计的、符合表 4.7 和表 4.8 所示的最大适用层数及最大适用高度的、建筑设防类别为标准设防类的装配式剪力墙结构。

表 4.7 多层装配式墙板结构的最大适用层数及最大适用高度

设防烈度	6 度	7 度	8 度(0.2g)
最大适用层数	9	8	7
最大适用高度	28	24	21

多层装配式墙板结构的外墙轮廓平面尺寸不宜过小，其高宽比不宜超过表 4.8 的数值。

表 4.8 多层装配式墙板结构适用的最大高宽比

设防烈度	6 度	7 度	8 度(0.2g)
最大高宽比	3.5	2.0	2.5

预制墙板的轴压比不应超过表 4.9 中的数值，且轴压比计算时墙体混凝土强度等级超过 C40 的应按 C40 计算。

表 4.9 预制墙板的最大轴压比限值

抗震等级	三级	四级
最大轴压比	0.15	0.2

在风荷载和多遇地震作用下，按弹性方法计算的楼层层间最大水平位移与层高之比不宜大于 1/1 200。

4.4.2 分析与计算

多层装配式剪力墙结构可采用弹性方法进行结构分析，并应按结构实际情况建立分析模型。采用后浇混凝土连接的预制墙肢可按整体构件进行计算和截面设计；采用分离式拼缝(预埋件焊接连接、预埋件螺栓连接等)连接的墙肢应作为独立的墙肢进行计算和截面设计，计算模型中应考虑接缝连接方式的影响。

多层装配式剪力墙结构纵横墙板交接处和楼层内相邻承重墙板之间可采用如图 4.32 所示的水平锚环灌浆连接，此时可视为整体构件进行计算，结构刚度宜乘以 0.85～0.95 的折减系数。

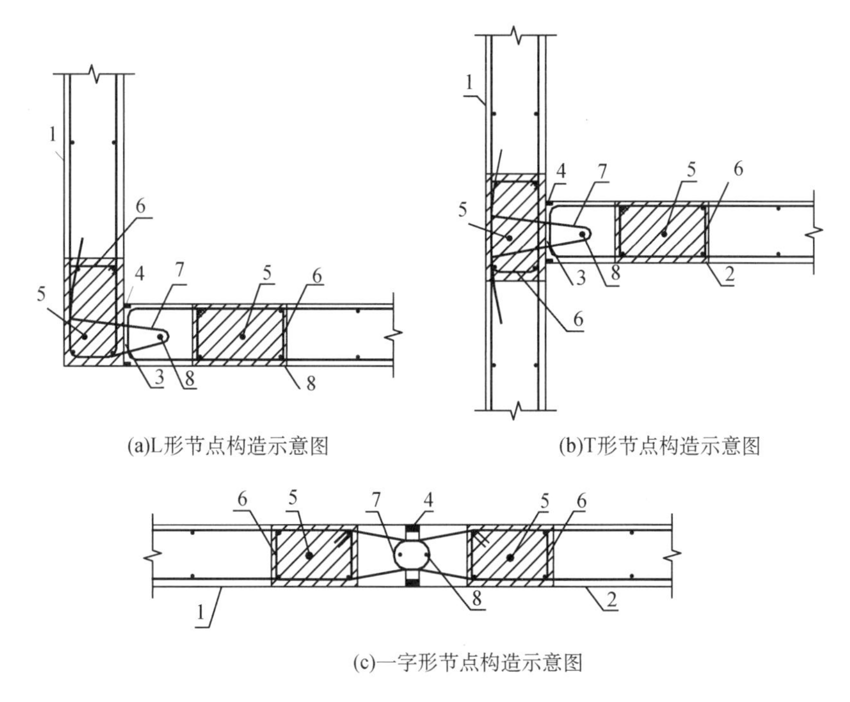

(a)L形节点构造示意图

(b)T形节点构造示意图

(c)一字形节点构造示意图

图 4.32 水平钢筋环灌浆连接构造示意图

1—纵向预制墙体；2—横向预制墙体；3—后浇段；4—密封条；5—边缘构件纵向受力钢筋；
6—边缘构件箍筋；7—预留水平钢筋锚环；8—节点后插纵筋

在地震设计状况下，多层装配式剪力墙结构预制剪力墙水平接缝的受剪承载力设计值应按下式计算：

$$V_{uE}=0.6f_{y}A_{sd}+0.6N$$

式中：f_y——垂直穿过结合面的钢筋抗拉强度设计值；

N——与剪力设计值 V 相应的垂直于结合面的轴向力设计值，压力时取正，拉力时取负；

A_{sd}——垂直穿过结合面的抗剪钢筋面积。

预制剪力墙的竖向接缝采用后浇混凝土连接时，受剪承载力与整浇混凝土结构接近，可不计算其受剪承载力。

4.4.3 构造

预制剪力墙截面厚度不宜小于 140 mm 和层高 1/25 的较大值。当预制剪力墙截面厚度不小于 140 mm 时，应配置双排双向分布钢筋网。剪力墙中水平及竖向分布筋的最小配筋率不应小于 0.15%。

多层装配式剪力墙结构的整体性和抗震性能主要由后浇暗柱和圈梁的约束作用来保证。抗震等级为三级的多层装配式剪力墙结构，应按表 4.10 的要求在预制剪力墙转角、纵横墙交接部位设置后浇混凝土暗柱。

表 4.10　后浇混凝土暗柱设置要求

	后浇混凝土暗柱设置要求	
截面尺寸	截面高度不宜小于墙厚，且不应小于 250 mm，截面宽度可取墙厚	
竖向钢筋	底层不少于 4Φ12，其他层不少于 4Φ10。配筋量可参考配筋砌块结构的构造柱和现浇剪力墙结构的构造边缘构件确定	
箍筋	底层	最小直径 6 mm，沿竖向最大间距 200 mm
	其他层	最小直径 6 mm，沿竖向最大间距 250 mm
墙身水平分布筋	预制剪力墙的水平分布钢筋在后浇混凝土暗柱内可采取弯折锚固、锚环、机械锚固等措施，并应符合现行国家标准《混凝土结构设计规范》(GB 50010—2010)的有关规定	

楼层内相邻预制剪力墙之间的竖向接缝可采用整体性较好的后浇段连接，后浇段内应设置竖向钢筋，竖向钢筋配筋率不应小于墙体竖向分布筋配筋率，且不宜小于 2Φ12；后浇段的长度应考虑预制剪力墙水平分布钢筋的锚固和连接要求确定。

预制剪力墙水平接缝宜设置在楼面标高处，接缝高度宜为 20 mm；接缝处应设置连接节点，连接节点间距不宜大于 1 m；穿过接缝的连接钢筋数量应满足接缝受剪承载力的要求，且配筋率不应低于墙板竖向钢筋配筋率，连接钢筋直径不应小于 14 mm；连接钢筋可采用套筒灌浆连接、浆锚搭接连接、焊接连接，并应满足相关构造要求。

预制墙板应在边长大于 800 mm 的洞边、一字墙墙体端部、纵横墙交接处设置构造边缘构件，且构造边缘构件截面高度不宜小于墙厚和 200 mm 的较大值，截面宽度同墙厚。构造边缘构件内应配置纵向受力钢筋、箍筋、箍筋架立筋，其中的纵向钢筋除应满足设计要求外，还应满足表 4.11 的要求。上下层构造边缘构件竖向受力钢筋应直接连接，可采用灌浆套筒连接、浆锚搭接连接、焊接连接或型钢连接件连接；箍筋架立筋可以不伸出预制墙板表面。

表 4.11　构造边缘构件的构造要求

抗震等级	底层				其他层			
	纵筋最小直径	箍筋架立筋最小量	箍筋(mm)		纵筋最小直径	箍筋架立筋最小量	箍筋(mm)	
			最小直径	最大间距			最小直径	最大间距
三级	1Φ25	4Φ10	6	150	1Φ22	4Φ8	6	200
四级	1Φ22	4Φ8	6	200	1Φ20	4Φ8	6	250

当房屋层数大于 3 层时，为增加结构的整体性和稳定性，屋面、楼面宜采用叠合楼盖，

叠合板与预制剪力墙之间应可靠连接；沿各层墙顶应设置水平后浇带；当抗震等级为三级时，应在屋面设置封闭的后浇钢筋混凝土圈梁。

当房屋层数不大于 3 层时，为简化施工及减少现场湿作业，楼面可采用预制楼板，但须确保预制板在墙上有足够的搁置长度，且不应小于 60 mm，必要时可设置挑耳。为使预制板在其平面内形成整体，保证整体刚度，预制板板端后浇混凝土接缝宽度不宜小于 50 mm，接缝内应配置连续的通长钢筋，钢筋直径不应小于 8 mm；当板端伸出锚固钢筋时，两侧伸出的锚固钢筋应互相可靠连接，并与支承墙伸出的钢筋、板端接缝内设置的通长钢筋拉结；当板端不伸出锚固钢筋时，应沿板跨方向布置直径不小于 10 mm、间距不大于 600 mm 的连系钢筋；连系钢筋应与两侧预制板可靠连接，并应与支承墙伸出的钢筋、板端接缝内设置的通长钢筋拉结。

连梁宜与剪力墙整体预制，也可以在跨中拼接。预制剪力墙洞口上方的预制连梁可以和后浇混凝土圈梁或水平后浇带形成叠合连梁；叠合连梁的配筋及构造要求应符合现行国家标准《混凝土结构设计规范》(GB 50010—2010)的有关规定。

采用水平钢筋锚环灌浆连接时，应在交接处的预制墙板边缘设置构造边缘构件；竖向接缝处应设置后浇段，后浇段横截面面积不宜小于 0.01 m^2，截面边长不宜小于 80 mm，后浇段应采用强度不低于预制墙板混凝土强度等级的水泥基灌浆料灌实；预制墙板侧边应预留直径不小于墙板水平分布筋直径、间距不大于预制墙板水平分布筋间距的水平钢筋锚环；同一竖向接缝左右两侧预制墙板预留水平钢筋锚环的竖向间距不宜大于 $4d$（d 为水平钢筋锚环的直径）和 50 mm 的较大值；水平钢筋锚环在墙板内的锚固长度应满足现行国家标准《混凝土结构设计规范》(GB 50010—2010)的有关规定；竖向接缝内应配置截面面积不小于 200 mm^2 并插入墙板侧边钢筋锚环内的节点后插纵筋（上下层节点后插筋可不连接）。

在结构的底部应该保证整体性，所以基础顶面应设置现浇混凝土圈梁，且在圈梁上表面应设置粗糙面；预制剪力墙和圈梁顶面之间的接缝构造应符合预制剪力墙水平接缝的要求。为了保证结构具有一定的抗倾覆能力，预制墙板内的连接钢筋、剪力墙后浇暗柱以及竖向接缝内的竖向钢筋应在基础中可靠锚固，且宜伸入到基础底部。

本节没有提及的多层装配式剪力墙结构中预制剪力墙构件的构造还应该符合本书第 4.1 节的要求。

5 装配整体式混凝土框架-现浇剪力墙/支撑结构设计

5.1 装配整体式混凝土框架-现浇剪力墙结构设计

框架-剪力墙结构是目前我国广泛应用的一种结构体系，由梁、柱、剪力墙共同承担水平和竖向作用。弥补了框架结构侧向位移大的缺点，又不失框架结构空间布置灵活的优点。根据已有研究结果，框架-剪力墙结构也可实现装配式。为了保证结构整体的抗震性能，现行技术标准《装配式混凝土结构技术规程》(JGJ 1—2014)、《装配式混凝土建筑技术标准》(GB/T 51231—2016)提出了装配整体式框架-现浇剪力墙结构体系，即全部或部分框架梁、柱采用预制构件，剪力墙采用现浇的结构。对于框架与剪力墙均采用装配式的框架-剪力墙结构，我国正处于探索阶段，缺乏相应的技术论证。即使是装配式建筑技术发展成熟的日本，目前采用的装配式框架-剪力墙结构中的剪力墙也是现浇的。装配整体式框架-现浇剪力墙结构中的框架部分与装配整体式框架结构一样，采用的预制构件类型、连接方式没有区别。

5.1.1 设计思路

装配整体式混凝土框架-现浇剪力墙结构一般用于高层办公、公寓、医院及酒店类建筑，采用的预制构件主要包含以下几类：预制柱、叠合梁、叠合板、预制楼梯等，如图 5.1 和

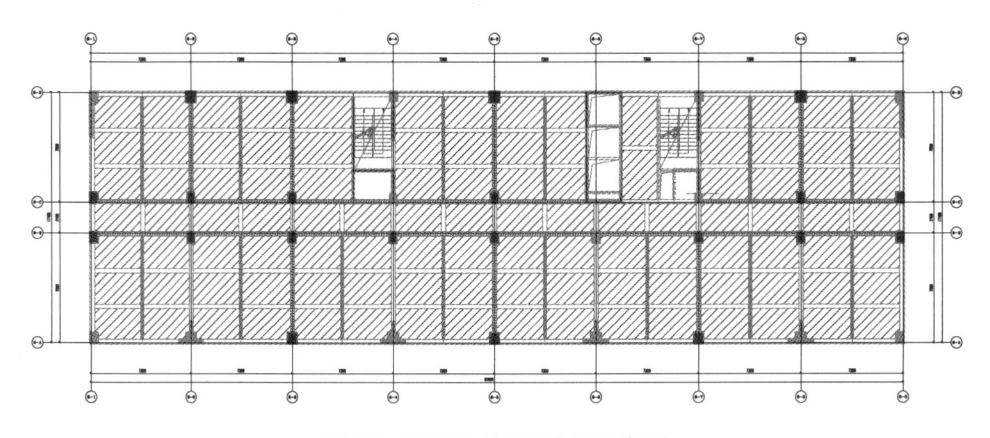

图 5.1 预制构件平面布置示意图

图 5.2 所示。此类项目在设计时，应根据土地出让合同等相关文件的装配指标要求，综合考虑安全、成本、生产和建造等因素，合理选择预制构件组合和相应的连接方式。

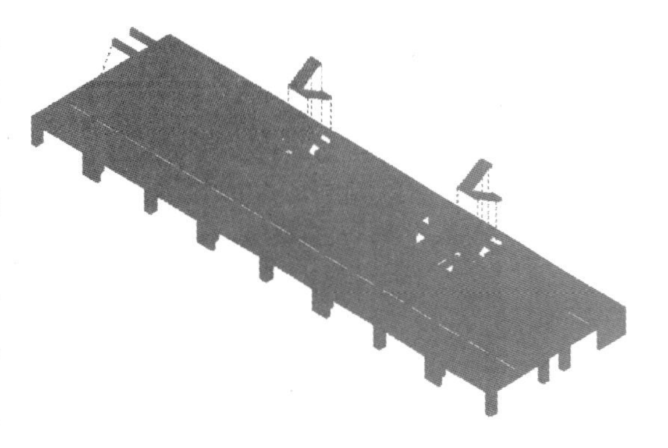

图 5.2 预制构架拆分三维示意图

以预制率指标为例，当指标要求不高时，装配整体式混凝土框架-现浇剪力墙结构采用的四种预制构件，方案策划一般以水平构件为主。叠合板由于体量大、施工技术较成熟、价格相对便宜，而成为首选构件；预制楼梯由于标准化程度高，且对主体结构受力影响不大，通常也会被选用。当指标要求较高时，需采用叠合梁或预制柱等构件，叠合梁由于生产较为复杂、根部出筋在支座处连接较为困难、构件质量较大等因素，尽量不做或少做；预制柱相对于叠合梁在支座处连接较为简单，但在构件选择时应充分考虑施工安装单位的施工经验以确保常用灌浆套筒质量等对结构安全影响等因素。

表 5.1 列举了两个项目单位面积混凝土方量的分项统计数据，当适合预制的楼板、楼梯全部采用预制构件时，预制率约为 12%～15%；当适合预制的梁、楼板、楼梯全做时，预制率约为 25%～31%。表 5.2 给出了几种常见预制率指标下的预制构件组合。

表 5.1 单位面积混凝土方量分项统计表

建筑类型	高度|层高|地区	单位面积的竖向构件总体积(m^3)	单位面积的现浇楼板＋楼梯体积(m^3)	单位面积的现浇梁体积(m^3)
高层办公	57.6 m|5.1 m|扬州	0.106	0.097＋0.00	0.104
高层公寓	99 m|3.15 m|常州	0.112	0.100＋0.01	0.111

表 5.2 不同预制率指标下预制构件组合

预制构件	预制率			优先度
	15%	30%	40%	
叠合板	√	√	√	1
预制楼梯	√	√	√	1
叠合梁	不做/少量做	√	√	2(或 3)
预制柱	—	—	√	3(或 2)

注：表中关于叠合梁及预制柱的选择顺序，应综合考虑叠合梁支座处出筋数量、连接可靠、定位方便，预制柱连接可靠、处于非底部加强区等因素权衡后合理选择。

5.1.2 一般要求

1）抗震要求

装配整体式混凝土框架-现浇剪力墙结构的最大适用高度、适用的最大高宽比、抗震等级、结构平面布置原则等第参见 2 章相关内容。

2）作用及作用效应

装配整体式混凝土框架-现浇剪力墙结构的作用及作用组合应符合现行国家标准《建筑结构荷载规范》(GB 50009—2012)、《建筑抗震设计规范》(GB 50011—2010)、《高层建筑混凝土结构技术规程》(JGJ 3—2010)、《混凝土结构设计规范》(GB 50010—2010)、《混凝土结构工程施工规范》(GB 50666—2011)和《装配式混凝土结构技术规程》(JGJ 1—2014)的有关规定。

3）结构计算

装配整体式混凝土框架-现浇剪力墙结构中，框架的性能与现浇框架等同，除现行相关规程另有规定外，装配整体式混凝土框架-现浇剪力墙结构可按现浇框架-剪力墙结构进行计算。

5.1.3 特殊要求

1）抗震要求

根据《高层建筑混凝土技术规程》(JGJ 3—2010)中第 3.6.1、3.6.2、8.1.6 条的内容，对楼盖及结构布置做如下要求：

房屋高度超过 50 m 时，框架-剪力墙结构、筒体结构及《高层建筑混凝土技术规程》(JGJ 3—2010)第 10 章所指的复杂高层建筑结构应采用现浇楼盖结构，剪力墙结构和框架结构宜采用现浇楼盖结构。房屋高度不超过 50 m 时，8、9 度抗震设计时宜采用现浇楼盖结构；6、7 度抗震设计时可采用装配整体式楼盖，且应符合下列要求：

(1) 无现浇叠合层的预制板，板端搁置在梁上的长度不宜小于 50 mm；

(2) 预制板板端宜预留胡子筋，其长度不宜小于 100 mm；

(3) 预制空心板孔端应有堵头，堵头深度不宜小于 60 mm，并应采用强度等级不低于 C20 的混凝土浇灌密实；

(4) 楼盖的预制板板缝上缘宽度不宜小于 40 mm，板缝大于 40 mm 时应在板缝内配置钢筋，并宜贯通整个结构单元；现浇板缝、板缝梁的混凝土强度等级宜高于预制板的混凝土强度等级；

(5) 楼盖每层宜设置钢筋混凝土现浇层；现浇层厚度不应小于 50 mm，并应双向配置直径不小于 6 mm、间距不大于 200 mm 的钢筋网，钢筋应锚固在梁或剪力墙内。

框架-剪力墙结构中，主体结构构件之间除个别节点外不应采用铰接；梁与柱或柱与剪力墙的中线宜重合。框架梁、柱中心线之间有偏离时，应符合《高层建筑混凝土技术规程》(JGJ 3—2010)第 6.1.7 条的有关规定。

2）结构分析

根据《装配式混凝土结构技术规程》(JGJ 1—2014)中第6.3.1条要求，在各种设计状况下，装配整体式结构可采用与现浇混凝土结构相同的方法进行结构分析。当同一层内既有预制又有现浇抗侧力构件时，地震设计状况下宜对现浇抗侧力构件在地震作用下的弯矩和剪力进行适当放大。装配整体式混凝土框架-现浇剪力墙结构的现浇剪力墙水平地震作用弯矩、剪力建议乘以不小于1.1的增大系数。

3）性能化要求

根据《高层建筑混凝土技术规程》(JCJ 3—2010)中结构抗震性能设计章节表3.11.2的定义，装配整体式混凝土框架-现浇剪力墙结构体系中的“关键构件”是指底部加强部位的剪力墙和柱，其余竖向构件为“普通竖向构件”，“耗能构件”是指框架梁、剪力墙连梁及耗能支撑等。表5.3以结构抗震性能目标D为示意进行了说明。由于底部加强区剪力墙承担绝大部分地震水平力，将底部加强区的剪力墙抗震性能目标提升至C。根据性能化目标要求，底部加强区的框架柱和剪力墙不应作为预制构件，同时考虑结构受力，角柱不建议作为预制竖向构件。

表5.3 构件抗震性能

<table>
<tr><td colspan="3">地震水准</td><td>多遇地震及百年一遇风</td><td>偶遇地震</td><td>罕遇地震</td></tr>
<tr><td rowspan="4">构件性能</td><td rowspan="2">底部加强部位剪力墙</td><td>墙肢</td><td>弹性</td><td>受剪弹性、受弯不屈服</td><td>满足抗剪截面控制条件、抗弯局部屈服</td></tr>
<tr><td>连梁</td><td>弹性</td><td>受剪不屈服、受弯部分屈服</td><td>中度损坏、部分屈服</td></tr>
<tr><td colspan="2">底部加强部位框架柱</td><td>弹性</td><td>受剪弹性、受弯不屈服</td><td>不屈服</td></tr>
<tr><td colspan="2">普通框架柱</td><td>弹性</td><td>不屈服</td><td>部分屈服</td></tr>
<tr><td colspan="3">最大层间位移角</td><td><1/800</td><td>—</td><td><1/100</td></tr>
</table>

5.1.4 构件构造

装配整体式混凝土框架-现浇剪力墙结构采用的预制构件的构造设计与装配整体式框架结构基本一致。

5.2 装配整体式混凝土框架-支撑结构设计

抗震设防烈度为6～8度且房屋高度超过《建筑抗震设计规范》(GB 50011—2010)第6.1.1条规定的钢筋混凝土框架结构最大适用高度时，可采用装配式钢支撑-混凝土框架结构。框架-支撑结构的布置原则如表5.4所示，框架-支撑结构的抗震设计要求如表5.5所示。

表 5.4　框架-支撑结构布置原则

序号	布置原则
1	钢支撑框架应在结构的两个主轴方向同时设置
2	钢支撑宜上下连续布置，当受建筑方案影响无法连续布置时，宜在邻跨延续布置
3	钢支撑宜采用交叉支撑，也可采用人字形支撑或 V 形支撑；采用单支撑时，两方向的斜杆应基本对称布置
4	钢支撑在平面内的布置应避免导致扭转效应；钢支撑之间无大洞口的楼、屋盖的长宽比，宜符合《建筑抗震设计规范》(GB 50011—2010)第 6.1.6 条对抗震墙间距的要求；楼梯间宜布置钢支撑
5	底层的钢支撑框架按刚度分配的地震倾覆力矩应大于结构总地震倾覆力矩的 50%

注：参考《建筑抗震设计规范》(GB 50011—2010)附录 G。

表 5.5　框架-支撑结构抗震设计要求

序号	抗震设计要求
1	结构的阻尼比不应大于 0.045，也可按混凝土框架部分和钢支撑部分在结构总变形能所占的比例折算为等效阻尼比
2	钢支撑框架部分的斜杆，可按端部铰接杆计算；当支撑斜杆的轴线偏离混凝土柱轴线超过柱宽 1/4 时，应考虑附加弯矩
3	混凝土框架部分承担的地震作用，应按框架结构和支撑框架结构两种模型计算，并宜取二者的较大值
4	钢支撑-混凝土框架的层间位移限值，宜按框架和框架-抗震墙结构内插

注：参考《建筑抗震设计规范》(GB 50011—2010)附录 G。

对于普通支撑来说，地震作用超过支撑屈服荷载后，支撑发生整体或局部屈曲，会在该层形成薄弱层而造成结构破坏。另外，普通支撑往往由稳定控制，支撑长细比的限制条件又造成支撑截面过大，需要增强与之相连接的梁柱截面尺寸，进而导致地震作用较大，造价提升。防屈曲支撑在中震或大震作用下均能实现拉压状态下全截面充分屈服耗散地震能量，原来通过主体结构梁端形成塑性铰的耗能方式转变为只在防屈曲支撑部件上集中耗能，使主体结构大部分保持弹性，降低结构的地震损伤，较好地保护主体结构，给震后修复带来方便。框架-屈曲约束支撑结构的优势如表 5.6 所示，框架-传统支撑结构与框架-屈曲约束支撑结构的对比如表 5.7 所示。

表 5.6　框架-屈曲约束支撑结构的优势

序号	结构的优势
1	承载能力比普通支撑提高 2～10 倍
2	屈曲约束支撑受拉与受压承载力差异很小，可大大减小与支撑相邻构件的内力
3	中震或大震作用下均能实现拉压状态下全截面充分屈服耗散地震能量
4	可降低支撑的截面面积，节约工程造价

表 5.7　框架-传统支撑结构与框架-屈曲约束支撑结构对比

地震作用	框架+传统支撑		框架+屈曲约束支撑	
	主体结构	支撑结构	主体结构	屈曲约束支撑
小震	弹性	弹性	弹性	弹性
中震	塑性	屈曲	弹性	塑性(耗能)
大震	修复地震中的受损构件		更换损坏的屈曲约束支撑即可	

屈曲约束支撑框架体系与普通支撑框架体系的设计方法基本相同，但在支撑布置、构件验算、节点设计等方面具有不同点，详见表 5.8。

表 5.8　屈服约束支撑设计特点

设计项目	普通支撑框架	屈曲约束支撑框架
支撑布置	可选用 X 形支撑布置	不可选用 X 形支撑布置
构件验算	小震和风荷载下需要进行稳定承载力验算	小震和风荷载下只进行强度验算，产品本身已经满足稳定性要求
节点设计	根据支撑抗拉屈服承载力设计	根据支撑极限承载力设计
弹塑性时程分析	应采用拉压不对称滞回模型	可采用简单双线型滞回模型

屈曲约束支撑的主要连接形式如表 5.9 所示。

表 5.9　屈曲约束支撑的主要连接形式

高强度螺栓型连接	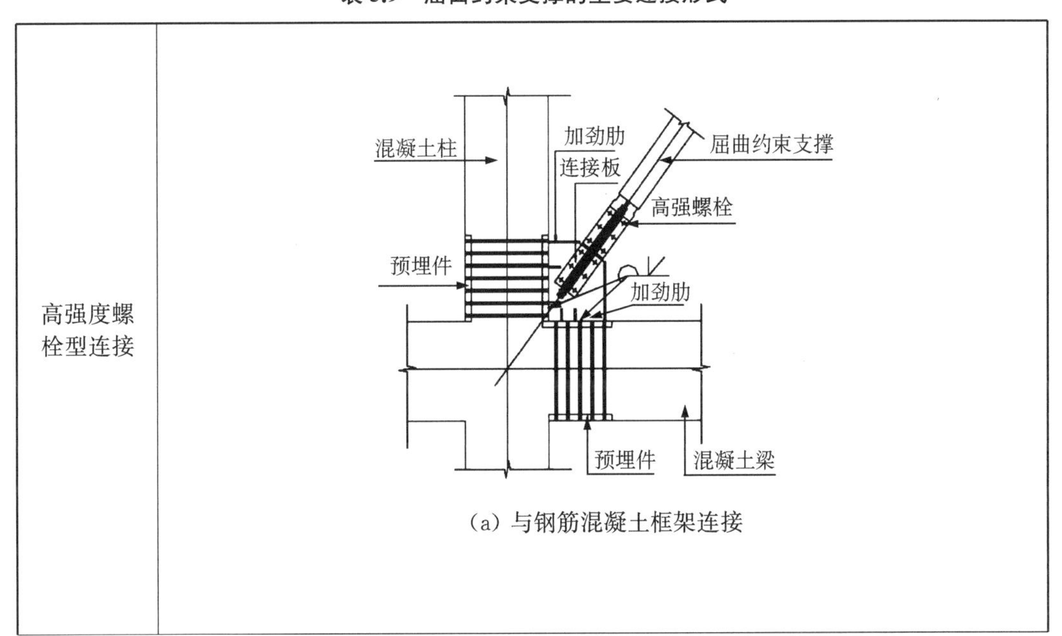 (a) 与钢筋混凝土框架连接

续表

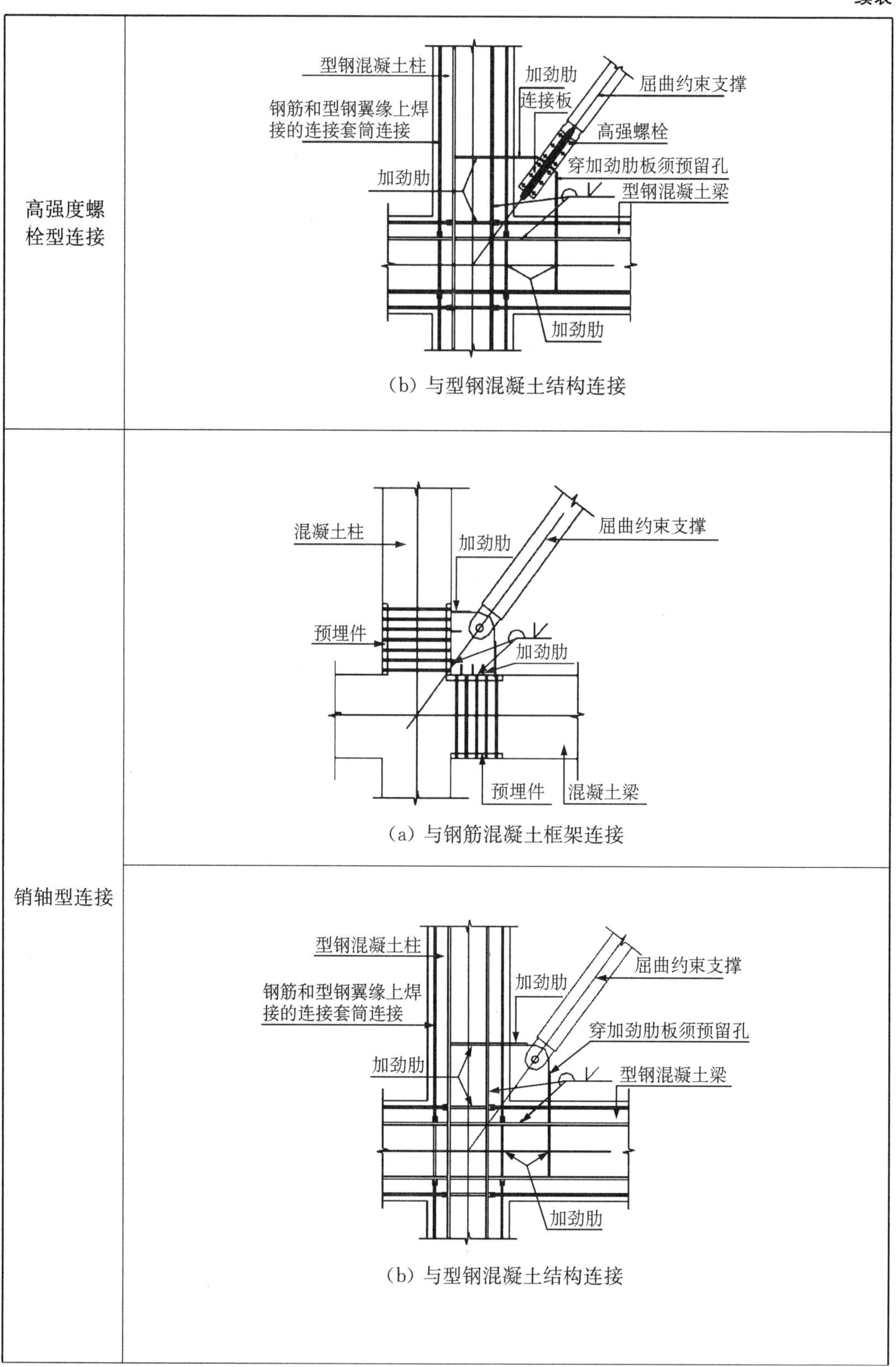

连接类型	图示
高强度螺栓型连接	（b）与型钢混凝土结构连接
销轴型连接	（a）与钢筋混凝土框架连接 （b）与型钢混凝土结构连接

续表

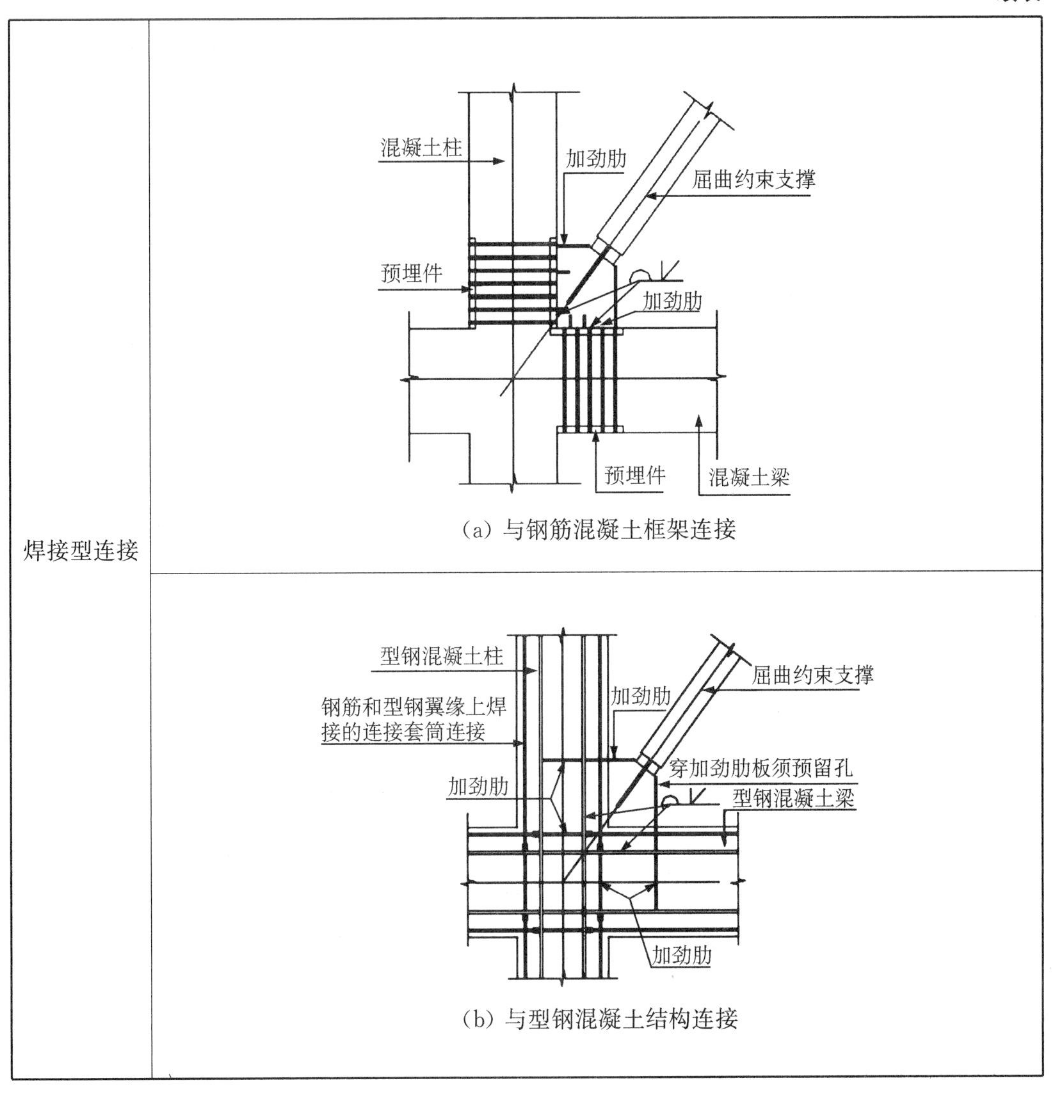

(a) 与钢筋混凝土框架连接

(b) 与型钢混凝土结构连接

6 装配整体式混凝土楼盖设计

6.1 叠合板设计要点

叠合板的适用范围：

(1) 叠合板适用于环境类别为一类的建筑楼面、屋面。

(2) 叠合板适用于非抗震设计及抗震设防烈度为 6～8 度抗震设计的框架结构、剪力墙结构、框架-剪力墙结构。

(3) 叠合板适用于以客厅、卧室、教室、会议室等功能为主的房间，厨房位置的楼盖宜采用现浇设计。当采用叠合板设计时，宜采用整块叠合板设计。卫生间位置的楼盖应采用现浇设计。

房屋的结构转换层、平面受力复杂或开洞过大的楼层、作为上部结构嵌固部位的地下室楼层宜采用现浇楼盖设计；屋面层宜采用现浇楼盖设计，当屋面层采用叠合板设计时，后浇层厚度不宜小于 100 mm。高层装配整体式混凝土结构中，当屋面层采用叠合楼盖设计时，叠合板的后浇混凝土叠合层厚度不应小于 100 mm，且后浇层内应采用双向通长配筋，钢筋直径不宜小于 8 mm，间距不宜大于 200 mm。

6.1.1 叠合板尺寸要求

叠合板长度范围一般取为 2 000～8 000 mm，长度超过 6 000 mm 时宜采用预应力叠合板。

叠合板宽度不宜小于 600 mm，不宜超过 2 500 mm，不应超过 3 500 mm。对长度较长、宽度较宽的预制叠合板，应有可靠措施保证运输过程中的安全。

叠合板总厚度(含现浇层)一般可取为跨度的 1/45～1/30，预制厚度不宜小于 60 mm。叠合板的叠合层混凝土厚度不应小于 60 mm，不宜小于 70 mm。预制厚度不宜超过总厚度的一半，对于预应力叠合板，叠合层厚度不应小于总厚度的一半。

6.1.2 叠合板的计算要求

叠合板正截面受弯承载力计算要求详见叠合梁计算要求。

叠合板的受剪截面除应符合叠合梁计算要求外，还应符合下列要求：

(1) 不配置箍筋和弯起钢筋的一般板类受弯构件，其斜截面受剪承载力应符合下列规定：

$$V \leqslant 0.25\beta_h f_t b h_0$$

$$\beta_h = \left(\frac{800}{h_0}\right)^{1/4}$$

式中：β_h——截面高度影响系数；当 h_0 小于 800 mm 时，取 800 mm；当 h_0 大于 2 000 mm 时，取 2 000 mm；

V——构件斜截面的最大剪力设计值；

f_t——混凝土抗拉强度设计值；

b——截面宽度；

h_0——截面的腹板高度。

(2) 对于不配箍筋的叠合板，当符合叠合界面粗糙度的构造规定时，其叠合面的受剪强度应符合下列公式的要求：

$$\frac{V}{bh_0} \leqslant 0.4$$

叠合板宜按二阶段成型的水平叠合受弯构件进行设计，当预制构件高度不足全截面高度的 40%时，施工阶段应有可靠的支撑。

施工阶段有可靠支撑的叠合受弯构件，可按整体受弯构件设计计算，其正截面受弯承载力、斜截面受剪承载力和叠合面受剪承载力应按《混凝土结构设计规范》(GB 50010—2010)附录 H 计算。施工阶段无支撑的叠合受弯构件，应对底部预制构件及浇筑混凝土后的叠合构件按《混凝土结构设计规范》(GB 50010—2010)附录 H 要求进行二阶段受力计算，具体的计算要求和方法详见叠合梁的计算要求。预应力混凝土叠合板在使用阶段的预应力反拱值可用结构力学方法按预制构件的刚度进行计算。在计算中，预应力钢筋的应力应扣除全部预应力损失；考虑预应力长期影响，可将计算所得的预应力反拱值乘以增大系数 1.75。

在既有结构的楼板、屋盖上浇筑混凝土叠合层的受弯构件，应符合现行国家标准《混凝土结构设计规范》(GB 50010—2010)的有关规定，并按照有关规定进行施工阶段和使用阶段计算。

预制叠合底板截面承载力计算以单根叠合筋和钢筋混凝土板组成的等效组合梁为单元进行，如图 6.1 所示。

1) 预制叠合底板混凝土开裂弯矩

(1) 考虑叠合筋作用时的预制叠合底板截面混凝土开裂弯矩 M_{cr}。

单根叠合筋组成的组合梁混凝土开裂弯矩按下式计算：

$$M_{cr} = W_0 \cdot f_t$$

式中：M_{cr}——预制叠合底板开裂弯矩；

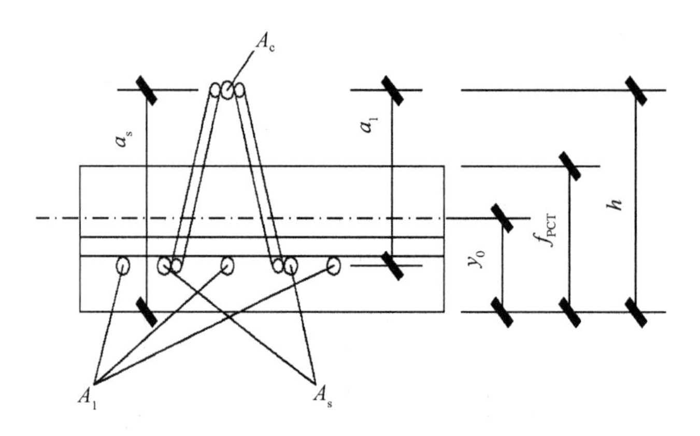

图 6.1　单根叠合筋形成的组合梁断面简图

W_0——等效组合梁截面混凝土受拉边缘弹性抵抗矩；

f_t——预制叠合底板混凝土抗拉强度设计值。

(2) 不考虑叠合筋作用时的截面混凝土开裂弯矩 M'_{cr}。

不考虑叠合筋作用时的预制叠合底板混凝土开裂弯矩按下式计算：

$$M'_{cr}=W\cdot f_t$$

式中：M'_{cr}——不考虑叠合筋作用时预制叠合底板的混凝土开裂弯矩；

W——不考虑叠合筋时 1 m 宽预制叠合底板截面混凝土受拉边缘弹性抵抗矩。

2) 预制叠合底板上弦筋屈服弯矩

预制叠合底板上弦筋屈服弯矩按下式计算：

$$M_{ty}=\frac{1}{1.5}\cdot W_c\cdot f_{yk}\cdot\frac{1}{\alpha_E}$$

式中：M_{ty}——预制叠合底板上弦筋屈服弯矩；

W_c——等效组合梁截面上弦筋受拉/受压弹性抵抗矩；

f_{yk}——上弦筋抗拉强度标准值；

α_E——钢筋与预制叠合底板混凝土的弹性模量之比，$\alpha_E=E_s/E_c$。

3) 预制叠合底板上弦筋失稳弯矩

预制叠合底板上弦筋失稳弯矩按下式计算：

$$M_{tc}=A_{sc}\cdot\sigma_{sc}\cdot h_s$$

式中：M_{tc}——预制叠合底板上弦筋失稳弯矩；

A_{sc}——上弦筋面积；

h_s——下弦筋和上弦筋的形心距离；

σ_{sc}——上弦筋失稳应力(N/mm^2)，根据上弦筋长细比 λ 按下式计算：

$$\sigma_{sc}=\begin{cases}f_{yk}-\eta\lambda & (\lambda\leqslant 107)\\ \dfrac{\pi^2}{\lambda^2}\cdot E_s & (\lambda>107)\end{cases}$$

式中：η——长细比影响系数，对应于 HRB335 及 HRB400 级钢筋分别取 $\eta=1.5212$ 和 $\eta=2.1286$；

λ——上弦筋长细比，$\lambda=l/i_r$，其中 l 为上弦筋焊接节点间距，取 $l=200$ mm；

i_r——上弦筋截面回转半径；

E_s——钢筋弹性模量，$E_s=2.0\times10^5$ N/mm^2。

4）预制叠合底板下弦筋及板内分布钢筋屈服弯矩

预制叠合底板下弦筋及板内分布钢筋屈服弯矩按下式计算：

$$M_{cy}=\frac{1}{1.5}\cdot(A_1\cdot f_{1yk}\cdot d_1+A_s\cdot f_{syk}\cdot d_s)$$

式中：M_{cy}——预制叠合底板下弦筋及板内分布钢筋屈服弯矩；

A_1——与桁架筋平行的板内分布钢筋配筋面积；

A_s——下弦筋面积；

f_{1yk}——与桁架筋平行的板内分布钢筋抗拉强度标准值；

f_{syk}——下弦筋抗拉强度标准值；

d_s——下弦筋和上弦筋的形心距离；

d_1——与桁架筋平行的板内分布钢筋形心到上弦筋形心的距离。

5）预制叠合底板桁架筋斜筋失稳剪力

预制叠合底板叠合筋斜筋失稳剪力按下式计算：

$$V=\frac{2}{1.5}N\sin\varphi\sin\phi$$

式中：V——预制叠合底板桁架筋斜筋失稳剪力；

φ、ϕ——斜筋倾角，见图 6.2。

其中：

$$\varphi=\arctan(H/100),\phi=\arctan(2H/b_0')$$

式中：H——叠合筋外包高度；

b_0'——下弦筋外包距离。

其中：

$$N=\sigma_{sr}\cdot A_f$$

式中：A_f——斜筋横截面积；

σ_{sr}——斜筋应力，根据斜筋自由段长细比 λ 按下式计算：

$$\sigma_{sr}=\begin{cases}f_{yk}-\eta\lambda & (\lambda\leqslant 99)\\ \dfrac{\pi^2}{\lambda^2}\cdot E_s & (\lambda>99)\end{cases}$$

式中：f_{yk}——斜筋强度标准值(N/mm²)；

η——长细比影响系数，对应于 HPB235、HRB335 及 HRB400 级钢筋分别取 $\eta=0.3415$，$\eta=1.3516$ 和 $\eta=2.0081$；

λ——斜筋自由段长细比，$\lambda=0.7l_r/i_r$，其中 l_r 为斜筋自由段长度，见图 6.2，l_r 根据下式计算：

$$l_r=\sqrt{H^2+\left(\frac{b'_0}{2}\right)^2+\left(\frac{l}{2}\right)^2}-t_R\sin\phi/\sin\varphi$$

式中：t_R——下弦筋下表面至预制叠合底板内表面的距离，见图 6.2；

b'_0——下弦筋外包距离；

l——斜筋焊接节点水平距离；

H——桁架筋外包高度。

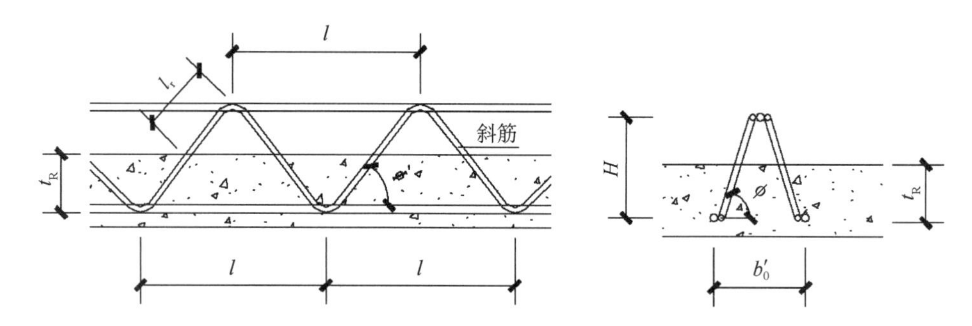

图 6.2　预制叠合底板桁架筋斜筋失稳剪力计算截面参数图示

预制叠合底板脱模、存放、安装时应进行底板混凝土开裂、上弦筋受拉屈服、上弦筋失稳、分布钢筋屈服及斜筋失稳验算，验算结果应满足以下要求：

(1) 组合梁混凝土受拉弯矩小于考虑桁架筋作用时的开裂弯矩，即 $M_{max}\leqslant M_{cr}$；

(2) 组合梁上弦筋受拉、受压弯矩小于上弦筋屈服弯矩，即 $M_{max}\leqslant M_{ty}$；

(3) 组合梁上弦筋受压弯矩小于上弦筋失稳弯矩，即 $M_{max}\leqslant M_{tc}$；

(4) 组合梁下弦筋及预制叠合底板分布钢筋受拉、受压弯矩小于下弦筋屈服弯矩，即 $M_{max}\leqslant M_{cy}$；

(5) 组合梁支座剪力小于斜筋失稳剪力，即 $V_{max}\leqslant V$。

6.1.3　板缝设计

叠合板可根据预制板接缝构造、支座构造、长宽比按单向板或双向板设计。当预制板之间采用分离式接缝[图 6.3(a)]时，宜按单向板设计。对长宽比不大于 3 的四边支承叠合板，当其预制板之间采用整体式接缝[图 6.3(b)]或无接缝[图 6.3(c)]时，可按双向板设计。

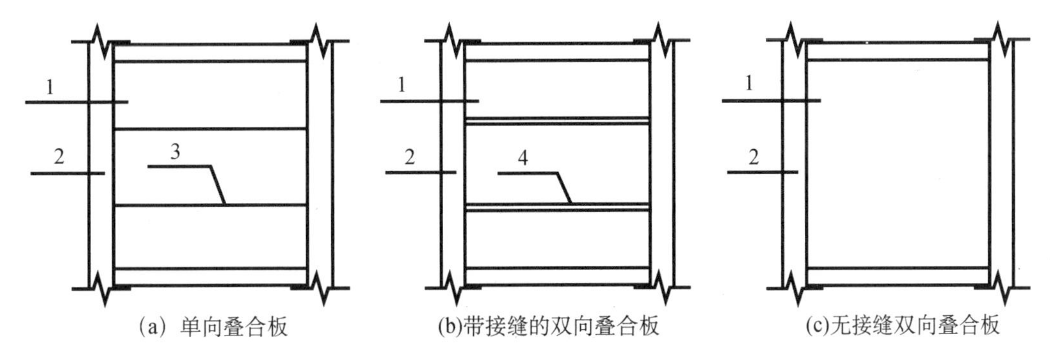

图 6.3　叠合板的预制板布置形式示意图

1—预制板；2—梁或墙；3—板侧分离式接缝；4—板侧整体式接缝

单向叠合板板侧的分离式接缝宜配置附加钢筋(图 6.4),并应符合下列规定：

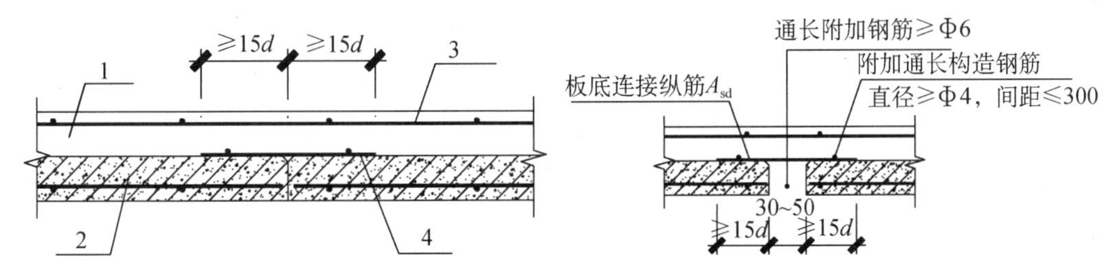

图 6.4　单向叠合板板侧分离式拼缝构造示意图(单位:mm)

1—后浇混凝土叠合层；2—预制板；3—后浇层内钢筋；4—附加钢筋

(1) 接缝处紧邻预制板顶面宜设置垂直于板缝的附加钢筋,附加钢筋伸入两侧后浇混凝土叠合层的锚固长度不应小于 15d(d 为附加钢筋直径)；

(2) 附加钢筋截面面积不宜小于预制板中该方向钢筋面积,钢筋直径不宜小于 6 mm、间距不宜大于 250 mm。

叠合板下部拼缝应根据需要采用填充材料分层压实填平,填充材料可用掺纤维丝的混合砂浆,表面可粘贴纤维网格布等柔性材料,也可采用其他有成熟经验的填缝材料。填充前,拼缝内应清理干净。

双向叠合板板侧的整体式接缝宜设置在叠合板的次要受力方向且宜避开最大弯矩截面。接缝可采用后浇带形式(图 6.5),此时后浇带宽度不宜小于 200 mm;后浇带两侧板底纵向受力钢筋可在后浇带中焊接、搭接、弯折锚固、机械连接;当后浇带两侧板底纵向受力钢筋在后浇带中搭接连接时,应符合下列规定：

(1) 预制板板底外伸钢筋为直线形[图 6.5(a)]时,钢筋搭接长度应符合现行国家标准《混凝土结构设计规范》(GB 50010—2010)的有关规定；

(2) 预制板板底外伸钢筋端部为 90°或 135°弯钩[图 6.5(b)(c)]时,钢筋搭接长度应符合现行国家标准《混凝土结构设计规范》(GB 50010—2010)有关钢筋锚固长度的规定,90°和 135°弯钩钢筋弯后直段长度分别为 12d 和 5d(d 为钢筋直径)。

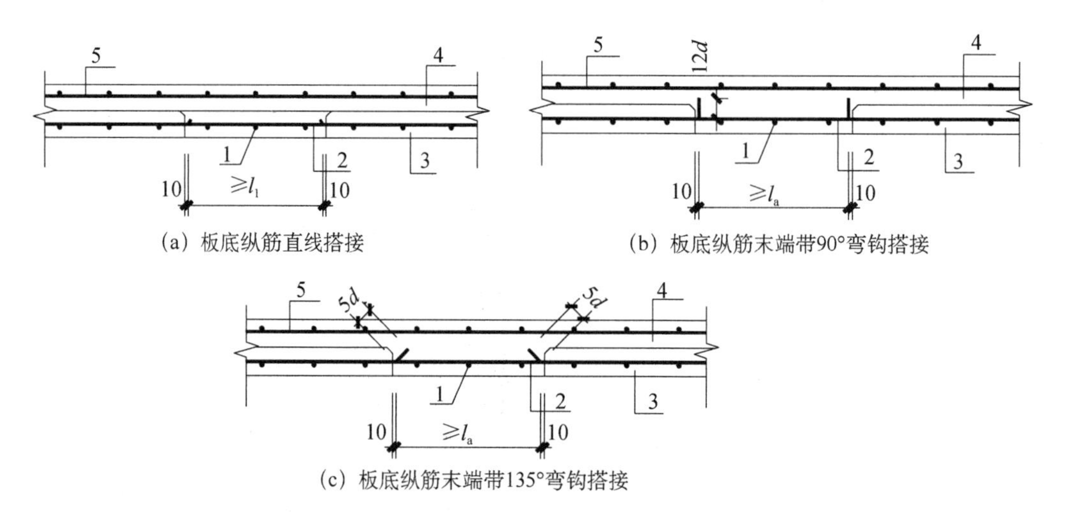

(a) 板底纵筋直线搭接　　(b) 板底纵筋末端带90°弯钩搭接

(c) 板底纵筋末端带135°弯钩搭接

图 6.5　双向叠合板整体式接缝构造示意图(单位:mm)

1—通长钢筋；2—纵向受力钢筋；3—预制板；4—后浇混凝土叠合层；5—后浇层内钢筋

(3) 接缝处预制板侧伸出的纵向受力钢筋应在后浇混凝土叠合层内锚固，且锚固长度不应小于 l_a。两侧钢筋在接缝处重叠的长度不应小于 $10d$，钢筋弯折角度不应大于 30°，弯折处沿接缝方向应配置不少于 2 根通长构造钢筋，且直径不应小于该方向预制板内钢筋直径(图 6.6)。

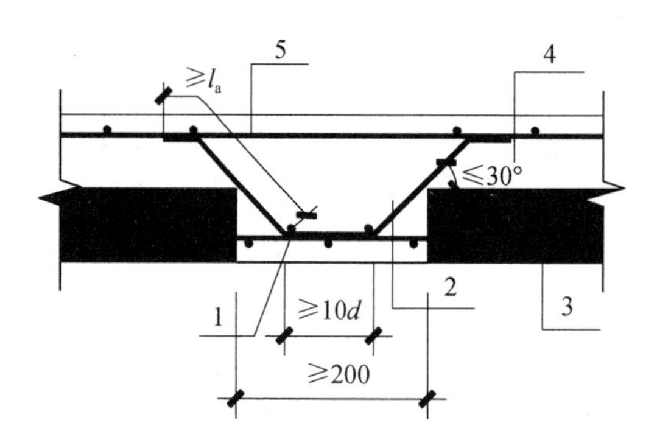

图 6.6　双向叠合板整体式接缝构造示意图(单位:mm)

1—通长构造钢筋；2—纵向受力钢筋；3—预制板；4—后浇混凝土叠合层；5—后浇层内钢筋

6.1.4　叠合板的短暂工况验算

预制构件在翻转、运输、吊运、安装等短暂设计状况下的施工验算，应将构件自重标准值乘以动力系数后作为等效静力荷载标准值。构件运输、吊运时，动力系数宜取 1.5；构件翻转及安装过程中就位、临时固定时，动力系数可取 1.2。

预制构件进行脱模验算时，等效静力荷载标准值应取构件自重标准值乘以动力系数后与脱模吸附力之和，且不宜小于构件自重标准值的 1.5 倍。动力系数与脱模吸附力应符合下列规定：动力系数不宜小于 1.2；脱模吸附力应根据构件和模具的实际状况取用，且不宜小于 1.5 kN/m^2。

预制构件中的预埋吊件及临时支撑，宜按下式进行计算：

$$K_c S_c \leqslant R_c$$

式中：K_c——施工安全系数，可按表 6.1 的规定取值；当有可靠经验时，可根据实际情况适当增减；

S_c——施工阶段荷载标准组合作用下的效应值，施工阶段的荷载标准值按现行国家标准《混凝土结构工程施工规范》(GB 50666—2011)的有关规定取值；

R_c——按材料强度标准值计算或根据试验统计确定的预埋吊件、临时支撑、连接件的承载力；对于复杂或特殊情况，宜通过试验确定。

表 6.1 预埋吊件及临时支撑的施工安全系数 K_c

项目	施工安全系数(K_c)
临时支撑	2
临时支撑的连接件 预制构件中用于连接临时支撑的预埋件	3
普通预埋吊件	4
多用途的预埋吊件	5

注：对采用 HPB300 钢筋吊环形式的预埋吊件，应符合现行国家标准《混凝土结构设计规范》(GB 50010—2010)的有关规定。

6.2 钢筋混凝土叠合板

6.2.1 钢筋混凝土叠合板设计

钢筋混凝土叠合板的混凝土强度等级不宜低于 C25。跨度大于 3 000 mm 的叠合板，宜采用桁架钢筋混凝土叠合板。桁架钢筋混凝土叠合板的跨度为 2 400～6 000 mm，一般以 300 mm 为模数递进。布置底板时，应尽量统一板型。单向板底板之间采用分离式接缝，可在任意位置拼接。双向板底板之间采用整体式接缝，接缝位置宜设置在叠合板的次要受力方向上且受力较小处。

钢筋桁架混凝土叠合板挠度控制为 $l_0/200$(l_0 为叠合板的标志跨度)。

钢筋桁架混凝土叠合板预制底板使用阶段的计算和验算如下：

在进行承载能力极限状态验算时，钢筋桁架混凝土叠合板底板的各控制截面弯矩可按下式计算：

$$M = \alpha q l_0^2$$

式中：M——叠合板单位宽度弯矩设计值；

α——弯矩系数，按表 6.2 取值；

l_0——计算跨度，取为板的标志跨度；

q——基本组合设计值。

表 6.2　连续叠合板弯矩系数

弯矩位置	端跨跨中	端跨内支座	中间跨跨中	中间支座
弯矩系数	0.0714	−0.0909(−0.1)	0.0625	−0.0714

注：1. 表中系数适用于可变荷载标准值与永久荷载标准值之比大于 0.3 的等跨(相邻跨差小于 20%)连续板。
2. 括号内数字用于两跨连续板。

在钢筋桁架混凝土叠合板预制底板进行正常使用极限荷载状态验算时，荷载应按下列情况考虑：

标准组合设计值：$q_c = G_k + Q_k$

准永久组合设计值：$q_q = G_k + \psi_q Q_k$

其中，ψ_q 为准永久值系数，G_k 为重力荷载标准值，Q_k 为可变荷载标准值。

钢筋桁架混凝土叠合板预制底板在施工过程中所承受的荷载，应考虑现浇层的重量和施工荷载，施工荷载取 1.5 kN/m^2。

在脱模、堆放、运输及吊装各个阶段产生的构件正截面边缘混凝土法向拉应力，应不大于与各施工环节的混凝土立方体抗压强度相应的抗拉强度标准值。

6.2.2　钢筋混凝土叠合板构造

底板与后浇混凝土叠合层之间的结合面应做成凹凸深度不小于 4 mm 的人工粗糙面，粗糙面的面积不小于结合面的 80%。

叠合板支座处的纵向钢筋应符合下列规定：

(1) 板端支座处，预制板内的纵向受力钢筋宜从板端伸出并锚入支承梁或墙的后浇混凝土中，锚固长度不应小于 $5d$(d 为纵向受力钢筋直径)，且宜伸过支座中心线[图 6.7(a)]。；

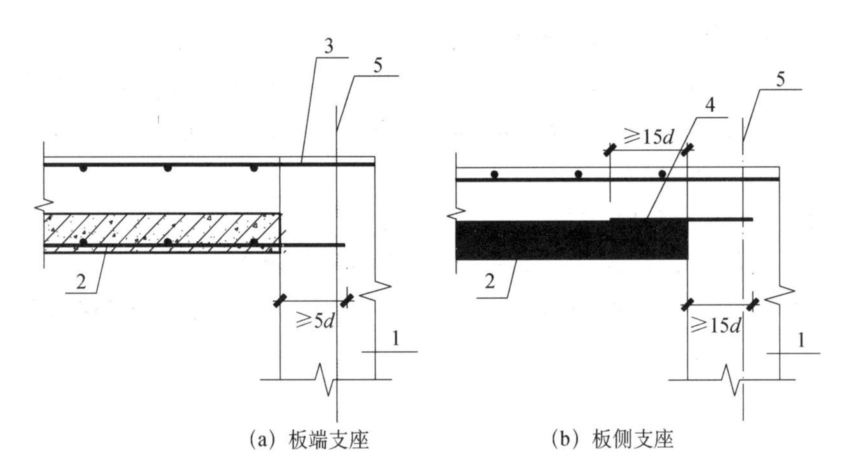

图 6.7　叠合板端及板侧支座构造示意图

1—支承梁或墙；2—预制板；3—纵向受力钢筋；4—附加钢筋；5—支座中心线

(2) 单向叠合板的板侧支座处，当预制板内的板底分布钢筋伸入支承梁或墙的后浇混凝土中时，应符合《装配式混凝土结构技术规程》(JGJ 1—2014)第 6.6.4 条第 1 款的要求；当板底分布钢筋不伸入支座时，宜在紧邻预制板顶面的后浇混凝土叠合层中设置附加钢筋，附加钢筋截面面积不宜小于预制板内的同向分布钢筋面积，间距不宜大于 600 mm，在板的后浇混凝土叠合层内锚固长度不应小于 15d，在支座内锚固长度不应小于 15d(d 为附加钢筋直径)且宜伸过支座中心线[图 6.7(b)]。

当桁架钢筋混凝土叠合板的后浇混凝土叠合层厚度不小于 100 mm 且不小于预制板厚度的 1.5 倍时，支承端预制板内纵向受力钢筋可采用间接搭接方式锚入支承梁或墙的后浇混凝土中(图 6.8)，此时附加钢筋的面积应通过计算确定，且不应少于受力方向跨中板底钢筋面积的 1/3；且附加钢筋直径不宜小于 8 mm，间距不宜大于 250 mm。

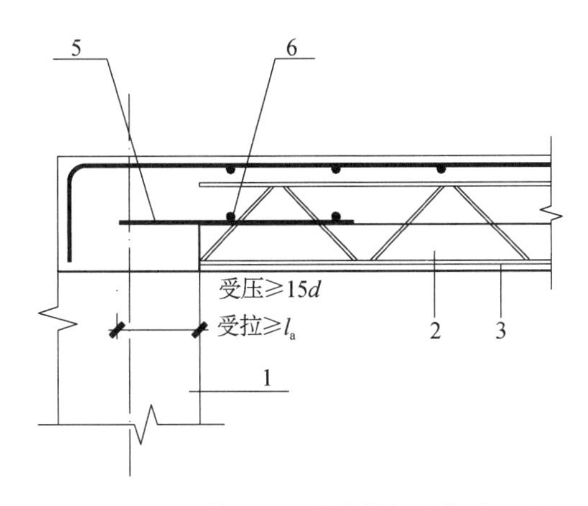

图 6.8 桁架钢筋混凝土叠合板板端构造示意图

1—支承梁或墙；2—预制板；3—板底钢筋；4—桁架钢筋；5—附加钢筋；6—横向分布钢筋

(3) 当附加钢筋为构造钢筋时，伸入楼板的长度不应小于与板底钢筋的受压搭接长度，伸入支座的长度不应小于 15d(d 为附加钢筋直径)且宜伸过支座中心线；当附加钢筋承受拉力时，伸入楼板的长度不应小于与板底钢筋的受拉搭接长度，伸入支座的长度不应小于受拉钢筋锚固长度。

(4) 垂直于附加钢筋的方向应布置横向分布钢筋，在搭接范围内不宜少于 3 根，且钢筋直径不宜小于 6 mm，间距不宜大于 250 mm。

桁架钢筋混凝土叠合板应满足下列要求：

(1) 桁架钢筋应沿叠合板长边方向布置，桁架钢筋端部到板边的距离不应超过 100 mm。

(2) 桁架钢筋距板边不应大于 300 mm，间距不宜大于 600 mm。

(3) 桁架钢筋弦杆钢筋直径不宜小于 8 mm，腹杆钢筋直径不应小于 4 mm；桁架钢筋弦杆钢筋宜采用 HRB400 钢筋，桁架钢筋腹杆钢筋宜采用 HPB300 钢筋。

(4) 桁架钢筋弦杆混凝土保护层厚度不应小于 15 mm。

(5) 桁架钢筋应由专业焊接机械制作，腹杆钢筋与上、下弦钢筋的焊接应采用电阻点焊；桁架钢筋焊点的抗剪力应不小于腹杆钢筋规定屈服力值的 0.6 倍。

当未设置桁架钢筋时，在下列情况下，叠合板的预制板与后浇混凝土叠合层之间应设置抗剪构造钢筋：

(1) 单向叠合板跨度大于 4.0 m 时，距支座 1/4 跨范围内；

(2) 双向叠合板短向跨度大于 4.0 m 时，距四边支座 1/4 短跨范围内；

(3) 悬挑叠合板；

(4) 悬挑板的上部纵向受力钢筋在相邻叠合板的后浇混凝土 1/4 短跨范围内。

叠合板的预制板与后浇混凝土叠合层之间设置的抗剪构造钢筋应符合下列规定：

(1) 抗剪构造钢筋宜采用马凳形状，间距不宜大于 400 mm，钢筋直径 d 不应小于 6 mm；

(2) 马凳钢筋宜伸到叠合板上、下部纵向钢筋处，预埋在预制板内的总长度不应小于 $15d$，水平段长度不应小于 50 mm。

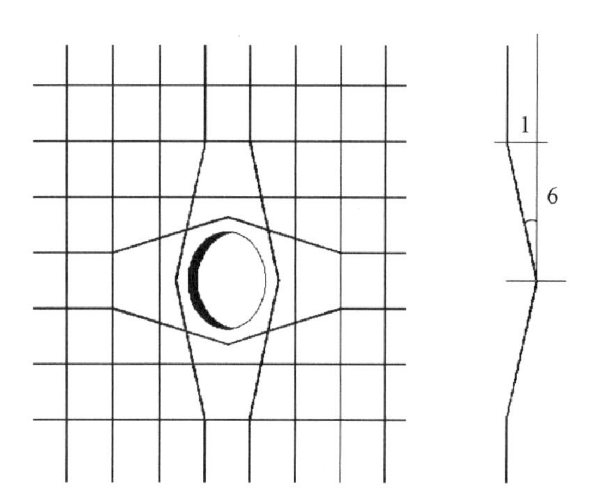

图 6.9 圆形洞口直径(或矩形洞口边长)不小于 300 mm 时钢筋构造

注：受力钢筋绕过洞口不另设补强钢筋。

桁架钢筋混凝土叠合板底板水电及施工洞口应在制作时预留，且应满足以下要求：

(1) 开洞位置应避开桁架钢筋的位置；

(2) 当洞口直径(或边长)小于 300 mm 时，受力钢筋绕过洞口，不得切断；当洞口直径(或边长)大于等于 300 mm 时，具体处理方法应参照图集《混凝土结构施工图平面整体表示方法制图规则和构造详图》(图 6.9)。洞口距离板边尺寸应大于 50 mm，且 50 mm 范围内至少保证有一根钢筋通过，当不满足 50 mm 时，制作时应将洞口扩大至板边，待浇筑叠层混凝土时补上空缺的板块。

开洞底板在制作、堆放、运输、安装过程中应进行专门的施工验算或采取可靠的技术措施。

桁架钢筋混凝土叠合板底板第一根钢筋距离板边尺寸不应大于 50 mm，预制底板与现浇板带之间第一根钢筋的间距不应大于 1/2 板筋间距(图 6.10)。

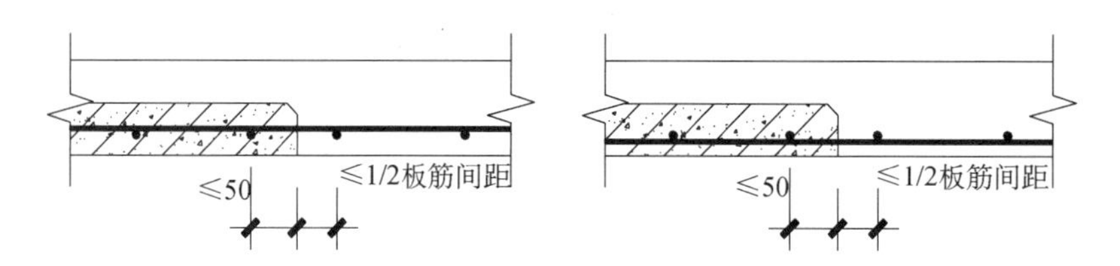

图 6.10 混凝土叠合板板底纵向钢筋排布要求

6.2.3 混凝土叠合板的材料、制作、堆放及运输要求

钢筋桁架混凝土叠合板预制底板的材料、制作与堆放应符合《装配式混凝土结构技术

规程》(JGJ 1—2014)及《混凝土结构工程施工规范》(GB 50666—2011)的规定。

在浇筑混凝土前,应进行预制构件的隐蔽工程检查,包括钢筋的牌号、规格、数量、位置、间距、保护层厚度等,预埋件的规格、数量、位置等。

采用洒水、覆盖等方式进行常温养护时,养护时间应符合相关标准的要求。

脱模起吊时,混凝土强度不应低于设计强度的75%,且不应小于15 N/mm^2。

钢筋桁架混凝土叠合板预制底板的堆放应满足下列要求:

(1) 堆放场地应平整、坚实,并应有排水措施;

(2) 钢筋桁架应朝上,标识宜朝向堆垛间的通道;

(3) 构件支垫应坚实,垫块在构件下的位置宜与脱模、吊装时的起吊位置一致;

(4) 重叠堆放构件时,每层构件间的垫块应上下对齐,堆垛层数应根据构件、垫块的承载能力确定,并应根据需要采取防止堆垛倾覆的措施。

堆放或运输构件时,应采取防止构件产生裂缝的措施。

运输时要设法在支点处绑扎牢固,以防移动或跳动,在板的边部或绳索接触处的混凝土应采用衬垫加以保护。

6.2.4 检测及验收要求

构件的质量验收及结构性能检验的方法与数量应符合《混凝土结构工程施工质量验收规范》(GB 50204—2015)的相关要求。

钢筋桁架混凝土叠合板预制底板进行结构性能检验时,试件的支撑间距不应大于1600 mm,裂缝控制应符合《混凝土结构工程施工质量验收规范》(GB 50204—2015)第6.2.1条的要求,挠度不应大于 $l/400$(l 为支撑间距),检验堆载应按第6.2.1条的规定取值。检验堆载布置如图6.11所示,检验堆载方式应采用分级加载。

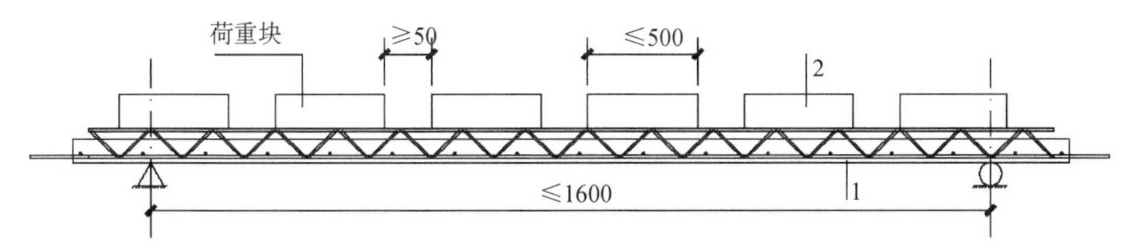

图6.11 试验板堆载示意图(单位:mm)

1—钢筋桁架混凝土叠合板底板;2—荷重块

6.3 预应力混凝土叠合板

6.3.1 预应力混凝土叠合板设计

预应力混凝土叠合板设计具体要求同预应力混凝土梁。一般跨度超过6 m宜采用预应力混凝土叠合板,跨度不超过6 m可选用预应力混凝土叠合板。

预应力混凝土叠合板的混凝土强度等级不应小于C40,预应力筋的张拉控制应力σ_{con}取$0.8f_{ptk}$。预应力钢丝张拉工艺采用一次张拉,张拉力为$0\rightarrow1.03\sigma_{con}$。预应力筋放张时,混凝土强度不得低于混凝土设计立方体抗压强度标准值的75%,且应符合设计及计算要求。

预应力混凝土叠合板跨中允许最大挠度为$l_0/250$(l_0为叠合板计算跨度,可取两端支撑长度的中心距)。

预应力混凝土叠合板的跨中裂缝控制等级为二级,即一般要求不出现裂缝。叠合板支座顶面的裂缝宽度对室内正常环境最大裂缝宽度限值取0.3 mm。

预应力混凝土叠合板在使用阶段的计算和验算应符合下列规定:

考虑预应力混凝土叠合板与叠合层混凝土完全粘结成整体,按等跨连续板计算(当相邻跨度差小于10%时,可视为等跨)。荷载按均布荷载设计值计算。连续板考虑塑性内力重分布及两种混凝土收缩差的影响。

叠合板跨中及支座弯矩按下列公式计算:

$$M=\alpha ql_0^2$$

式中:M——叠合板单位宽度弯矩设计值;

α——弯矩系数,按表6.3取值;

l_0——计算跨度;

q——基本组合设计值。

表6.3 连续叠合板弯矩系数

弯矩位置	端跨跨中	端跨内支座	中间跨跨中	中间支座
弯矩系数	0.0900	−0.1125	0.0625	−0.0750

正常使用极限荷载状态验算时,荷载应按下列情况考虑:

标准组合设计值: $q_c=G_k+Q_k$

准永久组合设计值: $q_q=G_k+\psi_qQ_k$

式中:ψ_q——准永久值系数;

G_k——重力荷载标准值;

Q_k——可变荷载标准值。

预应力混凝土构件在各阶段的预应力损失值应符合《混凝土结构设计规范》(GB 50010—2010)相关规定。

6.3.2 预应力混凝土叠合板构造

预应力混凝土叠合板叠合面应为粗糙面,一般情况符合6.1.2节中规定$V/bh_0\leqslant0.4$时,可不另设桁架及抗剪钢筋。当预应力混凝土叠合板应用于大跨度、重荷载的情况时,应在叠合面增设桁架筋或抗剪构造钢筋。预应力混凝土叠合板内受力主筋数量不少于 5.5 根/m。吊筋应锚固在预应力筋下方，吊筋平面应与预应力筋平行。预应力混凝土叠合板表面应加工成粗糙面，条形纹中距不大于 100 mm，凹凸差约为 4～5 mm。

先张法预应力筋之间的净间距不宜小于其公称直径的 2.5 倍和混凝土粗骨料最大粒径的 1.25 倍，且应符合下列规定：预应力钢丝不应小于 20 mm。当混凝土振捣密实性具有可靠保证时，净间距可放宽为最大粗骨料粒径的 1.0 倍。

先张法预应力混凝土板端部宜采取下列构造措施：

(1) 采用预应力钢丝配筋的薄板，在板端 100 mm 长度范围内宜适当加密横向钢筋，其数量不应少于 2 根；

(2) 槽形板类构件，应在构件端部 100 mm 长度范围内沿构件板面设置附加横向钢筋，其数量不应少于 2 根。

预制肋形板，宜设置加强其整体性和横向刚度的横肋，端横肋的受力钢筋应弯入纵肋内。当采用先张长线法生产有端横肋的预应力混凝土肋形板时，应在设计和制作上采取防止放张预应力时端横肋产生裂缝的有效措施。

6.4 其他(阳台板、空调板)

阳台板、空调板适用于非抗震设计及抗震设防烈度为 6～8 度抗震设计的框架结构、剪力墙结构、框架-剪力墙结构。

阳台板、空调板宜采用叠合构件或预制构件。预制构件应与主体结构可靠连接；叠合构件的负弯矩钢筋应在相邻叠合板的后浇混凝土中可靠锚固，叠合构件中预制板底钢筋的锚固应符合下列规定：

(1) 当板底为构造配筋时，其钢筋锚固应符合现行行业标准《装配式混凝土结构技术规程》(JGJ 1—2014)的相关规定；

(2) 当板底为计算要求配筋时，钢筋应满足受拉钢筋的锚固要求。

预制阳台板、预制空调板的预埋件锚板宜采用 Q235-B 钢材制作。预埋件的锚筋应采用 HRB400 钢筋，抗拉强度设计值 f_y 取值不应大于 300 N/mm^2，锚筋严禁采用冷加工钢筋。

预制阳台板、预制空调板的金属件设计应考虑环境类别的影响，所有外露金属件(连接件、结构预埋件)应在设计时提出耐久性防腐性措施，明确工程应用的材质选择和防腐蚀做法，并应考虑在长期使用条件下金属件腐蚀的安全储备量。

密封材料、背衬材料等应满足国家现行有关标准的要求。

6.4.1 预制阳台板

阳台板按构件类型分类为叠合板式阳台、全预制板式阳台、全预制梁式阳台。其中，叠合板式阳台、全预制板式阳台沿悬挑长度方向不宜超过 1 400 mm，全预制梁式阳台悬挑长度方向不宜超过 1 800 mm。结构安全等级为二级，结构重要性系数 $\gamma_0=1.0$，设计使用年限为 50 年。正常使用阶段裂缝控制等级为三级，最大裂缝宽度允许值为 0.2 mm。挠度限值取构件计算跨度的 1/200，阳台板悬挑方向的计算跨度取阳台板悬挑长度 l_0 的两倍。

预制阳台板纵向受力钢筋宜在后浇混凝土内直线锚固，当直线锚固长度不足时可采用弯钩和机械锚固方式。

封闭式阳台结构标高与室内楼面结构标高相同或比室内楼面结构标高低 20 mm，开敞式阳台结构标高比室内结构标高低 50 mm。

预制阳台板的金属栏杆、铝合金窗应根据电气专业的设计要求设置防雷接地。

预制阳台板内埋设管线时，所铺设管线应放在板下层钢筋之上、板上层钢筋之下且管线应避免交叉，管线的混凝土保护层不应小于 30 mm。叠合板式阳台内埋设管线时，所铺设管线应放在现浇层内、板上层钢筋之下，在桁架筋空当间穿过。预制阳台板预留孔尺寸、位置、数量需与设备专业协调后，具体确定。

三种类型的预制阳台板与主体结构安装示意图如图 6.12 所示。

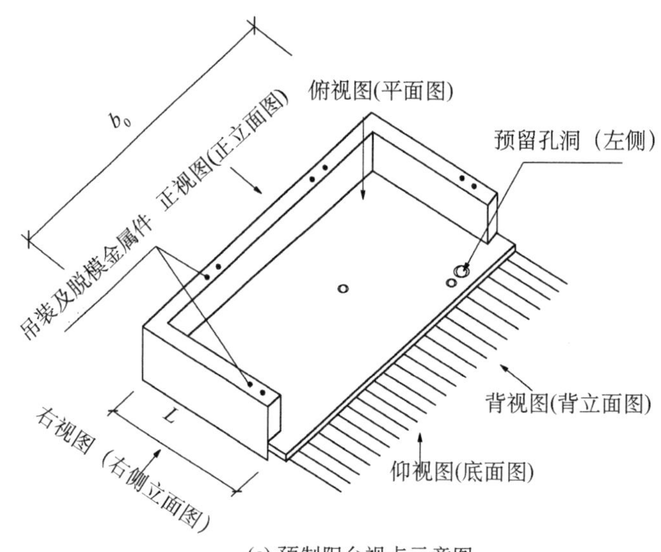

(a) 预制阳台视点示意图

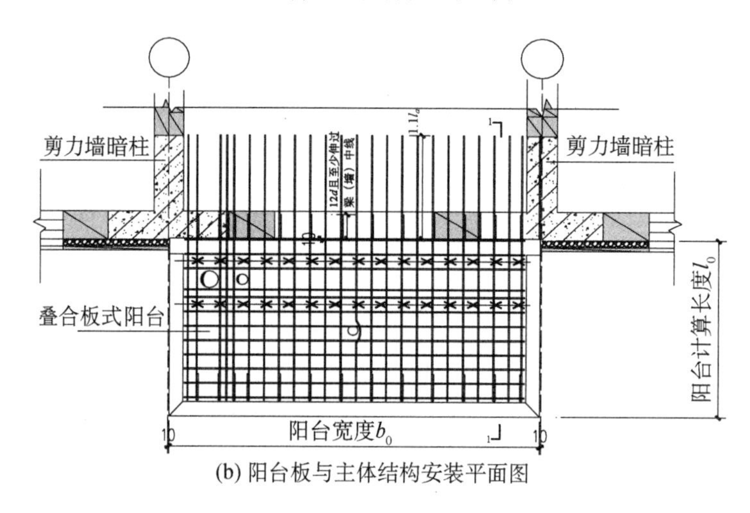

(b) 阳台板与主体结构安装平面图

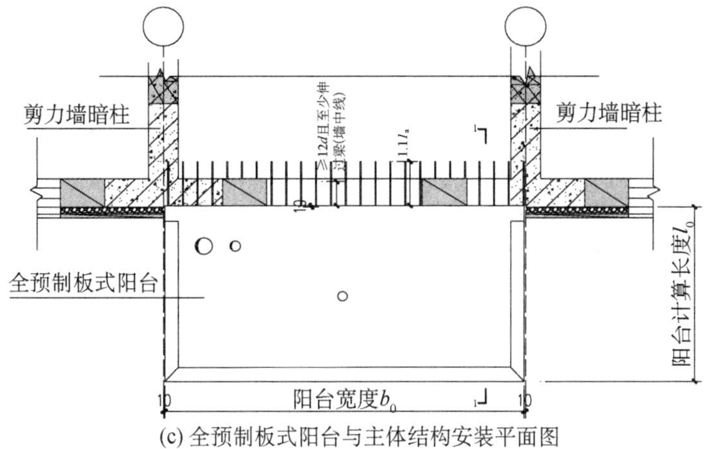

(c) 全预制板式阳台与主体结构安装平面图

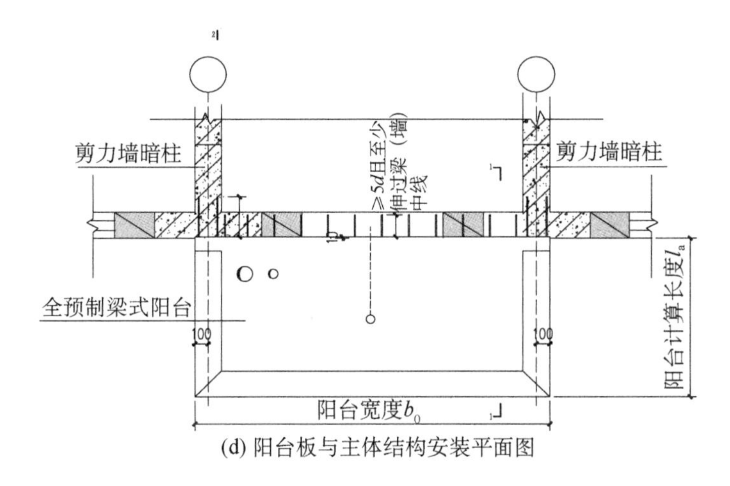

(d) 阳台板与主体结构安装平面图

图 6.12 预制阳台板与主体结构安装示意图

6.4.2 预制空调板

预制空调板的结构安全等级为二级，结构重要性系数 $\gamma_0=1.0$，设计使用年限为 50 年。正常使用阶段裂缝控制等级为三级，最大裂缝宽度允许值为 0.2 mm。挠度限值取构件计算跨度的 1/200，阳台板悬挑方向的计算跨度取阳台板悬挑长度 l_0 的 2 倍。

预制空调板按照板顶结构标高与楼板板顶结构标高一致进行设计。

预制空调板预留负弯矩筋伸入主体结构后浇层，并与主体结构梁板钢筋可靠绑扎，浇筑成整体，负弯矩筋伸入主体结构水平段长度不应小于 $1.1l_a$。

预制空调板预留孔尺寸、位置、数量需与设备专业协调后，具体确定。

预制空调板的配筋图如图 6.13 所示。

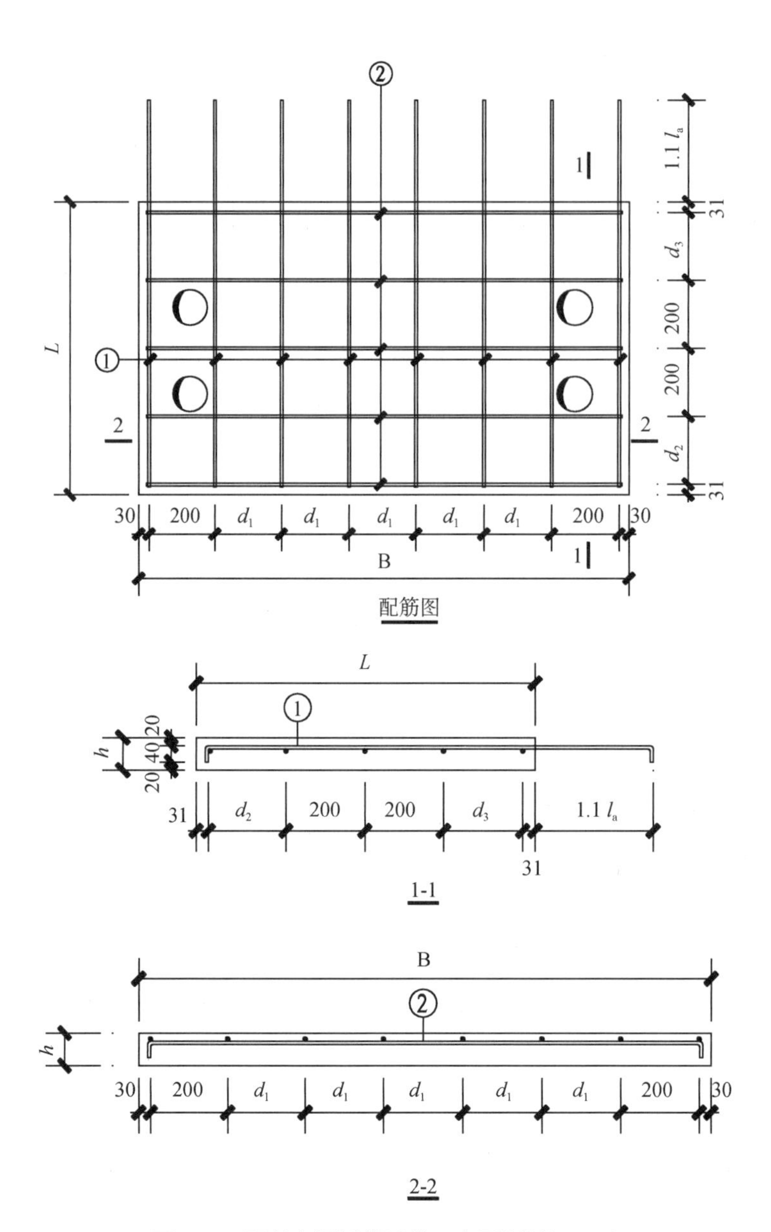

图 6.13　预制空调板的配筋示意图(单位:mm)

7 预制楼梯设计

7.1 一般规定

预制楼梯以标准化程度高、生产施工方便、质量提升显著、较现浇楼梯减少大量模板及人工作业等诸多优点，成为性价比较高的预制构件。目前市面上常见的预制装配式楼梯按结构类型可分为梁式楼梯和板式楼梯。

装配方案中如果需要采用预制楼梯，在建筑方案设计阶段即需考虑将楼梯直接按照预制楼梯进行设计。预制混凝土楼梯应结合楼梯周边构件的布置，设置构件的形式，例如双跑楼梯可结合楼梯平台的布置，采用两端带平台的梯板形式，使得整个楼梯间的工业化程度更高。

7.1.1 预制楼梯结构特点

一般从结构上的考虑是仅把预制装配式楼梯作为功能性构件存在，当采用滑动支座连接时，本身并不参与主体的结构计算，设计荷载和地震力是由周围的剪力墙、梁等结构构件来承担。这种设计思路主要作用是保证主体结构的独立性，简化装配式楼梯的支座安装节点，能够实现干法施工，真正体现装配式优势。

预制装配式楼梯因一般构造无法传递水平力，结构方案设计阶段应尤其注意其对剪力墙稳定性的影响并采用规避或特殊加强处理措施。当预制楼梯外侧设置剪力墙时（图 7.1），楼梯板不能按照现浇楼梯（如图 7.2 中 h_1）作为剪力墙计算无支长度的侧向支撑

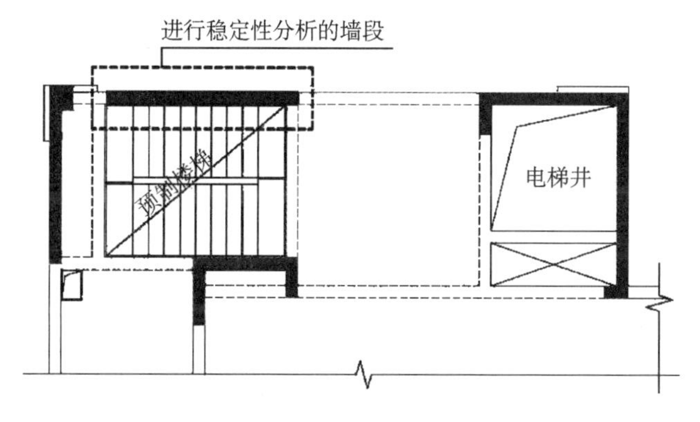

图 7.1 楼梯间剪力墙示意图

面，剪力墙按实际的支撑边界条件计算（如图 7.3 中 h_2）的墙体稳定性不满足要求，结构方案设计阶段应规避此剪力墙侧边设置预制楼梯。当此处必须设置预制楼梯时，预制楼梯两端应采用固定支座连接，并在梯板底部和剪力墙侧边设置预埋件，通过角钢焊接形成整体。

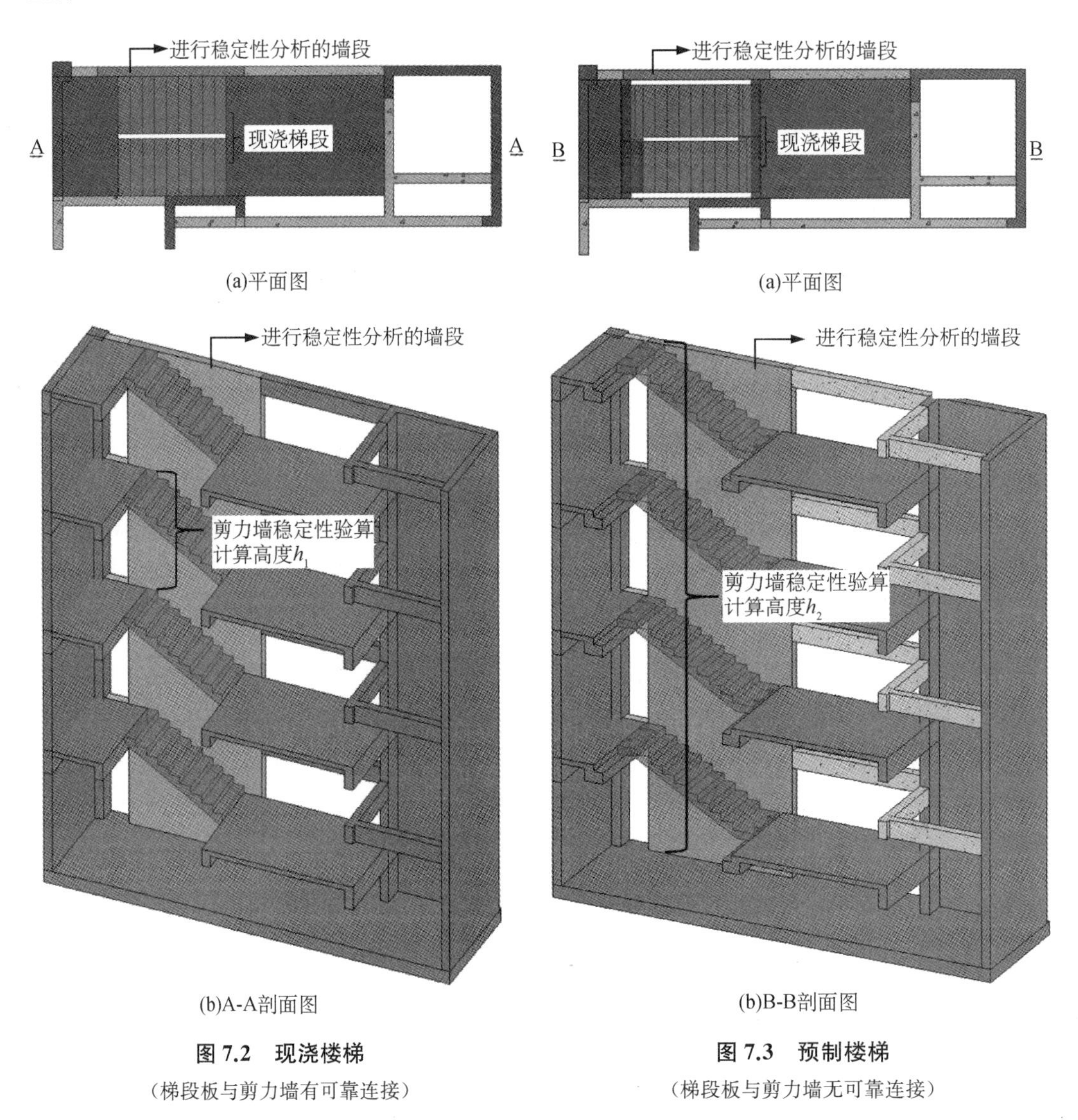

图 7.2 现浇楼梯

（梯段板与剪力墙有可靠连接）

图 7.3 预制楼梯

（梯段板与剪力墙无可靠连接）

7.1.2 预制楼梯构造及连接方式

预制装配式楼梯可分为梯段（板式或梁式梯段）、平台梁、平台板三部分。

1）梯段

（1）板式梯段

板式梯段由梯段板组成（图 7.4）。一般梯段板两端各设一根平台梁，梯段板支承在平台梁上。由于梯段板跨度较小，也可做成折板形式，安装方便，免抹灰，节省施工费用。

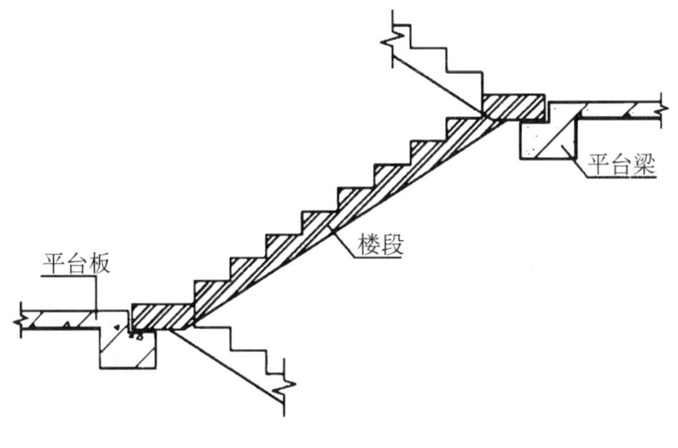

图 7.4　板式梯段

(2) 梁式梯段

梁式梯段为整块或数块带踏步条板,其上下端直接支承在平台梁上(图 7.5),其有效断面厚度可按 $L/30 \sim L/20$ 估算,其中 L 为楼梯跨度。由于梯段板厚度较梯斜梁小,使平台梁位置相应抬高,增大了平台下净空高度。为了减轻梯段板自重,也可做成空心构件,有横向抽孔和纵向抽孔两种方式。横向抽孔较纵向抽孔合理易行,较为常用。

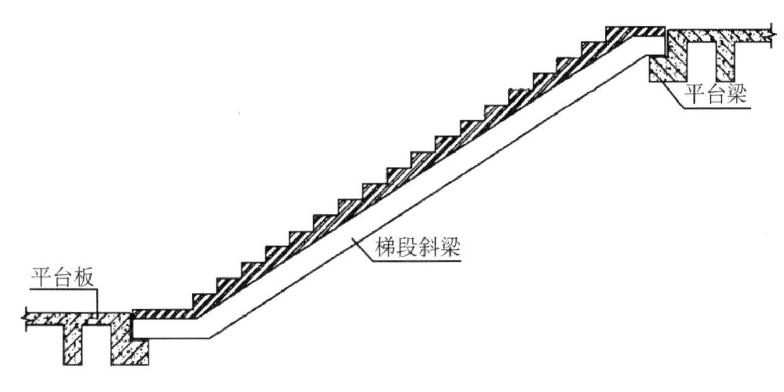

图 7.5　梁式梯段

2) 平台梁

为了便于安装梯斜梁或梯段板,并减少平台梁所占结构空间,一般将平台梁做成 L 形断面。其构造高度按 $L/12$ 估算(L 为平台梁跨度)。设计时应注意挑耳部分的剪扭设计。

3) 平台板

平台板可根据需要采用钢筋混凝土空心板、槽板或平板。需要注意的是,平台上有管道井处不宜布置空心板。

现行国家标准构造图集提供的预制板式楼梯与平台的连接方式分为三种:①高端固定铰支座、低端滑动铰支座连接;②高端固定支座、低端滑动支座连接;③两端固定支座连接。

图 7.6 为高端固定铰支座、低端滑动铰支座连接。梯段板按简支计算模型考虑,楼梯不参与整体抗震计算。制作构件时,梯板上下端各预留两个孔,不需预留胡子筋,成品保

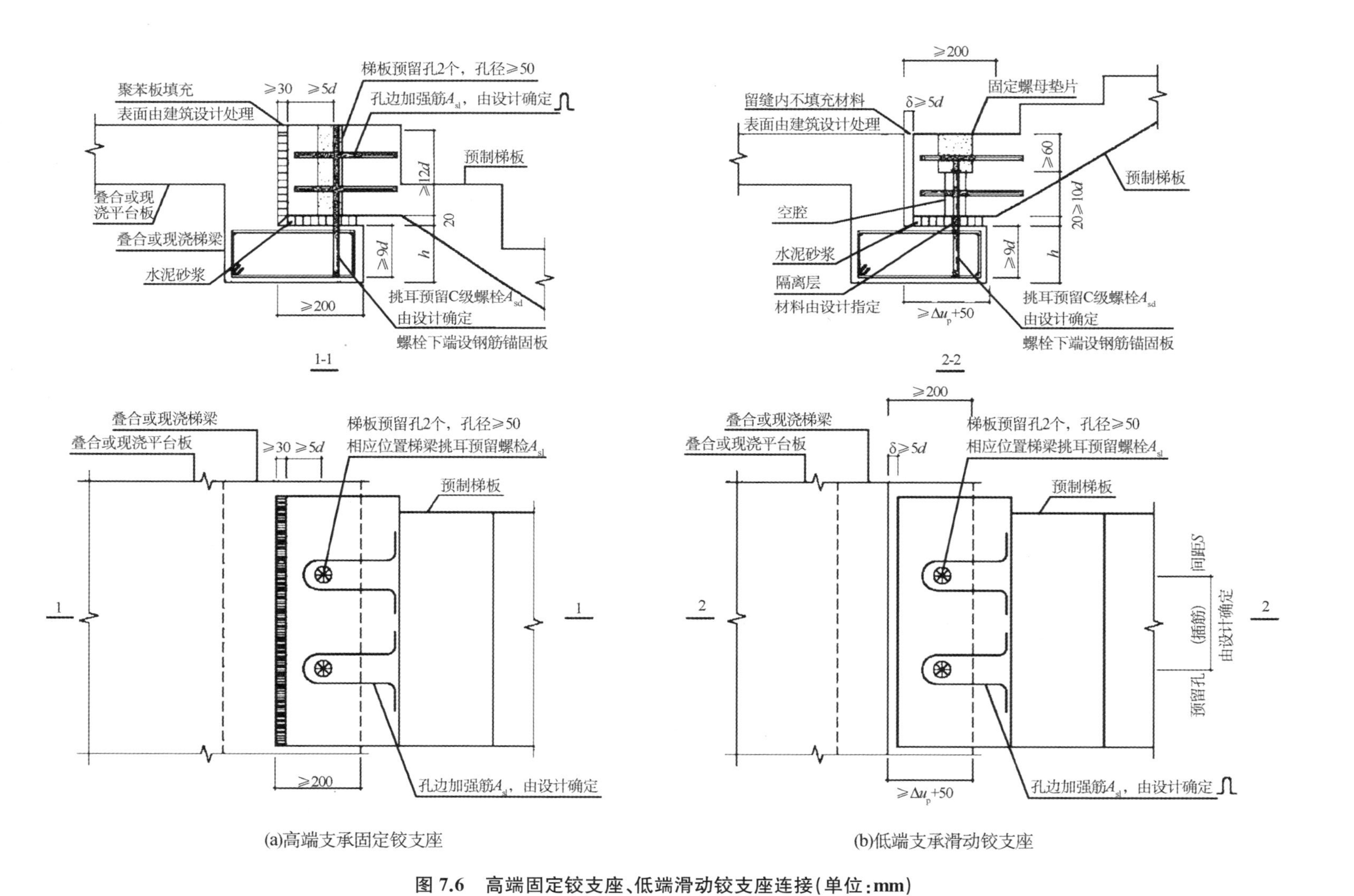

(a)高端支承固定铰支座

(b)低端支承滑动铰支座

图 7.6　高端固定铰支座、低端滑动铰支座连接(单位:mm)

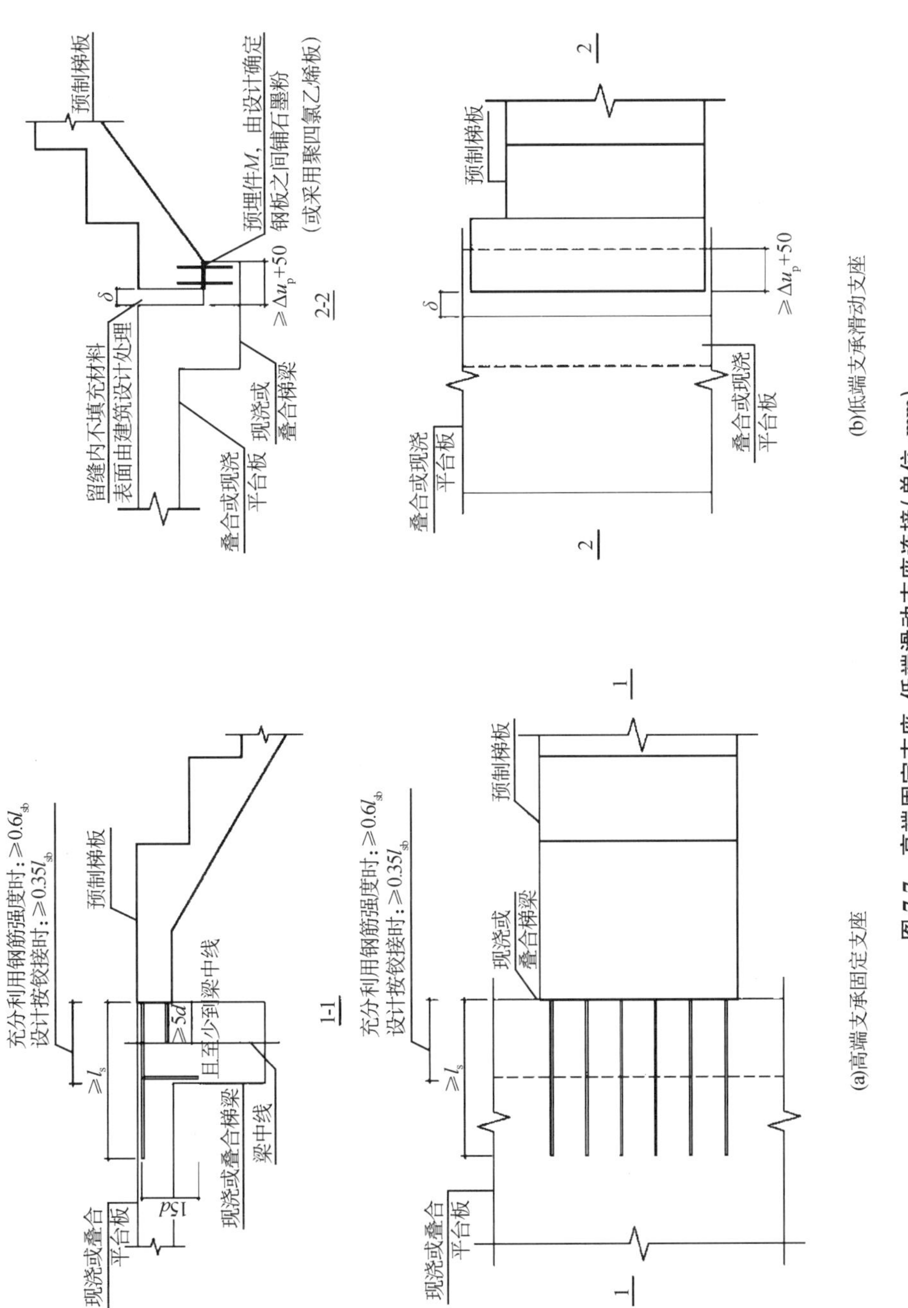

图 7.7 高端固定支座、低端滑动支座连接(单位:mm)

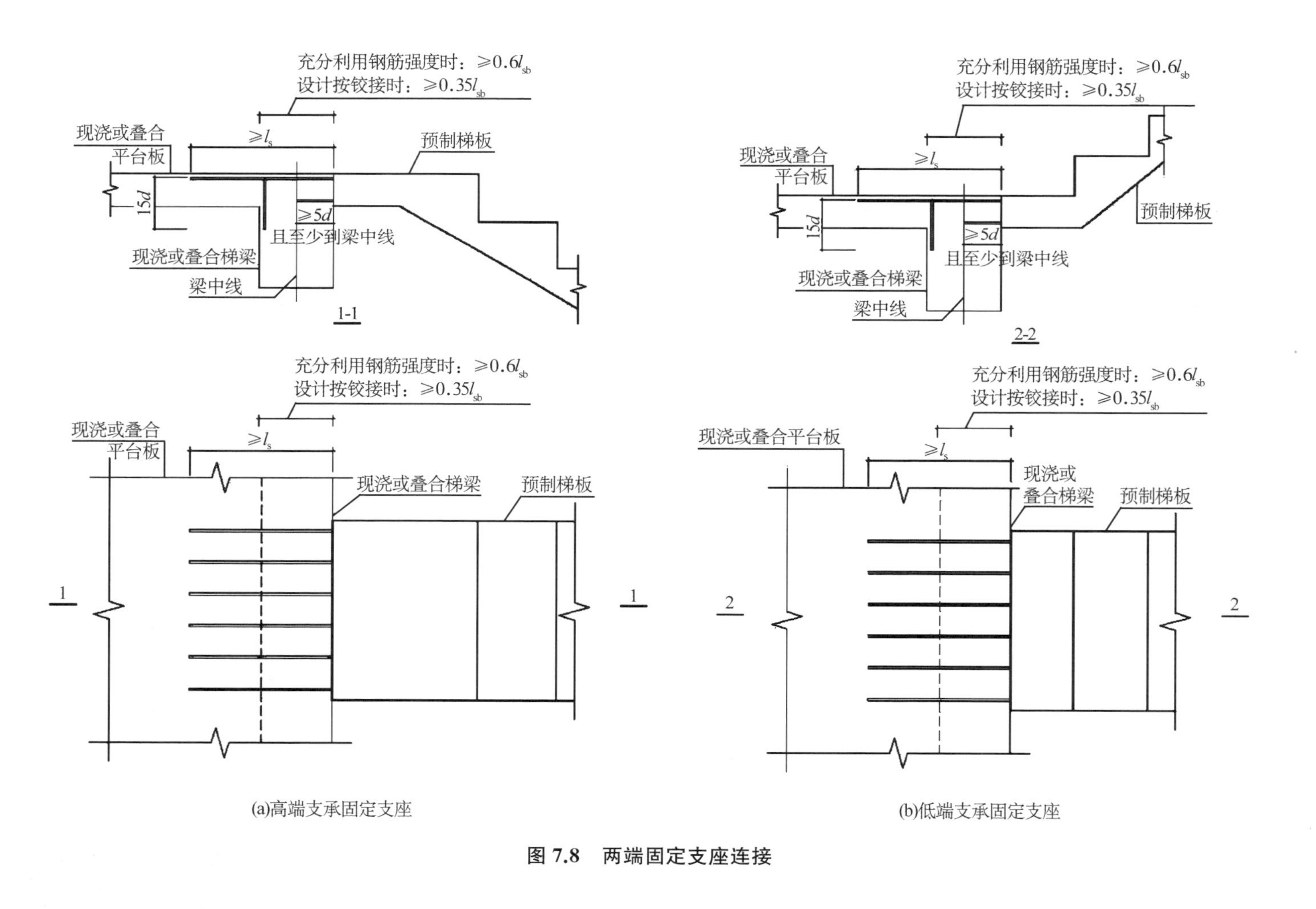

图 7.8　两端固定支座连接

护及运输简单。该方式应先施工梁板，待现场楼梯平台达到强度要求后再进行构件安装，梯板吊装就位后采用灌浆料灌实除空腔外的预留孔，施工方便快捷。

图 7.7 为高端固定支座、低端滑动支座连接。它与传统现浇楼梯的滑移支座相似，楼梯不参与整体抗震计算，上端纵向钢筋需要伸出梯板，要求楼梯预制时在模具两端留出穿筋孔，使得构件加工时钢筋入模、出模以及堆放、运输、安装较困难。施工时，需先放置楼梯，待楼梯吊装就位后，再绑扎平台梁上部受力筋，现场施工较困难。

图 7.8 为两端固定支座连接。它类似于楼梯与主体结构整浇，需考虑楼梯对主体结构的影响，尤其是框架结构，楼梯应参与整体抗震计算，并满足相应的抗震构造要求。该形式楼梯上下端纵向钢筋均伸出梯板，制作、堆放、运输、安装和施工均比前两种支承方式困难。

现浇混凝土结构，楼梯多采用两端固定的连接方式，楼梯参与结构体系的抗震验算。装配式混凝土结构，楼梯与主体结构的连接宜采用简支或一端固定一端滑动的连接方式。

《装配式混凝土结构技术规程》(JGJ 1—2014)关于楼梯连接方式有如下规定：预制楼梯与支承构件之间宜采用简支连接。

采用简支连接时，应符合下列规定：预制楼梯宜一端设置固定铰，另一端设置滑动铰，其转动及滑动变形能力应满足结构层间位移的要求，且预制楼梯端部在支承构件上的最小搁置长度应符合图 7.6、图 7.7 的规定；预制楼梯设置滑动铰的端部应采取防止滑落的构造措施。

楼梯板与主体结构通过这种连接方式实现相对滑动。这种连接方式需要使楼梯板上下两侧休息平台达到一定强度之后才能进行。

7.1.3 预制楼梯选用

1）预制楼梯生产、堆放、运输

预制楼梯在构件厂的生产方式主要有两种：立模生产(图 7.9)与平模生产(图 7.10)。立模重量轻，调试简单，拆模合模快捷，密封效果好，人工压光面小，构件表面瑕疵率极低，

(a) 模具

(b) 构件

图 7.9 预制楼梯立模生产

适用于大批量现场预制生产清水楼梯；平模拆模复杂，底部人工收面面积较大，现场预制一般不建议选用。有些特殊情况下，则必须使用平模生产方式或者立模生产方式。如当楼梯段有局部高低差较大时，则无法用平模生产方式；两侧带梁的梁式楼梯采用平模生产，生产制作麻烦且不常用。

(a) 模具

(b) 构件

图 7.10　预制楼梯平模生产

预制楼梯生产主要按以下几个步骤：①选择模具（立模、平模）；②原材料准备（混凝土、钢筋及预埋件）；③清模、合模（清模、贴胶带、抹脱模剂、装笼筋、装预埋件、合模）；④布料、振捣成型；⑤抹面、压光；⑥蒸汽养护；⑦脱模；⑧成品堆放。

预制楼梯堆放可采用水平叠放方式（图 7.11），层与层之间应垫平、垫实，各层支垫应上下对齐，最下面一层支垫应通长设置。预制楼梯水平叠放层数不应大于 6 层。

预制楼梯运输宜采用平层叠放方式（图 7.12），将预制构件平放在运输车上，一件一件往上叠放在一起再进行运输，平放运输应计算出最佳支点距离且谨慎采取两点以上支点的方式，如必须采用两点以上支点需有专门措施保证每个支点同时受力。构件平躺叠加，支点与上下层构件的接触点必须设置减震措施，如垫橡胶块等，禁止硬碰硬方式。重叠不宜超过 5 层，且各层垫块必须在同一竖向位置。

图 7.11　预制楼梯堆放

图 7.12　预制楼梯运输

2) 预制楼梯吊装

预制装配式楼梯的现场安装比较简单,大致可分为以下步骤:完成支撑平台梁的建造,调校对平垫块;吊运预制楼梯到合适的位置,并放置在L形平台梁上;松开吊钩、吊链;在预制楼梯和承台缝隙灌浆;在预制楼梯和墙体缝隙灌浆;拆除平台下两层的临时支撑;上一层支模,并浇筑平台梁的混凝土;第二天拆除模具,保留梁底支撑;重复上一层的安装建造过程。

预制楼梯安装就位后,应及时将踏步面加以保护,避免将踏步棱角损坏,用胶合板定制稳定牢固的楼梯保护(图7.13)。

图7.13 预制楼梯成品保护

3) 技术及经济效益分析

传统现浇楼梯,无论使用木模还是铝膜,不仅包含现浇模具材料成本费用、现场拆装模具费用、楼梯踏步砂浆二次找平费用,后续还需要做装饰面处理,以及楼梯底部抹灰等。现浇楼梯第二天拆模后,无法立即投入使用,需要保留临时支撑架至混凝土达到设计强度,专门为工人搭建的施工临时通道也需要支出费用。

预制装配式楼梯及梯台施工方法,解决了现场浇筑楼梯支模复杂、楼梯坡面绑扎钢筋困难、施工速度慢、落完混凝土后质量差、后续装饰施工麻烦等传统施工缺陷。而预制装配式楼梯基本上属于干式施工法,预制混凝土在预制工厂内已经具有足够的设计强度,安装完毕,不用灌浆,即可直接作为施工临时通道使用,充分发挥了装配式建筑构件的干装法速度优势,既简化了传统施工步骤,也减轻了工人劳动强度,甚至预制楼梯还可以在工厂内装好临时栏杆,使得安全保护措施同步到位,楼梯面干净整洁,工人上下方便,极大地提高了楼面施工的安装性。综合以上比较,预制楼梯标准化程度高,单方造价及替代现浇施工成本低,但楼梯超重会引起塔吊成本的额外增加。

7.1.4 预制楼梯减重设计

预制楼梯尤其是剪刀梯,因其构件自重过大、影响塔吊选型等因素,会导致施工措施费增加,应慎重使用,当装配率指标中应用剪刀梯不可避免时,应采用减重设计。

一般住宅剪刀梯重5.00 t左右,现阶段装配式项目实践过程中,预制剪刀梯有以下几种减重方式:纵向切分、横向切分和梁式楼梯(表7.1)。

1) 纵向切分剪刀梯

纵向切分方法简单直接(表7.2),设计难度很小,往往被很多设计人员选用,江苏省图集《预制装配式住宅楼梯设计图集》(苏G26—2015)将其纳入,但从构件生产和现场安装的角度而言,生产和安装次数翻倍,且对现场安装精度要求较高,安装完毕后需要对拼接缝进行处理(一般需要打胶,并用弹性材料封堵),避免拼接缝部位在后期使用过程中产生开裂,整体施工效率降低。

表 7.1　预制剪刀梯

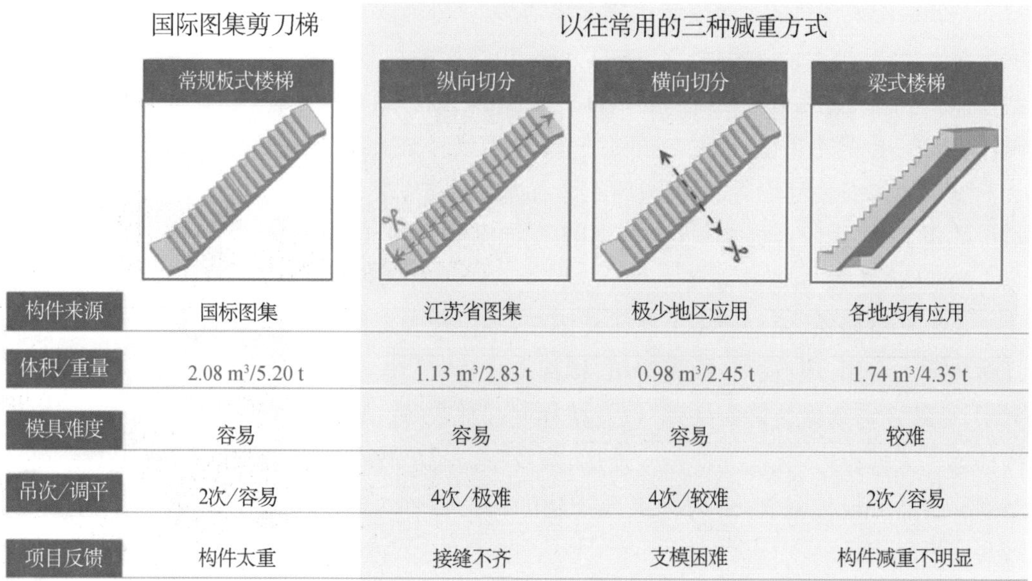

	国际图集剪刀梯	以往常用的三种减重方式		
	常规板式楼梯	纵向切分	横向切分	梁式楼梯
构件来源	国标图集	江苏省图集	极少地区应用	各地均有应用
体积/重量	2.08 m^3/5.20 t	1.13 m^3/2.83 t	0.98 m^3/2.45 t	1.74 m^3/4.35 t
模具难度	容易	容易	容易	较难
吊次/调平	2次/容易	4次/极难	4次/较难	2次/容易
项目反馈	构件太重	接缝不齐	支模困难	构件减重不明显

表 7.2　纵向切分剪刀梯

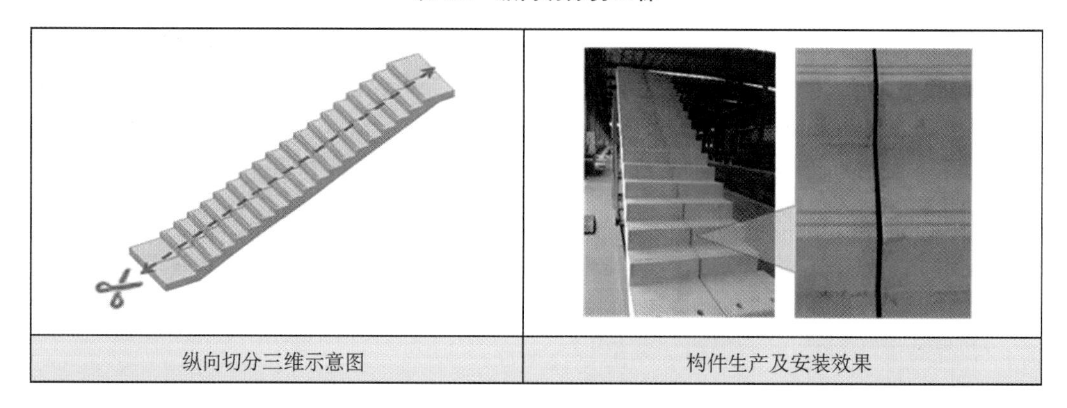

2）横向切分剪刀梯

横向切分方法设计难度相对较大(表 7.3)，需要精细化设计中间支撑挑耳，并考虑中间增加牛腿梁是否会引起净空不足，这种做法往往适用于层高2.9 m以上的项目。虽然减轻了构件重量，但从构件生产和现场安装的角度而言，生产和安装次数翻倍，施工效率降低。从甲方角度，由于其住户品质感受较差，一般不予考虑。

3）梁式平板剪刀梯

预制梁式楼梯设计相对简单(表 7.4)，需要考虑楼梯梁对支撑挑耳尺寸和标高的影响，满足构件安装要求。梁式楼梯减重效果不明显，对塔吊重量要求仍较高。梁式剪刀梯构件模具相对复杂，构件生产难度较大，现场安装与普通板式楼梯基本相同，施工效率较高。

除了上述几种常用的减重方式，在某些项目中，还采用踏步内预埋空心管或其他轻质材料等减重方式，实际工程中应用较少且减重不明显，在此不做具体分析。

表 7.3 横向切分剪刀梯

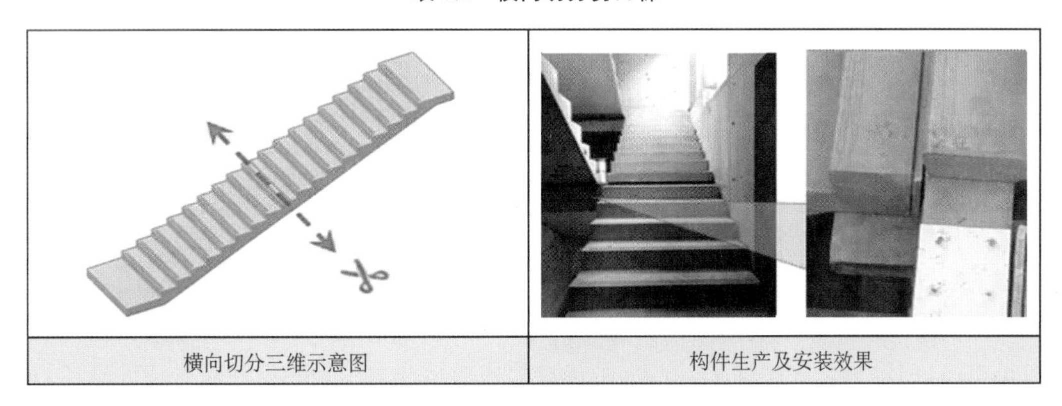

横向切分三维示意图	构件生产及安装效果

表 7.4 梁式平板剪刀梯

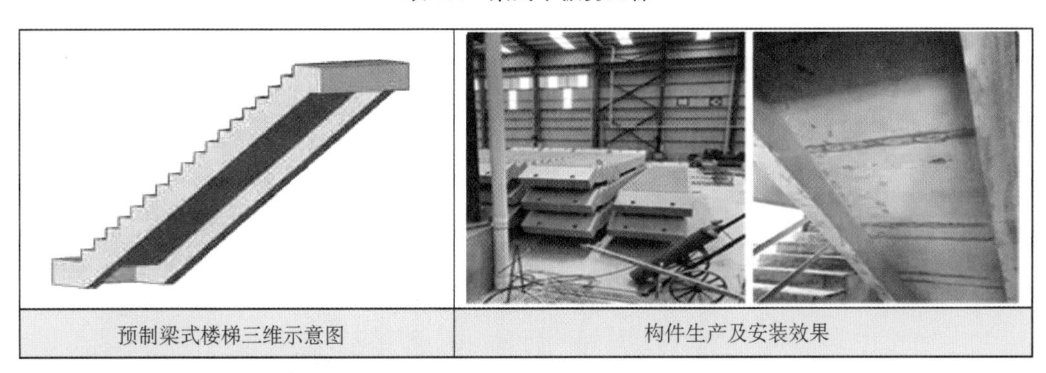

预制梁式楼梯三维示意图	构件生产及安装效果

4）折板梁式楼梯

折板式预制楼梯参照钢楼梯（表 7.5），将预制楼梯踏板的厚度减薄，这种楼梯设计简单，构件与现浇牛腿梁支撑关系与常规板式楼梯基本相同。折板式楼梯模具复杂，生产难度增大，平模和立模生产都需要控制混凝土浇筑质量，保证脱模后构件无破损。另外因折板梁式楼梯体积小，模具用量多，其构件生产效率较低，经调研有较多预制构件加工厂生产意愿不强。实际工程中已有项目采用折板梁式楼梯，由常规 5.20 t 减至 3.00 t，较好地满足了降低构件重量的需求。

表 7.5 折板梁式楼梯

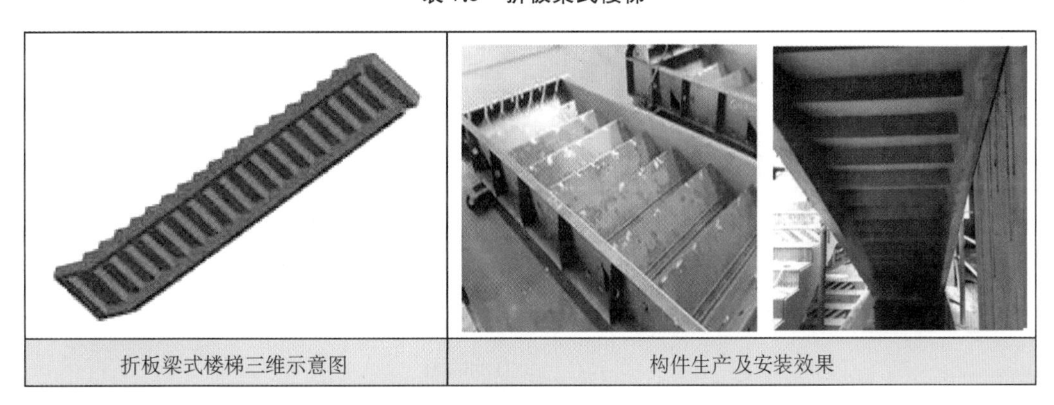

折板梁式楼梯三维示意图	构件生产及安装效果

7.2 预制板式楼梯

7.2.1 预制板式楼梯设计

预制板式楼梯是把预制楼梯当作一块板考虑，板的两端支撑在平台梁上。板式楼梯的结构传力路径简单，水平投影长度≤3 m时，板厚控制在110～120 mm比较经济合理。

预制板式楼梯在吊装、运输及安装过程中，受力状况比较复杂，规定其板面宜配置通长钢筋，钢筋量可根据加工、运输、吊装过程中的承载力及裂缝控制验算结果确定，最小构造配筋率可参照楼板的相关规定。当楼板两端均不能滑动时，在侧向力作用下楼梯会起到斜撑的作用，楼梯中会产生轴向拉力，因此规定其板面和板底均应配通长钢筋。

预制板式楼梯应进行吊装阶段验算，示例如下(图 7.14)。

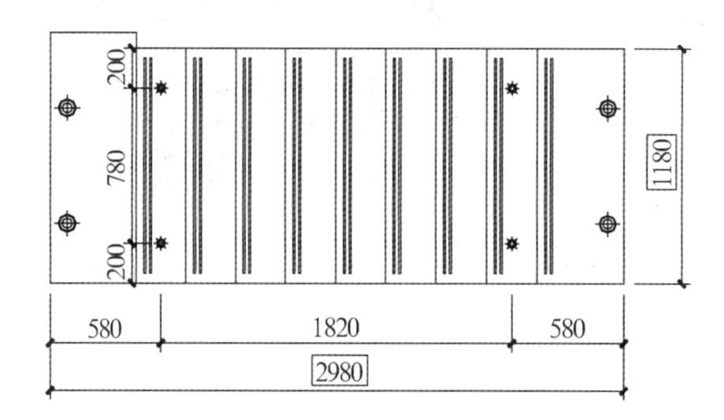

图 7.14　预制板式楼梯示意图(单位:mm)

1) 强度验算

楼梯板长 $L=2.98$ m, $c_0=15$ mm, $b=1.18$ m

吊点位置: $L_1=L_3=0.58$ m, $L_2=1.82$ m

(1) 吊装荷载计算

梯板自重＝0.61×1.18×25.0＝18.00(kN)

吊装荷载(自重×1.5)＝18.00×1.5＝27.00(kN)

均布荷载 $Q=27.00\div1.18\div2.98\times1=7.68$(kN/m)

(2) 受力简图(图 7.15)

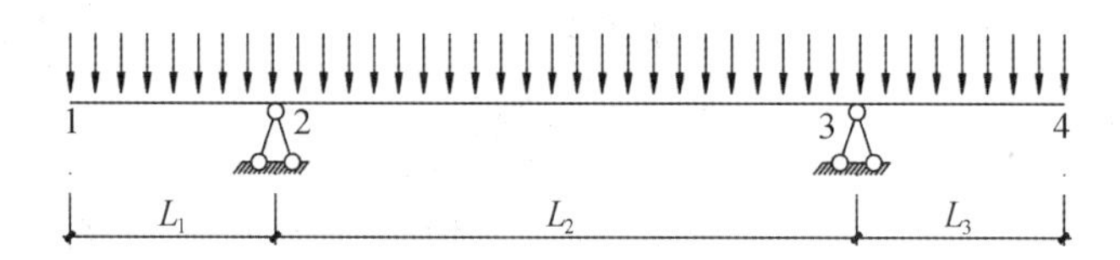

图 7.15　受力示意图

(3) 当前荷载下弯矩图(图 7.16)

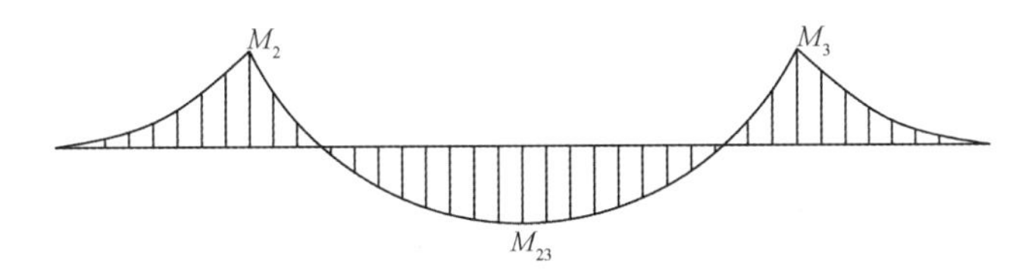

图 7.16 弯矩示意图

(4) 最大弯矩下强度要求所需配筋量验算

$$M_2 = M_3 = \frac{QL_1^2}{2} = 1.29(\text{kN} \cdot \text{m})$$

$$M_{23} = \frac{Q}{8}L_2^2 - \left(\frac{Q}{2}L_1^2 + \frac{Q}{2}L_3^2\right)/2 = 1.89(\text{kN} \cdot \text{m})$$

$$M_{\max} = 1.89\ \text{kN} \cdot \text{m},\ h_0 = 180 - 15 - 5 = 160(\text{mm}),\ b = 1\ 000\text{mm}$$

$$A_s = \frac{M_{\max}}{(h_0 - a_s)f_y} = \frac{1.89 \times 10^6}{(160 - 20) \times 360} = 37.5(\text{mm}^2)$$

实际配筋 16@100,$A_s = 10 \times 3.14 \times 5^2 = 785\ \text{mm}^2 > 37.5\ \text{mm}^2$,故满足要求。

2) 开裂截面处手拉钢筋应力验算

钢筋轴心抗拉强度标准值 $f_{yk} = 400\ \text{N/mm}^2$(三级钢)

最大负弯矩截面

受拉钢筋等效应力:

$$\sigma_{\text{sq}} = \frac{M_{23}}{0.87h_0A_\text{s}} = \frac{1.89 \times 10^6}{0.87 \times 160 \times 785} = 17.30(\text{N/mm}^2) \leqslant 0.7f_{\text{yk}} = 280(\text{N/mm}^2)$$

综上,在吊装阶段,预制楼梯满足要求。

7.2.2 预制板式楼梯详图示例

如图 7.17 所示。

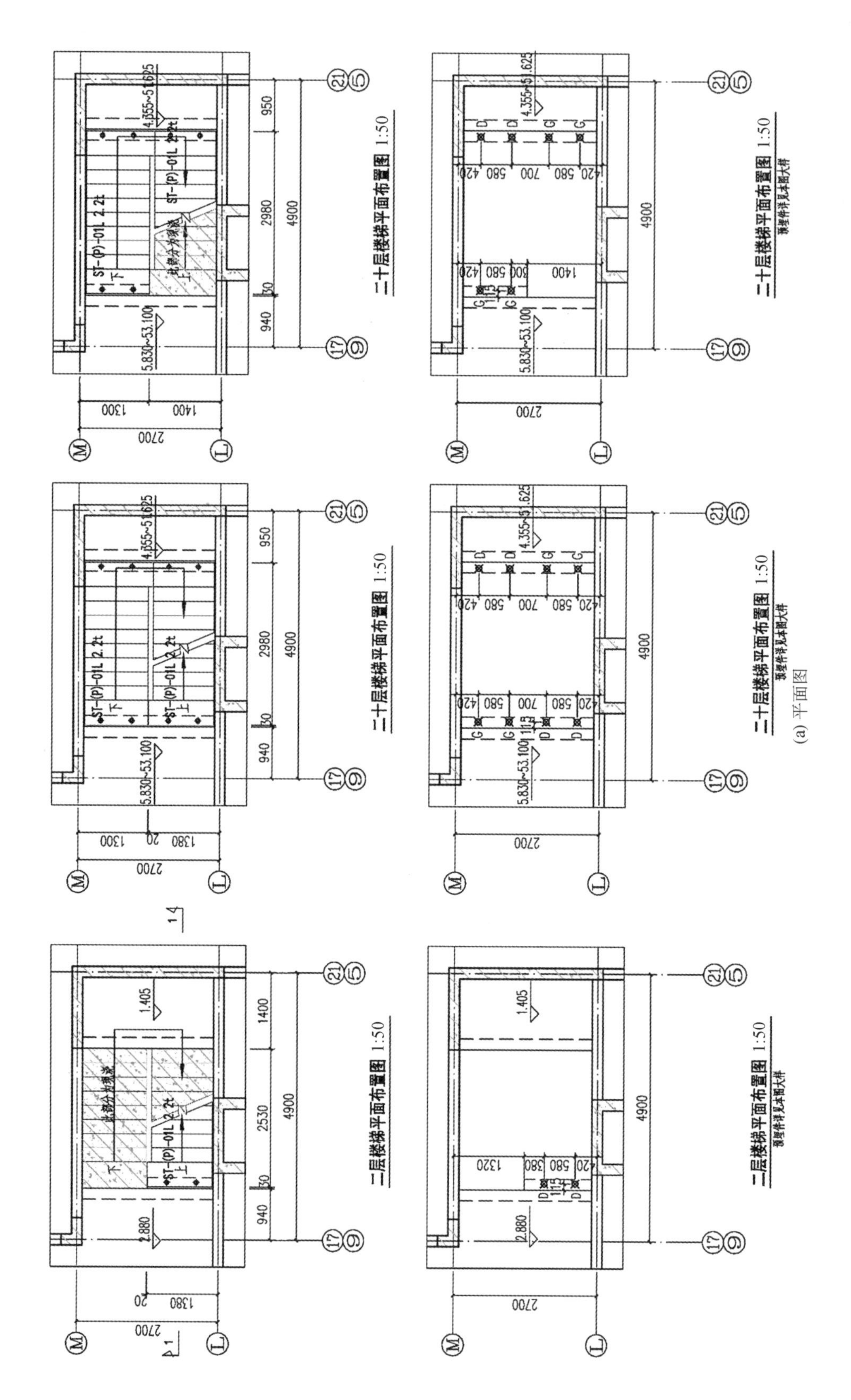
二十层楼梯平面布置图 1:50
二十层楼梯平面布置图 1:50
二层楼梯平面布置图 1:50
二十层楼梯平面布置图 1:50
预埋件详见本图大样
二十层楼梯平面布置图 1:50
预埋件详见本图大样
二层楼梯平面布置图 1:50
预埋件详见本图大样
ST-(P)-01L 2.2t
4900
2980
2530
2700

(a) 平面图

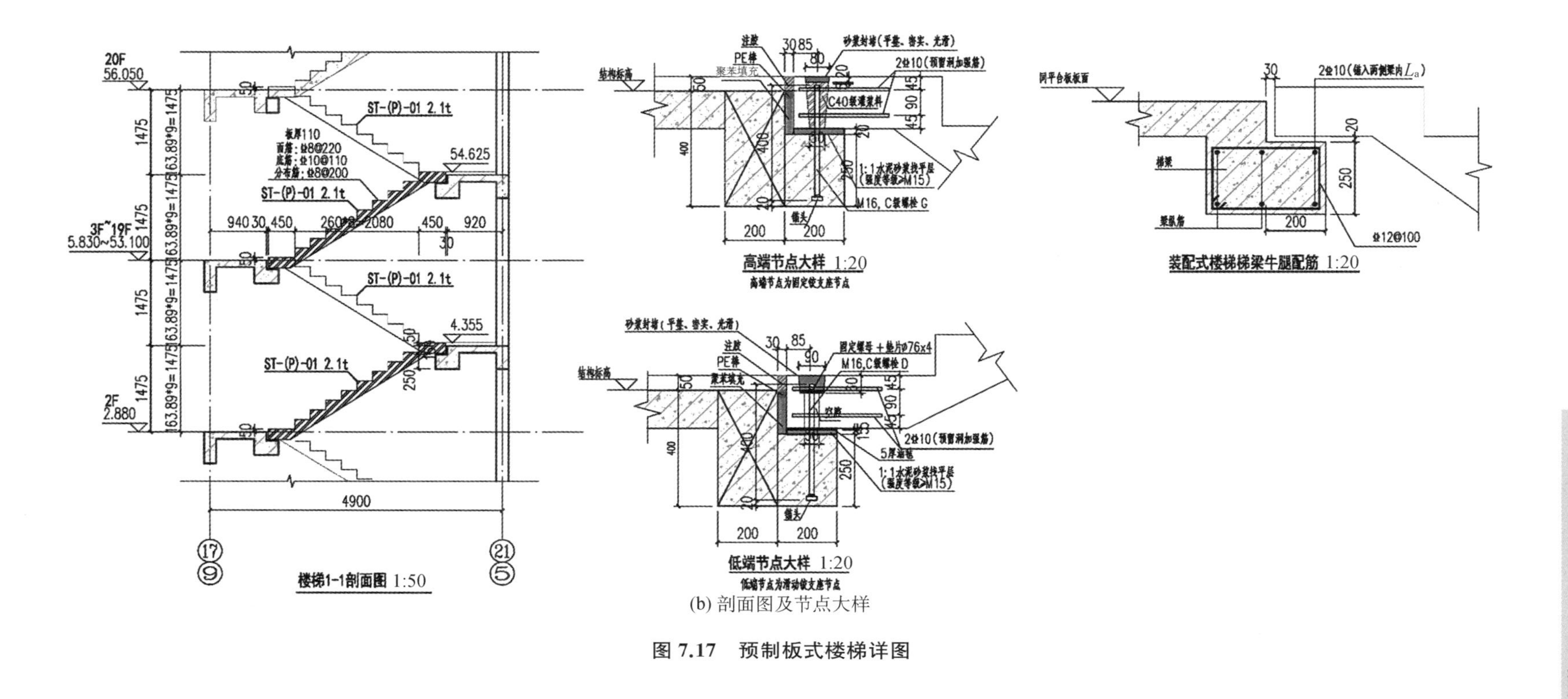

(b) 剖面图及节点大样

图 7.17 预制板式楼梯详图

7.3 预制梁式楼梯

7.3.1 梁式楼梯设计

预制梁式楼梯是将梯板支撑在两侧斜梁上，斜梁支撑在平台梁上，梯板荷载传至两侧斜梁上，再由斜梁传至平台梁，传力明确。梁式楼梯的水平投影长度>6 m时比较实用，板厚控制在80～100 mm，这样的设计可以有效减轻预制楼梯自重，而不影响施工塔吊的选型，对于一般6 m跨度剪刀梯，按1.2 m宽楼梯计，可以将质量控制在4.00 t以下。预制梁式楼梯梯板截面普遍较小，吊装埋件一般预埋在两侧斜梁上，其吊装验算可参照板式楼梯，不再赘述。

7.3.2 预制梁式楼梯详图示例

如图7.18所示。

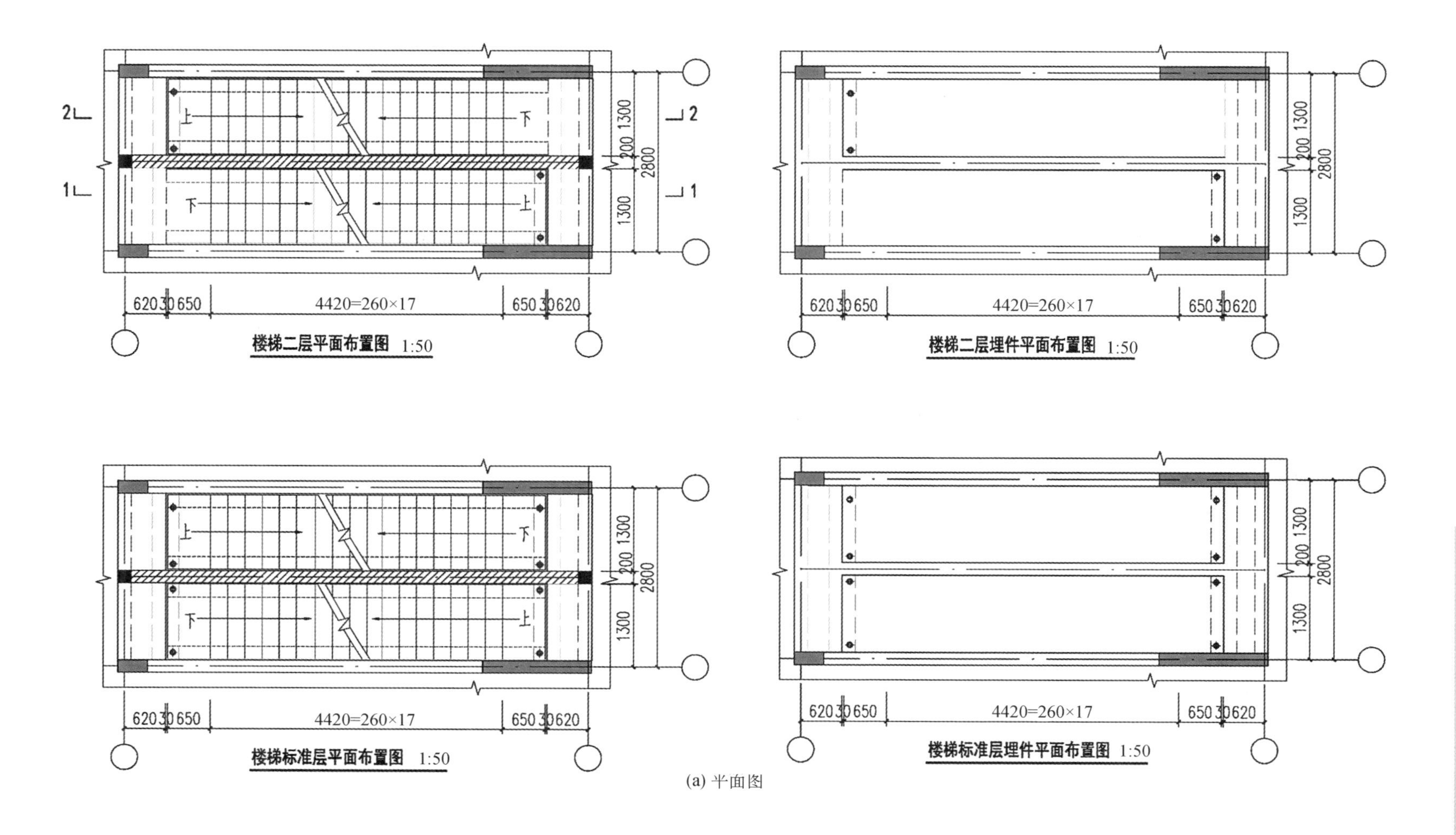

楼梯二层平面布置图 1:50
楼梯二层埋件平面布置图 1:50
楼梯标准层平面布置图 1:50
楼梯标准层埋件平面布置图 1:50
620 30 650
4420=260×17
650 30 620
1300
200
2800
上
下
1
2

(a) 平面图

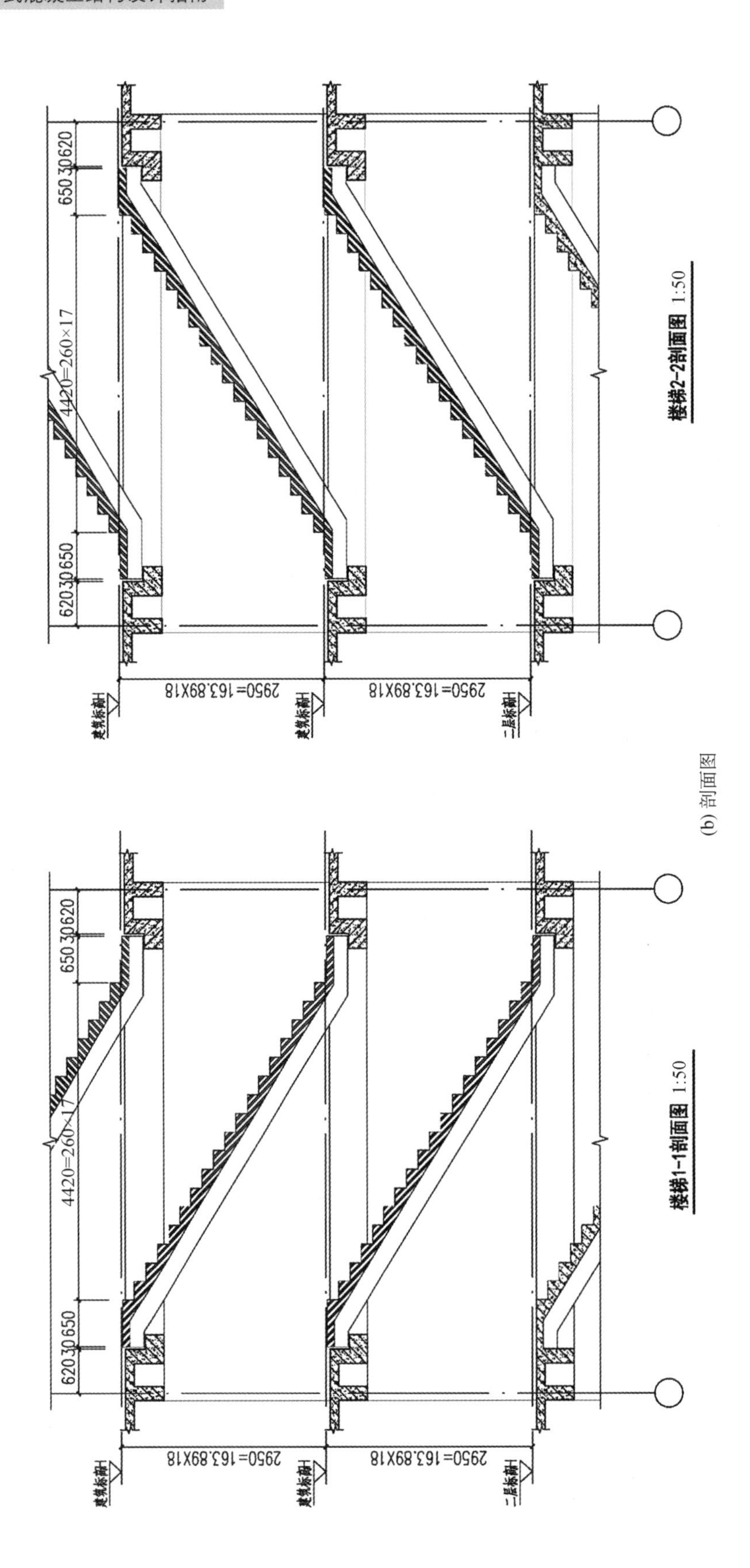
楼梯2-2剖面图 1:50
楼梯1-1剖面图 1:50
4420=260×17
650 30 620
620 30 650
2950=163.89X18
建筑标高
二层标高

(b) 剖面图

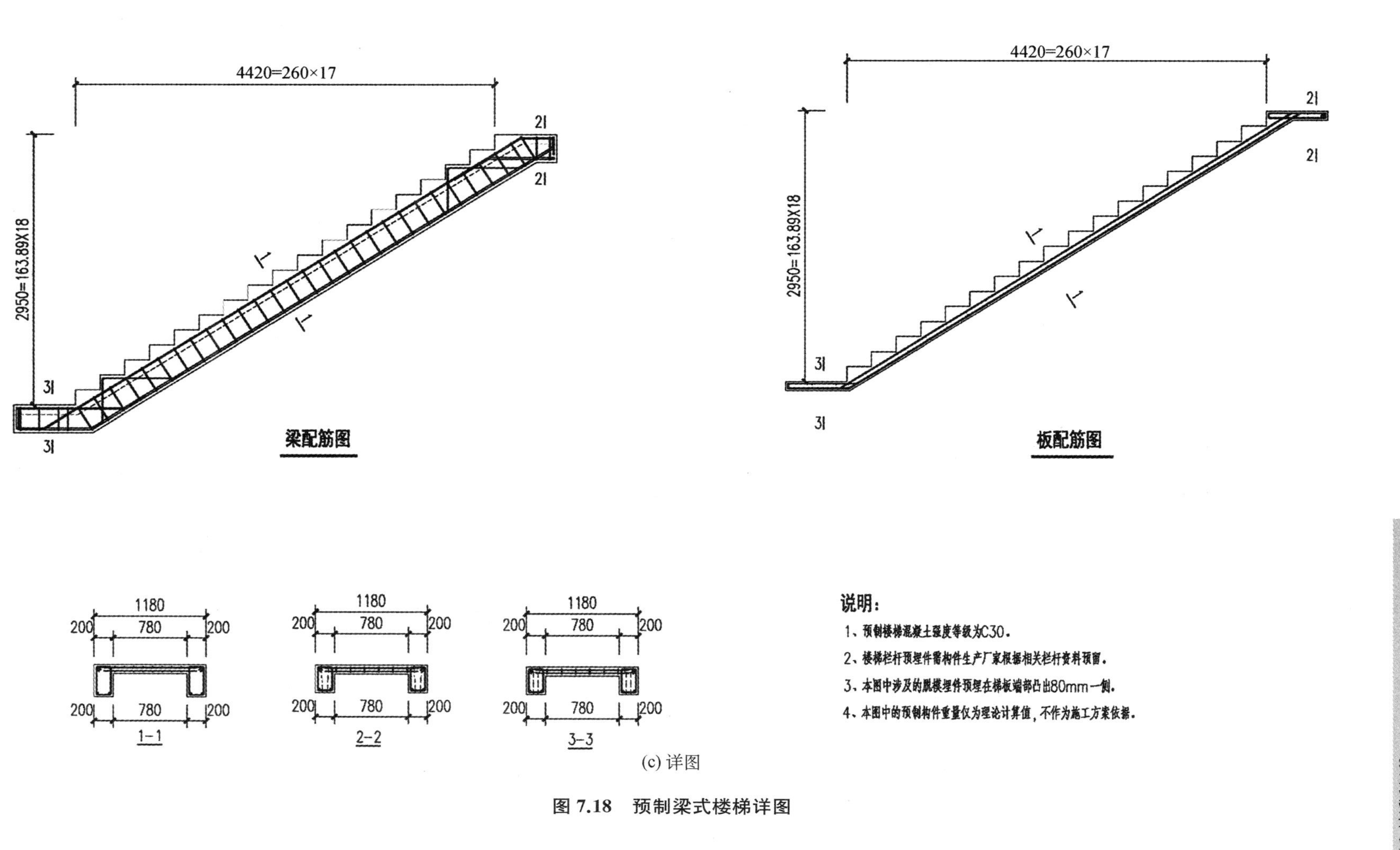

(c) 详图

图 7.18 预制梁式楼梯详图

8 预制内外墙设计

8.1 预制外墙

8.1.1 建筑外墙性能概述

外围护墙常用形式有外挂玻璃幕墙、铝幕墙、干挂石材幕墙，此类外围护墙比较轻，在结构性能上表现极佳。但玻璃幕墙与铝幕墙材料热阻小，建筑运行能耗大，石材幕墙相对材料成本较高。一般的Low-E中空玻璃墙，控制传热系数不大于2.5 W/(m^2 · K)，混凝土墙结合保温材料，传热系数可控制在0.7 W/(m^2 · K)以下。《公共建筑节能设计标准》(GB 50189—2015)规范资料显示，传热系数大于2.3 W/(m^2 · K)，建筑每平方米能耗将大于70 W/m^2；当传热系数控制在0.7 W/(m^2 · K)时，建筑每平方米能耗约为28 W/m^2，能耗可降低60%。混凝土外墙板与保温材料组合在节能保温上具良好的表现，在建筑工业化逐步推进过程中，预制混凝土外墙应用也将逐步增加。

建筑外围护墙应具相应结构性能，墙板结构构件、墙板自身相关连接、墙板构件与结构体的连接，应根据承载能力极限状态及正常使用极限状态的要求，分别进行验算：

(1) 墙板构件及节点连接应进行承载力验算；

(2) 墙板应进行变形验算；

(3) 对防水要求高，不允许出现裂缝的墙板构件应进行混凝土拉应力验算；对允许出现裂缝的墙板构件，应进行裂缝宽度验算。

预制装配整体式(通称PC外挂墙)建筑外围护墙系统，除应具相应抗风性能、抗震性能等结构性能外，同时必须具备以下基本建筑性能：水密性能、气密性能、隔音性能、耐火性能、保温性能、耐久性能等。

1) 抗风性能

在设计风荷载标准值下，PC外挂墙不得发生永久变形、破损或脱落，且变形挠度不大于l/150 mm(l为墙板计算跨度)，或20 mm中的较小值。PC外挂墙荷载按现行国家标准《建筑结构荷载规范》(GB 50009—2012)中作用于建筑物表面围护结构的风荷载规定计算。

2) 抗震性能

外挂墙作为围护结构，设计时不考虑对结构体的刚度贡献，即要求不影响主体结构的变形能力。地震水平作用时，设计一定宽度的外挂墙拼缝作为控制条件，使墙板在结构体限定的位移角范围内,具有相对自由位移。国家标准《装配式混凝土建筑技术标准》(GB 51231—2016)中第 5.9.3 条规定,抗震设计时,外挂墙板与主体结构的连接节点在墙板平面内应具有不小于主体结构在设防烈度地震作用下弹性层间位移角 3 倍的变形能力。《预制混凝土外挂墙板应用技术标准》(JGJ/T 458—2018)对地震作用下的墙板侧移能力提出要求如表 8.1 所示。

表 8.1 PC 外挂墙设计条件(JGJ/T 458—2018)

	水平地震作用系数	设防烈度基本加速度	水平地震影响系数 $\alpha_{\max}$	外墙弹性层间位移角限值
抗震性能	$K=\beta_E\alpha_{\max}$ (β_E 放大系数)	$0.05g$	0.2	混凝土框架:1/183 混凝土剪力墙:1/333 混凝土框剪:1/266 钢结构:1/100
		$0.1g$	0.4	
		$0.15g$	0.6	
		$0.2g$	0.8	
		$0.3g$	1.2	

我国 PC 外挂墙应用案例不多,日本则有较多成熟的设计研究与案例,对墙板设计的位移角及抗震性能均做限定。当层间位移达层高的 1/150 时,主要部件不得发生破坏脱落;当层间位移为层高的 1/300 时,板片间填缝剂不能损坏并可继续使用;当层间位移为层高的 1/400 时,板片及接头无损,不需要修补仍可使用(表 8.2)。

考虑抗震性能时,在地震作用力 $F_{eh}=KG$,其中水平地震作用系数 $K=1$,或垂直地震力 $F_{ev}=2G$ 时(自重 G),PC 外挂墙主要部位不能有破损、脱落;水平震度 $K=0.5$ 时,PC 外挂墙所产生的裂缝宽应不大于 0.2 mm。

表 8.2 PC 外挂墙设计条件(日本)

抗震性能	层间位移	1/150(或 1/200)	不得有部件脱落或破损现象
		1/300	填缝材不得产生损坏现象
		1/400	板片及接头无损,不需要修补仍可使用
	水平地震作用系数	$K=1$	部件不得有破损或脱落现象
	垂直地震作用系数	$K=2$	
	水平地震作用系数	$K=0.5$	PC 外挂墙板产生裂缝宽不大于 0.2 mm

超高层建筑等延性结构体,在地震等水平荷载作用下,有如图 8.1 所示的变形趋势。水平侧移 Δx,同时梁出现竖向挠曲,楼层竖向位移 Δy,由于 Δy 比 Δx 小,通常在 1/10 以下,Δy 忽略不计,可采用图 8.2 简化变形模型进行墙板设计分析。但对于大跨度、钢结构等柔性结构,Δy 接近 Δx 时,宜考虑结构体竖向变形对墙板的影响。

将预制混凝土墙板等刚性较大的构件安装于易变形的结构体时,需要考虑墙板及连接件可吸收层间位移。

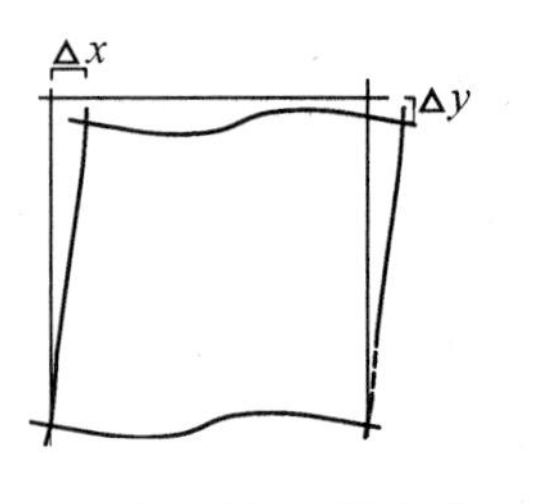

图 8.1　结构体的变形

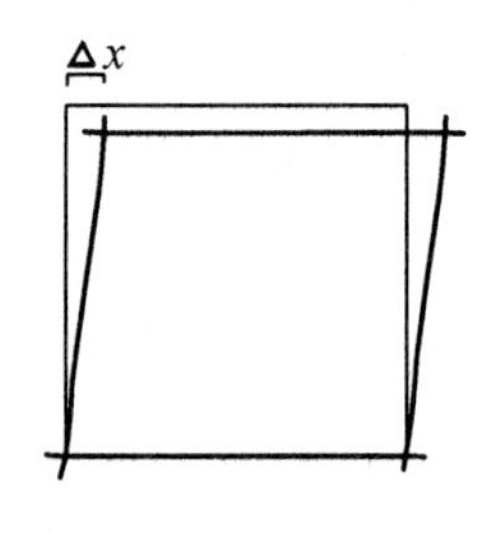

图 8.2　层间位移

3）水密性能

（1）按现行国家标准《建筑幕墙》(GB/T 21086—2007)，水密性设计压力差按下式计算，取值不宜小于 1 000 Pa(表 8.3)。

$$P = 1\ 000\mu_z\mu_s w_0$$

式中：P——水密性能设计取值(Pa)；

w_0——基本风压(kN/m^2)；

μ_z——风压高度变化系数，应符合现行国家标准《建筑结构荷载规范》(GB 50009—2012)的规定；

μ_s——体型系数，可取 1.2。

表 8.3　水密性能等级

分级代号		1	2	3	4	5
分级指标值 ΔP(Pa)	开启部分	500≤ΔP<700	700≤ΔP<1 000	1 000≤ΔP<1 500	1 500≤ΔP<2 000	ΔP≥2 000
	开启部分	250≤ΔP<350	350≤ΔP<500	500≤ΔP<700	700≤ΔP<1 000	ΔP≥1 000

注：5 级时需同时标注固定部分和开启部分 ΔP 测试值。

（2）中国台湾地区 PC 围护墙水密性能的规定可分为两部分：

① 固定部分：以设计风压作为压力差，加压时间为 10 min，注水量为 4 L/(m^2 · min)，然后观察室内有无漏水，以无漏水情况为合格。

② 开启部分：以表 8.4 的区分等级，作为设计上不同状况的标准。一般以0.40 kN/m^{2}的压力差，加压时间为 10 min，注水量为 4 L/(m^2 · min)，室内无漏水现象发生为合格。

表 8.4　水密性能等级

压力差(kN/m^2)	0.10	0.16	0.25	0.40	0.63	1.00	1.60	2.50
可动窗框部分的等级	1	2	3	4	5			
固定部分的等级				1	2	3	4	5

（3）水密设计重点

围护墙水密性能受围护墙各部件(玻璃、层窗间墙嵌板、横框、竖框等)连接部分设计的影响较大。以接头系统类型来看，保持围护墙水密性通常做法分别如下：

① 填缝密封方式，以密封胶对缝做一次或二次密封施工。但填缝材料破损或施工不当产生缝隙时，将因空气流动而漏水。并且止水线(面)填缝材料长期暴露在大气中，容易劣化。填缝密封方式目前是较经济的做法，若无特别注明水密规格，均宜采用此法。

② 开放式等压接头形式，采用开放等压接头形式设计，主要要求填缝(密封)材料可长期工作，免维修。需考虑以下几点：接头的断面，尺寸、配比适当；密封部分仅限于阳光不易直射的部分，并遵守填缝材料的使用说明；进行严格正确的填缝工程。

4) 气密性能

气密性能是影响冷暖气负荷等的重要性能，按《建筑幕墙物理性能分级》(GB/T 15225—1994)空气渗透性能等级定义，以 10Pa 压力差条件下，空气每小时通气量计量如表 8.5 所示。

表 8.5 空气渗透性能等级[$m^3/(m^2 \cdot h)$]

等级	Ⅰ	Ⅱ	Ⅲ	Ⅳ	Ⅴ
可动部分渗透性	≤0.5	>0.5，≤1.5	>1.5，≤0.01	>2.5，≤4.0	>4.0，≤6.0
固定部分渗透性	≤0.01	>0.01，≤0.05	>0.05，≤0.10	>0.1，≤0.2	>0.20，≤0.5

玻璃幕墙整体气密性能规定，开启部分完全闭合的不应低于现行国家标准《建筑幕墙》(GB/T 21086—2007)中的 2 级，其分级指标值不应大于 2.0 $m^3/(m^2 \cdot h)$

以中国台湾地区为例，相对于压力差 10 Pa 下，每单位墙壁面积及单位时间内的通气量，定义为气密性能，单位为 $m^3/(m^2 \cdot h)$。试验方法采用 CNSA 3236(门窗气密性试验法)。该方法在窗的两面均加上 250 Pa 的预备压后，确认门窗框前后的压力差为 10 Pa、30 Pa、50 Pa、100 Pa，以下列的公式求压力差为 10 Pa 时单位面积、单位时间通气量。

$$q=\frac{Q}{A}\times\frac{P_1\times T_0}{P_0\times T_0}$$

式中：q——单位面积、单位时间的通气量[$m^3/(m^2 \cdot h)$]；

Q——全通通气量(m^3h)；

A——门窗框内的内径(m^3)；

P_0——1 013(mbar)；

P_1——试验室的气压(mbar)；

T_0——273+20=293(K)；

T_1——测定空气温度(K)。

在中国台湾地区，围护墙缝隙风所产生的热负载，比建筑物出入口的风造成的热负载要小得多，且与穿透围护墙热流造成的热负载相比也较小，因此有时设计空调时不计入热负载计算。较为实际的做法是，参考窗框类型的气密试验结果设定围护墙的气密性能。气密试验仍采用 CNSA 2044(或参考日本 JISA 4706)的试验方法。一般建筑物为

1.0 $m^3/(m^2 \cdot h)$，高层建筑物对应为 0.5 $m^3/(m^2 \cdot h)$（考虑烟囱效果）。PC 围护墙的气密性能的规定，在固定部分，要求在压力差 100 Pa 时，单位接头长向通气量的标准空气状态在0.03 $m^3/(m^2 \cdot h)$以下，而在可动部分，则要求其通气量在 0.05 $m^3/(m^2 \cdot h)$以下。

5）隔声性能

隔声性能（空气声隔声性能）按现行国家标准《建筑幕墙》（GB/T 21086—2007），空气隔声性能分级指标 R_w 应符合表 8.6 的要求。

表 8.6　空气隔声性能分级

分级代号	1	2	3	4	5
分级指标值 R_w(dB)	$25 \leqslant R_w < 30$	$30 \leqslant R_w < 35$	$35 \leqslant R_w < 40$	$40 \leqslant R_w < 45$	$R_w \geqslant 45$

注：5 级时需同时标注 R_w 测试值。

现行国家标准《民用建筑隔声设计规范》（GB 50118—2010）规定的部分隔声标准如表 8.7 所示。

表 8.7　隔声标准(dB)

构件名称	空气隔声单值评价量+频谱修正量	
起居室、卧室外窗	计权隔声量+交通噪声频谱修正量	≥30
其他外窗	计权隔声量+交通噪声频谱修正量	≥25
外墙	计权隔声量+交通噪声频谱修正量	≥45

（1）隔声性能

隔声性能以隔声等级表示，不以传统的平均分贝表示，而以实效的隔声等级曲线表示。试验方法依据《声音透过损失之实验室测定法》（CNS 3143）所规定的声音透过损失测定试验求得。

（2）隔声设计

① 隔声设计的意义

围护墙各种性能中，隔声性能与其他性能有几点不同。不能与水密性能一样采用物理性的物体隔绝；很难像隔热气密一样取得定量值，主要是受个人的感觉、环境、背景噪声位准及掩蔽效果等影响；包括隔绝建筑物外部的噪声，或隔绝内部噪声外传。

室内的噪声位准，是决定室内环境良好与否的基本要素；一般而言，噪声位准越低者室内环境越好，但是噪声位准或室内余响接近 0 dB 的空间，反而会给人类带来不安的感觉。

相同的噪声位准下，有人感觉嘈杂，却有人不以为意，个体差异很大。而环境背景噪声位准也有遮蔽效果，使听觉上的噪声位准差异很大。

② 隔声性能的设定

某围护墙要求隔声性能值的求法为，设定室内侧允许噪声位准 L_1(dB)与户外噪声位

准 L_2(dB)，得

$$TL=(L_2-L_1)+10\log S/A$$

式中：L_1——声源室内平均声压级(dB)；

L_2——接收室内平均声压级(dB)；

S——外墙面积(m^2)；

A——接收室内吸声量(m^2)。

$10\log S/A$ 为室内吸声量；该值在一般屋内为负值，若非特别经过吸声设计的房间，数值通常接近 0，因此实际上可以视 L_2-L_1 为围护墙所要求的隔声性能值。

③ 隔声设计的重点

在单一材料墙体上，单位面积的重量加大即可有效增加隔声效果，但有一定的限度；另外利用相符(Coincidence)效果可降低渗透损失，采用二层、三层的复合墙，可取得更高的隔声性能。此时中间空气层有弹簧(Spring)作用，所得的渗透损失量，会比各个材料为单一墙时的渗透损失合计大。但若空气层厚度太小以致无法发挥弹簧效果的话，隔声性能也无法提升。例如，中空玻璃，中间空气层的厚度较小，隔声性能不足。但空气层厚度太大，有时会在特定的频率范围内产生共振现象，隔声效果反而更差；因此设定厚度适中的空气层非常重要。

为达更好的隔声效果，也可在双层墙中空部填充吸声材料提高隔声性能，此方法仅对质轻的墙壁有效，对厚重墙壁帮助不大。

一般经验显示，以 150 kg/m^2 以下材料做双层墙时，中空层厚度以 10 cm 左右效果最佳，它可提高 12 dB 左右的渗透损失量。复合墙的中间若使用硬的支撑材料，将降低效果；故应视为各自独立的单墙选择支撑材料，才能获得实际效果。

考虑围护墙整体隔声性能时，只要外墙的某部分隔声性能不佳，整个墙面的隔声性能便会明显下降。例如玻璃的渗透率约为 0.001，但因空隙渗透率为 1.0，因此即使是很小的缝，也会严重降低隔声性能。另外，使用一部分隔声性能差的材料，也会使整体的隔声性能明显降低，因此选择隔声性能平均的材料非常重要。

6) 耐火性能

(1) 性能要求

PC 板的耐火性能根据所在建筑物的不同部位而有不同的性能要求及规定。其中位于防火带以内的部分(可能延烧部位)，需有 1 h 的耐火性能，而位于防火带以外的部分，则需有 30 min 的耐火性能。

(2) 防火层间塞耐火性能标准建议

构成防火层间塞的耐火材料及其支撑构件，均不可因为其自身的变形或脱落而使烟火向上层喷出。

7) 隔热保温性能

隔热性能亦为影响冷暖气负荷的重要性能，隔热性能根据传热系数值表示(单位为

$m^2 \cdot K/W$)。因其性能值是以试验来决定,隔热性能原则上以标准试验确定;但试验设定条件过于多样化,试验结果难于一般化时,可参考理论计算。性能热阻值 R 可以标准试验求得或以下式计算求得。

$$R = R_0 + R_i + \{R_a + \sum (d/\lambda) i\}$$

式中:R ——热阻抗($m^2 \cdot K/W$);

R_0——室外侧壁面的热传阻抗($m^2 \cdot K/W$);

R_i ——室内侧壁面的热传阻抗($m^2 \cdot K/W$);

R_a ——空气层的热传阻抗($m^2 \cdot K/W$);

d ——板材厚度(m);

λ——板材的热导系数[$W/(m \cdot K)$],设定为 20℃气干状态下。

R_0、R_i 由壁面与空气的位置关系、壁面的状态、风向、风速、温度等所左右;R_a 由空气层厚度、两侧面温度、壁面状态、热流的方向及空气层的位置关系等所左右。一般 R_o、R_i、R_a 的值采用 0.033、0.125、0.2($m^2 \cdot K/W$)(但必须经有关人员认可)。

(1) 隔热保温设计

隔热保温设计与节省能源的关系紧密,减少空调负载,防止结露,使围护墙具有适当的隔热保温性能,可使室内气候不易受室外空气温度变化与日照的影响;内墙面接近室温,可使辐射热减少;室内温差小,防止内墙面结露。

围护墙的隔热性能为节省能源的重要课题;设计不仅要考虑围护墙的隔热性能值(热贯流阻抗值),还需综合考虑墙面开口部比率、气密性、日照、方位、空调系统等,以求平衡。

(2) 各种隔热保温材料厚度和传热性能

建筑结构体大多采用复合体,尤其是隔热保温构造方面,通常会在结构体上加隔热材料以达到隔热效果。隔热材料的厚度和热阻抗的关系密切,隔热保温设计时,按所需的传热系数控制值选用板材的材料和厚度。

计算各部位传热的顺序:①确认部位断面构造;②设定内外表面热传达率;③测量内外墙面的相对湿度,决定各材料的热传导;④由各材料的热导系数与厚度的关系求其热传阻抗;⑤加上热阻抗和表面热传达阻抗,求传热系数。

围护墙系由玻璃窗、窗间墙板部分、竖框、横框等各种材料构成;虽然不容易计算出围护墙整体的热阻抗值,但是可取各部分的平均值作为估算性能值。

各种材料的热传导率 λ 如表 8.8 所示:

表 8.8 各种材料的热传导率 λ

材　料	λ[$W/(m \cdot K)$]
普通混凝土	1.300～1.500
轻质混凝土	0.700～1.200

续表

材　料	λ[W/(m·K)]
轻质聚氨基甲酸酯体	0.017
聚乙烯发泡体	0.030～0.033
玻璃纤维	0.031～0.037
玻璃纤维保温板	0.034～0.038
玻璃窗	0.680
辐射热吸收玻璃	0.680
安全玻璃(全厚 12～22 mm)	0.090～0.238

围护墙的性能除了以上所述外，尚有依设计上要求或特别环境的需要，如耐久性能、防冻性能、热稳定性能的要求，这些性能基本依据试验来决定。

8) 耐久性能

建筑外墙耐久性与材料相关，PC 围护墙为混凝土材料，墙板本身可与结构体同寿命。但墙板之间接缝填缝材料暴露空气中时，寿命大多小于 25 年。PC 围护墙与结构体采用钢结构连接件连接时，注意做好防锈蚀设计，也可满足与结构体同寿命，不需要考虑更换维修。

8.1.2 作用与作用组合

装配式外围护的作用及作用组合应根据国家现行标准《建筑结构荷载规范》(GB 50009—2012)、《建筑抗震设计规范》(GB 50011—2010)、《高层建筑混凝土结构技术规程》(JGJ 3—2010)和《混凝土结构工程施工规范》(GB 50666—2011)等确定。

风荷载标准值应按现行国家标准《建筑结构荷载规范》(GB 50009—2012)围护结构的规定确定：

$$W_k = \beta_{gz}\mu_{s1}\mu_z W_0$$

式中：W_0——基本风压(kN/m^2)；

β_{gz}——高度 z 处的阵风系数；

μ_{s1}——风荷载局部体型系数；

μ_z——风压高度变化系数。

预制外围护墙板，属于自承重构件，墙体外挂于主体结构上，在进行墙板结构设计计算时，不考虑与主体结构共同承担建筑物中的荷载和作用，只考虑承受自重及直接施加于其上的荷载或作用，包括墙板平面外的风荷载、平面内及平面外地震作用，以及温度效应。连接节点应能有效传递墙板荷载，并考虑荷载的偏心效应。预制外围护墙板的地震作用是依据现行国家标准《建筑抗震设计规范》(GB 50011—2010)对于非结构构件的规定。地震作用会在预制外围护墙板和连接节点处引起平面外(包括出平面和向平面两个方向)水平地震力，以及平面内水平（包括向左和向右两个方向）和垂直（包括向上和向下两个方向）地震力，计算时不应遗漏，以免影响随后的荷载组合。

墙板平面内，平面外水平地震作用标准值，可采用等效侧力法，并应按下式计算：

$$F_{Ehk}=\beta_E\alpha_{max}G_k$$

式中：F_{Ehk} ——施加于外挂围护墙板重心处的水平地震作用标准值；

β_E ——动力放大系数，可取 5.0；

α_{max} ——水平地震影响系数最大值，应按表 8.9 采用；

G_k ——外挂围护墙板的重力荷载标准值。

表 8.9 水平地震影响系数最大值 α_{max}

多遇地震	6 度	7 度	8 度
α_{max}	0.04	0.08(0.12)	0.16(0.24)

注：抗震设防烈度 7、8 度时括号内数值分别用于设计基本地震加速度为 0.15g 和 0.30g 的地区。

参照现行国家标准《建筑抗震设计规范》(GB 50011—2010)中非结构构件的规定，竖向地震作用标准值可取水平地震作用标准值的 0.65 倍。

预制墙板应进行脱模验算，等效静力荷载标准值应取构件自重标准值乘以动力系数与脱模吸附力的和，且不宜小于构件自重标准值的 1.5 倍。动力系数不宜小于 1.2；脱模吸附力应根据构件和模具的实际状况取用，且不宜小于 1.5 kN/m^2。

预制墙板应进行翻转、运输、吊运、安装等短暂设计状况下的施工验算，取构件自重标准值乘以动力系数后作为等效静力荷载标准值。构件翻转及安装过程中就位、临时固定时，动力系数可取 1.2；构件运输、吊运时，动力系数宜取 1.5。

计算使用阶段预制外围护墙板和连接节点中的重力荷载时，应符合下列规定：

(1) 应计入依附于预制外围护墙板的其他部件和材料的重量；

(2) 应计算由于重力荷载对连接节点偏心的影响。

由于预制外围护墙板与其连接节点不在同一平面内，预制外围护墙板的重力荷载会对连接节点引起偏心，从而在连接节点中不仅引起垂直反力，还会引起出平面的水平力（拉力或压力）。应重视重力荷载的偏心对连接件及其锚固设计的影响。

外挂围护墙板及连接节点的承载力计算时，作用和作用效应按线性关系考虑，构件承载力极限状态设计的作用效应组合如下：

(1) 持久设计状况

当风荷载效应起控制作用时：

$$S=\gamma_G S_{Gk}+\gamma_w S_{wk}$$

当永久荷载效应起控制作用时：

$$S=\gamma_G S_{Gk}+\psi_w\gamma_w S_{wk}$$

(2) 地震设计状况

在水平地震作用下：

$$S_{Eh}=\gamma_G S_{Gk}+\gamma_{Eh} S_{Ehk}+\psi_w \gamma_w S_{wk}$$

在竖向地震作用下：

$$S_{Ev}=\gamma_G S_{Gk}+\gamma_{Ev} S_{Evk}$$

式中：S ——基本组合的效应设计值；

S_{Eh} ——水平地震作用组合的效应设计值；

S_{Ev} ——竖向地震作用组合的效应设计值；

S_{Gk} ——永久荷载的效应标准值；

S_{wk} ——风荷载的效应标准值；

S_{Ehk} ——水平地震作用的效应标准值；

S_{Evk} ——竖向地震作用的效应标准值；

γ_G ——永久荷载分项系数，按现行国家标准《建筑结构可靠度设计统一标准》(GB 50068—2018)相关规定取值；

γ_w ——风荷载分项系数，取 1.4；

γ_{Eh} ——水平地震作用分项系数，取 1.3；

γ_{Ev} ——竖向地震作用分项系数，取 1.3；

ψ_w ——风荷载组合系数，在持久设计状况下取 0.6，在地震设计状况下取 0.2。

在持久设计状况、地震设计状况下，进行外围护墙板和连接节点的承载力设计时，永久荷载分项系数 γ_G 应按下列规定取值：

(1) 进行外挂围护墙板平面外承载力设计时，γ_G 应取为 0；进行外挂围护墙板平面内承载力设计时，γ_G 应取为 1.2；

(2) 进行连接节点承载力设计时，在持久设计状况下，当风荷载效应起控制作用时，γ_G 应取 1.2，当永久荷载效应起控制作用时，γ_G 应取 1.35；在地震设计状况下，γ_G 应取 1.2。

8.1.3 墙板分割原则

造型较多样化是预制混凝土外围护墙得以应用的重要优点，但造型过于复杂，会造成板片制作、运输及安装作业困难，可能造成板片制作质量欠佳及安装不当，使墙板出现渗水隐患，墙板分割设计规划时，必须重点考虑，划分应尽量简单化、模数化，并充分考虑相关条件。

1) 分割条件分析

(1) 分析建筑平面、立面及剖面图：从平面图轴线信息确定外墙范围，从内部功能、装修设计、层高信息、标准层与层高差异确定分割缝位置，墙板尽量模数化及规格化。分析建筑立面图、楼高及楼层数，确定外墙高程范围、变化位置及开口情形、板片大小。

(2) 分析结构图、柱梁尺寸及楼板厚度：分析结构体是否因混凝土板片连接、荷载过重、应力过于集中而需做补强设计。

(3) 分析建筑面积及墙板规划间的差异:分析建筑面积是否有变化,或主结构构件是否需要做位置避让调整。进行板厚初步设计,一般单层围护墙板厚 t 在 110～200 mm。楼高<4.5 m,t=150 mm(瓷砖),t=180 mm(石材);楼高≥4.5 m,t=180 mm(瓷砖),t=200 mm(石材)。夹芯板混凝土层板厚 15～60 mm,保温层厚 30～120 mm,板厚最后仍须经由地震力、风力、生产及吊装的结构计算而定。

(4) 当造型特殊,数量少,生产工期长、成本高,铁件外漏防水、防锈不利时,外墙可考虑墙板现浇。

(5) 当楼高>3.6 m 时,应考虑运输限宽或限高限制,对板片分割宽度进行调整。

(6) 考虑生产及施工的可行性条件,板片大小宜在 12～15 m^2,重量约 4～6 t,宽度最好不超过 6 m,优选 4～5 m,超过 6 m 时,需考虑板片中间增加一组接合铁件。原则上,板片越大,吊装及铁件平均单价越低,但板片越易变形。

2) 板片分割

(1) 根据立面确定板片形式

板片形式大致分为平板式、直条式、水平带状式、包梁式、包柱式或混合式。

(2) 水平分割缝位置的确定

① 水平割缝位置取决于铁件大小、楼板高度及室内装修方式;

② 一般定板片下缘离楼板线:住宅最小为 30 cm,办公室为 20 cm(分割缝亦可在楼板面上,但需确认内装是否能遮盖铁件);

③ 同一楼层的水平缝高程及宽度应一致。

例外情形:楼梯间,其平台位于半楼层位置;同一栋、同一层,但楼高不同。

3) 垂直分割缝位置的确定

(1) 依据建筑师的立面设计确定。

(2) 如建筑师未指定,可以柱轴线分割基线,再根据柱距决定适当的板宽;可依柱距分三片,或两片,并考虑标准化。以防水为考虑,垂直缝应避免位于柱轴中线。

(3) 归并标准板与非标准板宽,不可行时,可另定板宽,或标准板宽配合非标准板宽。

(4) 确认角板分割方式。采用 L 形角板,两边宽度需考虑制作条件及效率,如垂直相接时,需确认连接铁件位置是否符合设计及安装要求。

(5) 垂直缝宜设于隔间墙或电梯间的位置,以减少室内明缝。

(6) 墙板开口位置,避免落在相邻板片间。

(7) 开口与分割缝间的板片需留足余宽,并检验结构强度是否满足设计要求。一般宽度需不小于 2 倍板厚。

(8) 分割缝避免设两窗洞位置,否则窗户需后装,成本高,防水性差。

(9) 确认板片分割后,板高或板宽其中一边会小于板片运输宽度限制。

(10) 柱梁与墙板内缘预留安装误差缝,过小影响板面平整度调整;过大时,柱梁须加加劲板或牛腿。

(11) 检查屋突墙板与女儿墙的分割为一片,或是两片。并考虑板片大小及铁件位置是否会造成板片悬臂长度过长。

(12) 分割需考虑板片重复性,尽量以生产量产化为考虑。

(13) 分割需分析铁件位置是否适当,是否影响结构长期稳定性。

8.1.4 外墙与主结构连接机制

PC外挂墙单元与建筑物的结构体相连接主要使用金属连接件,而这些金属连接件的设计可能有很多种样式,一般来说其设计必须能满足下述的机能要求:

(1) 力量传达机能:自重的支持、地震力的支持、风力的支持。

(2) 变形吸收机能:层间变位的吸收、温度变化所产生变形量的吸收。

(3) 误差吸收机能:结构体制造误差的吸收、墙板制造误差的吸收、施工误差的吸收。

(4) 连接物需有足够的延性及扭转能力。

(5) 墙板移动处应有允许移动的设置,使连接钢件能承受因移动而生的弯曲应力。

根据主体结构变形特点,设计预制外围护墙板与结构体的连接机制,按表8.10分A、B、C、D四种类型。

表 8.10 外挂墙板的连接机制

分类	A类	B类	C类	D类
按施工方式	湿式连接	干湿组合连接	干式连接	干式连接
按变形方式	固定连接	滑动连接	转动连接	固定连接
按支承方式	线式支承	点、线组合支承	点式支承	点式支承

按变形方式分类,如图8.3所示。

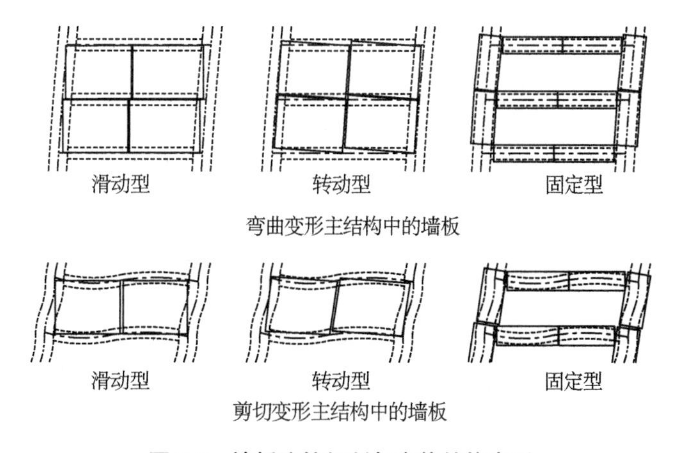

图 8.3 墙板连接机制与主体结构变形

(1) 滑动型连接:外挂墙板的承重边固定于主体构件上,非承重边与主体可以相对错动,连接形式可采用单边线支承、点支承,或点、线组合支承。

(2) 转动型连接:外挂墙板相对于主体结构能绕其中一个承重固定点发生相对转动,连接形式可采用点支承。

(3) 固定型连接：当外挂墙板形式对主体结构影响相对较小时，连接形式可采用固定线支承或固定点支承。

8.1.5 墙板金属连接件设计

1) 连接件设计依据

连接件在设计时必须确认下列事项：

(1) 设计条件的确认。风压力、水平震度、层间变位量、窗框等传递至 PC 外挂墙的荷载大小。

(2) 自重的支持方法。与连接机制匹配，承重边位于墙板下部时，自重为下部支持法；承重边位于墙板上部时，自重为上部支持法。

(3) 连接机制形式。干式连接或湿式连接，层间变位吸收方式，转动型连接，滑动型连接，固定型连接。

(4) 连接件埋置于混凝土的锚固长度。

(5) 安装施工性。

(6) 外露连接采用铁件时的防锈设计。

(7) 层间耐火包覆。

(8) 结构体节点处补强方法。

(9) 结构体埋件安装方法。

2) 铁件所受的外力

墙板连接机制可消除墙板温度作用对连接铁件的影响，连接件所受外力来自墙板自重及作用于墙板面的风荷载、地震作用，以及各类荷载的偏心效应，按照不同的连接机制，连接铁件上所需传递的内力不同。

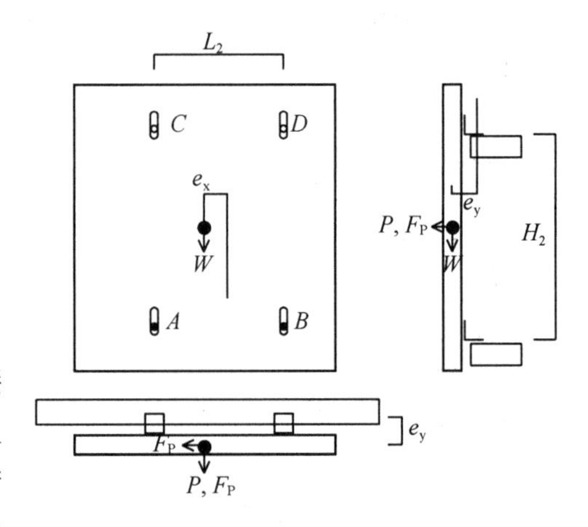

图 8.4 墙板作用力图

转动型连接，回转系统：

(1) 恒载作用：A、B 连接件承受竖直方向的反力，所有连接件承受面外水平方向反力，如图 8.4 所示。

a. 竖直反力：$R_A=\dfrac{W}{2}-\dfrac{W\times e_x}{L_2}$ $R_B=\dfrac{W}{2}+\dfrac{W\times e_x}{L_2}$

b. 面外反力：$H_A=H_C=\dfrac{W\times e_y}{H_2}\times R_A$ $H_B=H_D=\dfrac{W\times e_y}{H_2}\times R_B$

(2) 风荷载作用，地震作用

a. 连接件面外反力：

风压力：A、C：$P_S=\dfrac{P}{4}-\dfrac{P\times e_x}{2L_2}$ B、D：$P_S=\dfrac{P}{4}+\dfrac{P\times e_x}{2L_2}$

地震力：$F_P=1.0W$　A、C：$P_S=\frac{F_P}{4}-\frac{F_P\times e_x}{2L_2}$　B、D：$P_S=\frac{F_P}{4}+\frac{F_P\times e_x}{2L_2}$

b. 连接件面内反力：

① A、B 连接件：

水平反力 P_H：A、B 各承受 $\frac{F_P}{4}$（1/4 水平地震力），取安全侧 $P_H=\frac{F_P}{2}=\frac{W}{2}$

竖直反力 P_V：水平地震时，可能由 A、B 中单一连接件承受自重，$P_V=W$

竖直地震时，A、B 承受自重和地震力，$P_V=\frac{W+F_P}{2}=W$

② C、D 连接件：

地震力：C、D 各承受 $\frac{F_P}{4}$（1/4 水平地震力），取安全侧 $\frac{F_P}{2}=\frac{W}{2}$

回转力：$Q=\frac{L_2\times R_A}{H_2}$ 或 $Q=\frac{L_2\times R_B}{H_2}$　故 $Q_{max}=\frac{L_2\times R_B}{H_2}$

滑动连接：

(1) 恒载作用：A、B 连接件承受竖直方向的反力，所有连接件承受面外水平方向反力。

a. 竖直反力：$R_A=\frac{W}{2}-\frac{W\times e_x}{L_2}$　$R_B=\frac{W}{2}+\frac{W\times e_x}{L_2}$

b. 面外反力：$H_A=H_C=\frac{e_y}{H_2}\times R_A$　$H_B=H_D=\frac{e_y}{H_2}\times R_B$

(2) 风荷载作用与地震作用力

a. 连接件面外反力：

风压力：　A、C：$P_S=\frac{P}{4}-\frac{P\times e_x}{2L_2}$　B、D：$P_S=\frac{P}{4}+\frac{P\times e_x}{2L_2}$

地震力：$F_P=1.0W$　A、C：$P_S=\frac{F_P}{4}-\frac{F_P\times e_x}{2L_2}$　B、D：$P_S=\frac{F_P}{4}+\frac{F_P\times e_x}{2L_2}$

b. 连接件面内反力：

① 水平反力 P_H：仅作用于 A、B；A、B 各承受 $P_H=\frac{F_P}{2}=\frac{W}{2}$

② 竖直反力(水平地震加速度，抵抗倾覆)

A 连接件：

$$向上反力：\quad R_A+V_A=\frac{W}{2}-\frac{W\times e_x}{L_2}+\frac{W\times H_2}{2L_2}$$

$$向下反力：\quad R_A-V_A=\frac{W}{2}-\frac{W\times e_x}{L_2}-\frac{W\times H_2}{2L_2}$$

B 连接件：

$$向上反力：\ R_B + V_B = \frac{W}{2} + \frac{W \times e_x}{L_2} + \frac{W \times H_2}{2L_2}$$

$$向下反力：\ R_B - V_B = \frac{W}{2} + \frac{W \times e_x}{L_2} - \frac{W \times H_2}{2L_2}$$

固定连接：

(1) 恒载作用：A、B 连接件承受竖直方向的反力，所有连接件承受面外水平方向反力。

a. 竖直反力：$R_A = \frac{W}{2} - \frac{W \times e_x}{L_2}$ $R_B = \frac{W}{2} + \frac{W \times e_x}{L_2}$

b. 面外反力：$H_A = H_C = \frac{e_y}{H_2} \times R_A$ $H_B = H_D = \frac{e_y}{H_2} \times R_B$

(2) 风荷载与地震作用

a. 连接件面外反力：

风压力： A、C：$P_S = \frac{P}{4} - \frac{P \times e_x}{2L_2}$ B、D：$P_S = \frac{P}{4} + \frac{P \times e_x}{2L_2}$

地震力：$F_P = 1.0W$ A、C：$P_S = \frac{F_P}{4} - \frac{F_P \times e_x}{2L_2}$ B、D：$P_S = \frac{F_P}{4} + \frac{F_P \times e_x}{2L_2}$

b. 连接件面内反力：

① 水平反力 P_H：仅作用于 A、B；A、B 各承受 $P_H = \frac{F_P}{2} = \frac{W}{2}$

② 竖直反力(水平地震加速度，抵抗倾覆)

A 连接件：

$$向上反力：\ R_A + V_A = \frac{W}{2} - \frac{W \times e_x}{L_2} + \frac{W \times H_2}{3L_2}$$

$$向下反力：\ R_A - V_A = \frac{W}{2} - \frac{W \times e_x}{L_2} - \frac{W \times H_2}{3L_2}$$

B 连接件：

$$向上反力：\ R_B + V_B = \frac{W}{2} + \frac{W \times e_x}{L_2} + \frac{W \times H_2}{3L_2}$$

$$向下反力：\ R_B - V_B = \frac{W}{2} + \frac{W \times e_x}{L_2} - \frac{W \times H_2}{3L_2}$$

8.1.6 墙板承载力设计

墙板承载力设计主要为弯矩等内力计算及墙板配筋计算。

1）无开口板弯曲内力的计算

板的弯曲内力，可参考《静力设计手册》中四点支承板内力估算，也可依据《建筑构造大系 11：平板构造》一书中的“四角点铁件支撑的等分布荷重板片最大弯矩图”查得[图 8.5，其中：l_x（m）＝板片宽，l_y（m）＝板片高，p（kg/m^2）＝等分布荷重]，或直接以两端为简支的方式估算（图 8.6）。

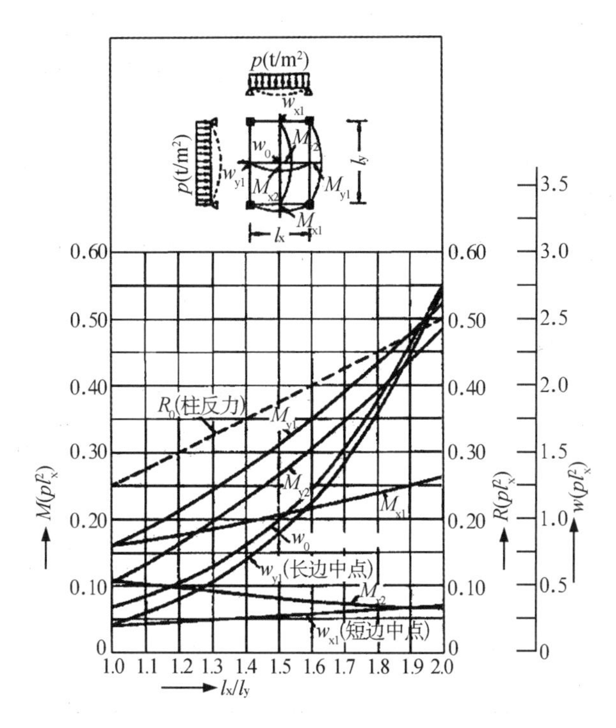

图 8.5　四角点支撑受等布荷重板片的支点反力及挠曲——弯矩图

2）开口板弯曲内力计算

计算开口墙板的最大弯曲内力时，窗边板带内力基本接近简支矩形梁内力，板跨取连接件间距，计算截面几何特性时，矩形截面取窗边板带宽及墙板厚度（图 8.7）。

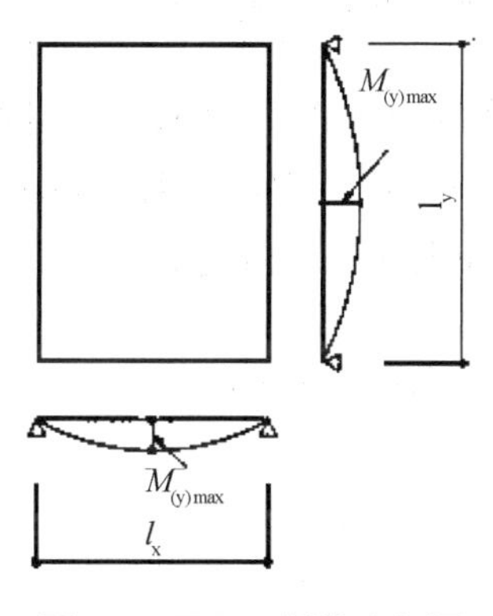

图 8.6　无开口板片弯矩图

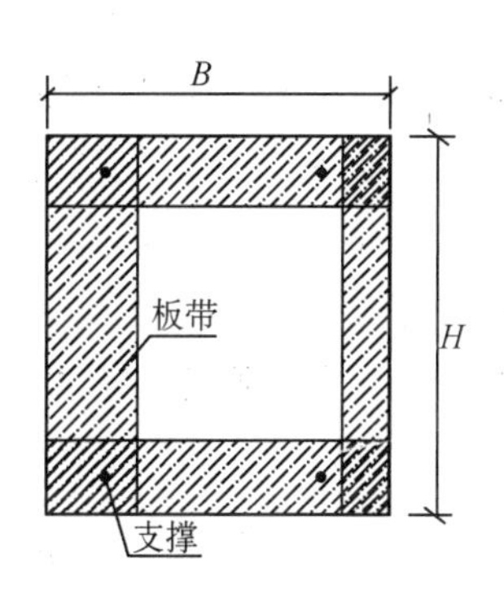

图 8.7　开口板片板带划分

3）裂缝验算

（1）最大裂缝宽度的限值

外挂墙板一般暴露于空气中，最大裂缝宽度按《钢筋混凝土设计规范》中的二(a)类环境控制，最大裂缝限值 0.2 mm。

ACI Committee 224 及 FIB 所规定的最大裂缝宽度限值如表 8.11、8.12 所示。因 PC 围护墙厚度较薄，且其整体表面经常性的暴露于室外，并承受风压力等反复应力作用，因此其最大裂缝宽度限值为 0.1 mm。建议的最大裂缝宽度限值如下：

① 无开口墙板场合

荷重时的最大裂缝宽度限值 0.2 mm（荷重除去后的残留裂缝宽小于 0.1 mm）。

② 开口墙板场合

由于开口墙板与无开口墙板不同，在考虑开口部份混凝土的应力集中、偏心支撑产生弯矩的影响、铁件支撑产生角板部份的应力集中、板片配筋制造误差等因素后，取其安全系数为 2.0，最大裂缝宽度限值 0.1 mm。

表 8.11　ACI Comittee 224 的规定

暴露条件	最大裂缝宽度限值(mm)
干燥空气或有保护涂层	0.40
潮湿空气，土壤中	0.30
除冰化学物	0.18
海水及海水潮风，干湿交替	0.15
防水结构	0.10

表 8.12　FIB 的规定[最大裂缝宽度限值(mm)]

暴露条件	钢筋混凝土构件
无腐蚀风险，混凝土碳化引起腐蚀	0.3
除海水外由氯化物引起腐蚀，海水中的氯化物引起腐蚀，冻融侵蚀，化学侵蚀	0.2

FIB 模式规范 2010 说明，对水密性有要求的最大裂缝宽度限值，不同情况可有不同要求（0.15～0.25 mm），应有专门的规定，要求一般取决于泄漏的后果和流体的压力：如果漏水范围小且表面水渍可以接受，可取 0.2 mm，否则 0.1 mm 更合适。

（2）裂缝宽计算

《钢筋混凝土结构设计规范》中所规定的混凝土裂缝计算公式如下：

$$\omega_{max}=\alpha_{cr}\frac{\varphi\sigma_{sq}}{E_s}\left(1.9c_s+0.08\frac{d_{eq}}{\rho_{te}}\right)$$

$$\varphi=1.1-\frac{0.65f_{tk}}{\rho_{te}\sigma_{sq}}$$

$$d_{eq}=\frac{\sum n_i d_i^2}{\sum n_i v_i d_i}$$

$$\rho_{te}=\frac{A_s+A_p}{A_{te}}$$

式中：ω_{max}——最大裂缝宽度(mm)；

f_{tk}——混凝土轴心抗拉强度标准值；

α_{cr}——构件受力特征系数，受弯、偏心受压构件取 1.9；

φ——裂缝间纵向受拉钢筋应变不均匀系数 $0.2 \leqslant \varphi \leqslant 1.0$；

σ_{sq}——按准永久组合计算的钢筋混凝土构件纵向普通受拉钢筋应力；

E_s——钢筋弹性模量；

c_s——最外层纵向受拉钢筋外边缘至受拉区底边的距离，$20 \leqslant c_s \leqslant 65$；

ρ_{te}——按有效受拉混凝土截面面积计算的纵向受拉钢筋配筋率；$\rho_{te} \geqslant 0.01$；

A_{te}——有效受拉混凝土截面面积，矩形受弯、偏心受拉构件 $A_{te}=0.5bh$；

A_s、A_p——受拉普通钢筋、预应力钢筋截面面积；

d_{eq}——受拉纵向钢筋等效直径；无粘结后张构件钢筋不计；

d_i——受拉钢筋直径；

n_i——钢筋根数；

v_i——钢筋粘结特征系数，普通光圆钢筋 0.7，带肋钢筋 1.0；先张预应力螺旋肋钢丝 0.8，钢绞线 0.6；后张带肋钢筋 0.8，钢绞线 0.5，光面钢丝 0.4。

ACI 电焊钢丝网双向配筋式无开口板片裂缝计算公式如下：

$$\omega_{max}=0.36k\beta f_s\sqrt{M_I}$$

$$M_I=0.394\frac{S_1S_2d_t}{d_{b1}}$$

式中：ω_{max}——混凝土表面的裂缝宽(mm)；

k——破坏系数，由周边支持条件及荷重条件关系决定，一般取 3.1×10^{-5}；

β——中性轴至拉力钢筋中心的距离，与中性轴至拉力侧外缘的距离的比值；

f_s——钢筋存在应力(kg/cm^2)；

M_I——Grid 指数，为有效控制裂缝宽，$M_I \leqslant 160$；

S_1、S_2——直交两方向钢筋(主筋及副筋)的中心间距；

d_t——裂缝发展方向的钢筋中心至张力侧混凝土表面的距离(cm)；

d_{b1}——裂缝发展方向的钢筋直径(cm)。

混凝土设计施工国际规范(CEB-FIP)单向配筋开口板片裂缝计算公式如下

$$\omega_{max}=\left(1.5C+\frac{16d_b}{\rho_f}\right)\times 9.8f_s\times 10^{-7}$$

式中：ω_{max} ——混凝土表面的裂缝宽(mm)；

C ——钢筋表面保护层厚度(mm)；

d_b ——钢筋直径(mm)；

ρ_f ——张力侧混凝土断面积对应钢筋面积的百分比，$\rho_f = 100A_s/A_{ct}$；

f_s ——张力侧钢筋应力；

A_s ——张力侧钢筋断面积(mm^2)；

A_{ct} ——张力侧混凝土断面积(mm^2)，$A_{ct} = b \times 2d_t$。

4) 设计算例

以下图所示的无开口板片做配筋设计为例，其设计条件如表 8.13 所示：

表 8.13　无开口板片设计条件

	强度计算	裂缝检核
地震力	水平地震系数 $K=1.0$	水平地震系数 $K=0.5$
风压力	4.20 kN/m²	1.50 kN/m²

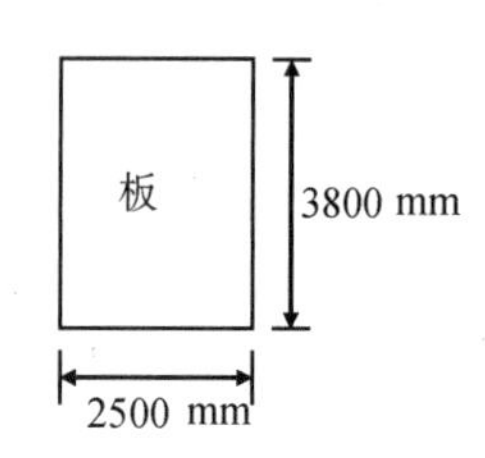

(1) 允许裂缝宽 0.2 mm。

(2) 混凝土重力密度 25 kN/m³，设计基准强度 $f'_c = 30$ MPa。

(3) $f_y = 300$ N/m²。

设计外力计算：

(1) 重量

取混凝土及钢筋的合成重力密度为 25 kN/m³，$W = 3.8 \times 2.5 \times 0.14 \times 25 = 3.325$(t)

单位面积重量为：0.14 m×2 500 kg/m³＝350 kg/m²

(2) 地震力

地震力系数取 $K=1.0$ 时，单位面积荷重 $p=350$ kg/m²

地震力系数 $K=0.5$ 时，单位面积荷重 $p=175$ kg/m²

(3) 板片脱膜、翻转应力

考虑脱膜阶段的钢膜吸力及冲击力，取其等值净载重为板片重量乘 1.5 的放大因子。

$$W_0 = 1.5 \times W = 1.5 \times 3\,325\ \text{kg} = 4\,987.5\ \text{kg}$$

单位面积荷重为：1.5×350 kg/m²＝525 kg/m²

(4) 地震力、风压力及脱膜翻转各阶段板片承受单位荷重比较

强度计算用的外力，以板片脱膜、翻转阶段的 525 kg/m² 为最大；而裂缝宽检核用外力，以承受风压力的 175 kg/m² 为最大。

最大弯矩计算：

$l_y/l_x = 3.5/2.5 = 1.4$，查图 8.5 得 M_{x1} 及 M_{y1} 的系数 c 值分别为 0.195 及 0.275，计算

M_{x1} 及 M_{y1} (1 m 宽的弯矩)如下式：

$$M_{x1}=c\times pl_x^2=0.195\times p\times 2.5^2=1.22p$$
$$M_{y1}=c\times pl_x^2=0.275\times p\times 2.5^2=1.72p$$

(1) 强度计算用最大弯矩($p=5.25\ \mathrm{kN/m^2}$)

$$M_{x1}=1.22\times 5.25=6.045(\mathrm{kN\cdot m})$$
$$M_{y1}=1.72\times 5.25=9.03(\mathrm{kN\cdot m})$$

(2) 裂缝检核用最大弯矩($p=1.75\ \mathrm{kN/m^2}$)

$$M_{x1}=1.22\times 1.75=2.14(\mathrm{kN\cdot m})$$
$$M_{y1}=1.72\times 1.75=3.01(\mathrm{kN\cdot m})$$

板片配筋：

板片有效厚度：$h_0=140-35=105(\mathrm{mm})$

所需配筋量：$a_t=\dfrac{M_{max}}{0.87f_y\times h_0}$

使用 Φ6 钢丝网，$f_y=300\ \mathrm{MPa}$

(1) X 向配筋(每米)

$$a_t=\frac{M_{x1}}{0.87\times 300\times 10.5}=2.21\ \mathrm{cm^2}$$

$$\Phi6@100\ \mathrm{mm},\ a_{s(prov)}=\frac{1\,000(\mathrm{mm})}{100(\mathrm{mm})}\times 0.282(\mathrm{cm^2})=2.82(\mathrm{cm^2})>a_t$$

(2) Y 向配筋(每米)

$$a_t=\frac{M_{y1}}{0.87\times 300\times 10.5}=3.30\ \mathrm{cm^2}=\frac{9.23\times 10^6(\mathrm{mm})}{0.87\times 300\times 105}\times 10^{-2}=3.295=3.30(\mathrm{cm^2})$$

Φ6@100 + Φ12@400

$$a_{s(prov)}=\frac{1\,000(\mathrm{mm})}{100(\mathrm{mm})}\times 0.282(\mathrm{cm^2})+\frac{1\,000(\mathrm{mm})}{400(\mathrm{mm})}\times 1.27(\mathrm{cm^2})=5.995(\mathrm{cm^2})>a_t$$

8.1.7 墙板板缝设计

1) 接缝宽设计

滑动式、转动式板接缝计算公式：

(1) 因温度变化所生接头位移的需求接缝宽计算(长期)

墙板片因温度变化所生的接头位移可依下式计算：

$$\delta=k\cdot\alpha\cdot l\cdot\Delta t(1-K)$$

式中：δ ——接头位移(mm)；

k ——修正系数(通常 0.7)；

Δt ——板片的表面温度差(℃)，(40～60 ℃)；

l ——板片设计长度(mm)(接合板片中心间距)；

K ——接头位移折减率(通常为 0.1)。

算出接头位移后，所需的接缝宽度可依下式计算：

$$W \geqslant \frac{\delta \times 100}{M_1} + t$$

式中：W ——接缝宽度(mm)；

δ ——接头位移(mm)；

M_1——填缝材料的设计伸缩率和剪断位移率(%)；

t ——接缝宽度尺寸的施工允许误差(mm)，参照表 8.14。

表 8.14　接缝宽度的允许误差

项　目	金属围护墙	铝合金围护墙	PC 围护墙
接缝宽度的允许误差(mm)	±3	±5	±5

(2) 考虑层间变位及接头位移需求计算接缝宽度(短期)

按中国台湾地区填缝材料设计要求，地震作用下层间变位角为 1/300 时，其板片间填缝材料不能损坏而可继续使用。

PC 围护墙接缝宽度按下式计算：

$$W \geqslant \frac{\Delta L}{M_2} \times 100 + t$$

$$\Delta L = h \times \delta \times (1 - K)$$

式中：W ——接缝宽度(mm)；

ΔL ——层间变位位移(mm)；

M_2——填缝材料的设计伸缩率和剪断位移率(%)；

t ——接缝宽度尺寸的施工允许误差(mm)；

h ——阶高(mm)；

δ ——设计上的层间变位(mm)；

K ——接头位移折减率(通常为 0.1)。

分割缝宽度一般取 15 mm、20 mm、25 mm、30 mm。

固定式板接缝：

非移动式接缝因其接缝的移动不大，因而不必考虑其设计接缝宽度，仅需设定在设计接缝宽度 W 的允许范围内即可。

2）密封胶厚度设计

密封胶厚度(及接缝深度)不宜太小，也不宜过大，允许范围参考图 8.8 中的经验值。

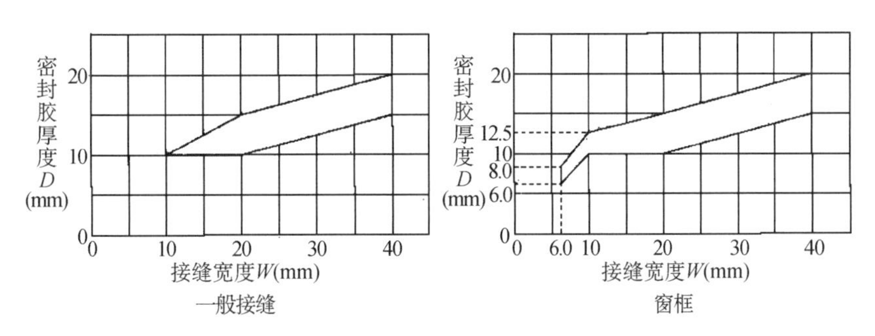

图 8.8 移动接缝的密封胶厚度 D 的允许范围

固定式板接缝：

固定式接缝密封胶厚度按经验取 10～20 mm。

8.1.8 防水的基本概念

(1) PC 外挂墙接缝处可能漏水的原因如表 8.15 所示：

表 8.15 外挂墙接缝处漏水原因

	雨水渗入原因	
重力	接缝内有向下的通路，雨水凭借自重渗入	
表面张力	经由表面渗入接缝内部	
毛细管现象	只要有些微缝隙，水分就会被吸入	
运动能量	水滴本身能量因风速等渗入内部	
气压差	建筑物内外产生气压差使空气移动，渗入雨水	

依据以上漏水原因，可采用挡、疏、导等防水基本概念进行墙板设计，如接缝设结构挡水台阶，设置载水装置，设计曲路消耗运动能量，设计减压空间消除内外的气压差。

(2) 常用防水形式

目前日本和中国台湾地区常用的围护墙防水有效做法为二次填缝密封及开放等压接头两种方式：

(1) 二次填缝密封形式

设计两层止水线(面)以完成水密、气密的方式。室外侧的止水线(面)称为一次填缝，室内侧称为二次填缝。通常一次填缝与二次填缝间设有排水构造，以便排放渗入一次填缝间隙间的水。

(2) 开放等压接头形式

在接缝位置设计挡水板、减压层或减压腔，并设计气密条。利用遮雨板、低气压差，使雨水由缝渗入概率降低，或当雨水仍有侵入时，由排水路排出。

8.1.9 保温一体化预制夹芯墙设计

传统现浇结构节能保温墙主要有两种形式：一种是外墙内保温，即外墙内侧粘贴保温材料，再用内饰面覆盖；另一种是外墙外保温，即在外墙外侧贴覆保温材料，保温材料外侧是抹灰装面。这两种保温墙均有其各自的优缺点，但外墙内保温占用室内空间，热桥结露；外墙外保温近年常有墙体脱落与火灾问题，设计者不得不思考新的外墙保温方式。目前在装配建筑中推荐使用的是保温一体化预制夹芯墙，外、内叶混凝土层中间是保温材料层，保温材料层目前多为泡沫材料及多孔聚合物，密度在 30～100 kg/m^3 (GB 50176—2016)，相对混凝土密度 2 500 kg/m^3，保温材料非常轻。在浇筑工艺上，夹芯保温墙宜采取卧式浇筑，墙板单元化预制后再进行组合装配。

保温一体化预制夹芯墙板单元，各层板间连接，墙板结构单元与结构体的连接应根据承载能力极限状态及正常使用极限状态的要求，分别进行计算和验算。

平面外均布荷载 q 作用时，夹芯层板计算假定：

(1) 不考虑保温材料层刚度贡献；

(2) 夹芯板平面外荷载作用下弯曲变形时，各层的弯曲挠度值相同；

(3) 内叶与外叶混凝土板之间的连接件为压弯剪受力件，或拉弯剪受力件；

(4) 连接件轴向变形不计。

在平面外力作用下，简支多层板因界面连接件的抗剪切刚度差异，使得各层板在弯曲变形过程中产生不同程度的剪切错动变形。

(1) 当内外叶层板间完全无错动变形，层板截面只有一个弯曲中和轴时，定义为完全剪力连接(Full Interaction)截面；

(2) 当内、外叶层板间有微小错动变形，内外叶板内均出现偏向内侧的弯曲中和轴，层板截面定义为部分剪力连接(Partial Interaction)截面；

(3) 当内、外叶层板间有明显错动变形，内外叶板内均出现独立截面中心的弯曲中和轴，层板截面定义为弱剪力连接(Weak Interaction)截面(图 8.9)。

目前多用玻璃钢棒作为混凝土板内外叶连接件，玻璃钢棒剪切刚度按连接件布置间距确定。混凝土弹性模量 E 为 30 000 MPa，根据剪切模量与弹性模量关系式 $G=E/2(1+\mu)$，剪切模量 G 大约为 12 500 MPa。玻璃钢棒剪切模量大约为 7 000 MPa。采用玻璃钢棒连接的夹芯墙板，玻璃钢棒间距 50～300 mm，穿过接合界面的玻璃钢棒面积

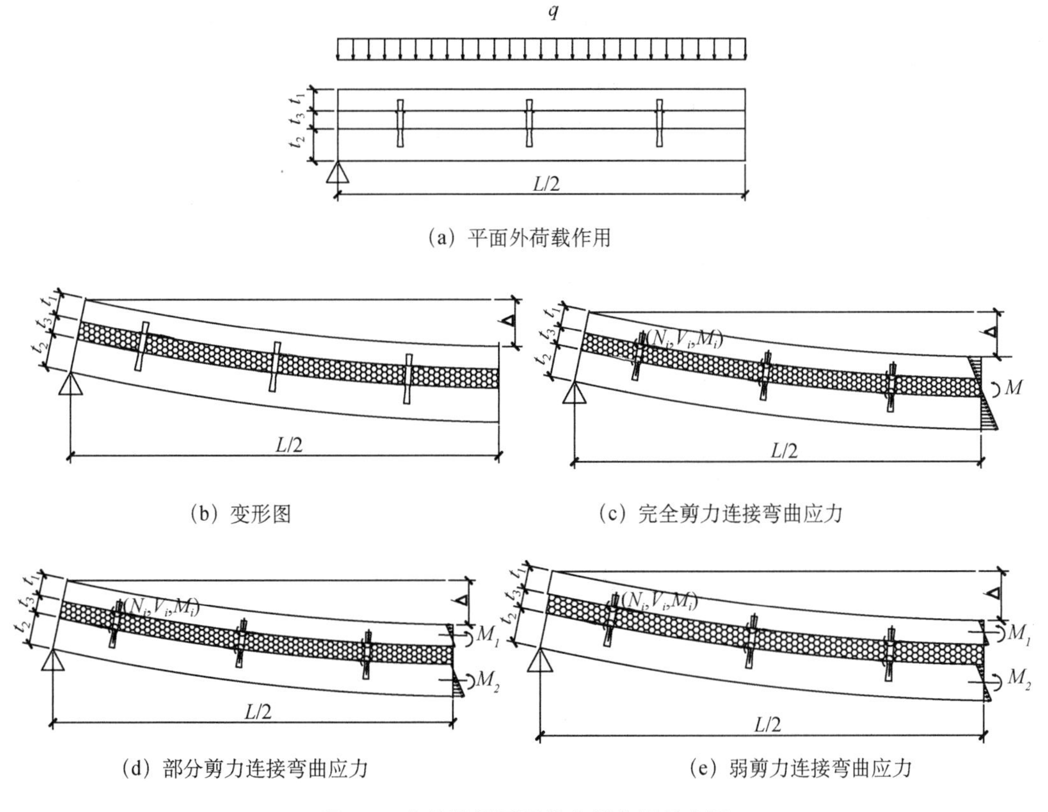

(a) 平面外荷载作用

(b) 变形图

(c) 完全剪力连接弯曲应力

(d) 部分剪力连接弯曲应力

(e) 弱剪力连接弯曲应力

图 8.9　夹芯墙板平面外荷载作用效应图

远小于层板界面混凝土面积，玻璃钢棒与混凝土的剪切刚度相比非常微小，夹心板适用按弱剪力连接进行验算。

根据内外叶连接件力平衡隔离体(图 8.10)、力的平衡原理，内外叶连接件内力可简化计算如下：

单位宽板简支半跨梁内连接件数量为 n，面外线荷载 q，简支约束支座端反力 R_A，连接件轴向内力和为：

$$\sum_{i=1}^{n} N_i = q\frac{L}{2}$$

连接件剪力和为：

$$\sum_{i=1}^{n} V_i = R_A$$

半跨内界面剪力，支座处最大，跨中最小，呈线性分布，最大剪力可取平均值的 2 倍：

$$V_{\max} = 2\frac{R_A}{n}$$

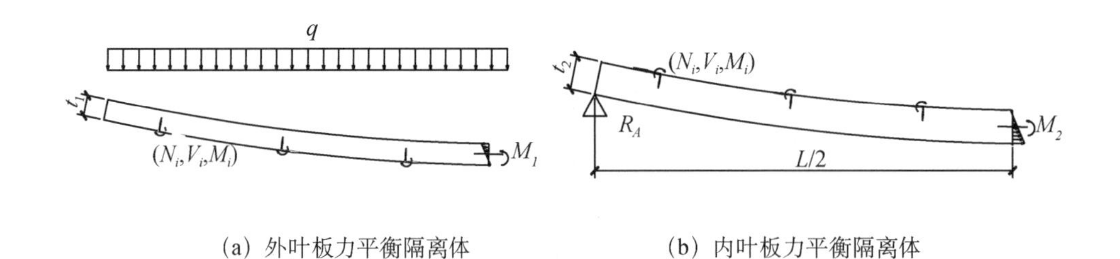

(a) 外叶板力平衡隔离体　　(b) 内叶板力平衡隔离体

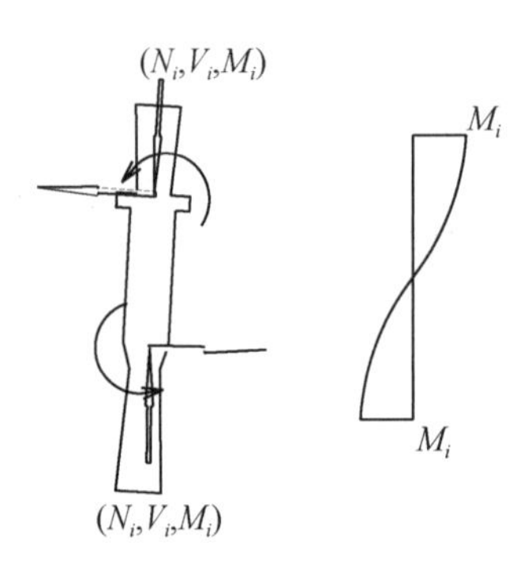

(c) 内外叶板连接件力平衡隔离体

图 8.10　夹芯墙板层板力平衡隔离体

连接件最大弯矩：

$$M_{\max}=V_{\max}\frac{h}{2}$$

式中，h 为连接件计算长度。

8.1.10　饰面一体化预制外墙设计

预制混凝土外墙外饰面按使用材料分类，有清水混凝土外喷涂油漆饰面、石材饰面、陶板饰面、瓷砖饰面等，混凝土外墙宜与饰面一体化预制。

饰面材料与混凝土板墙间应有可靠、耐久粘结性能。石材饰面与墙板一体化预制，石材厚度不小于 30 mm，石材背部钻孔植入钢质爪钉，钢筋入模时，石材爪钉与墙板钢筋网勾连，再浇筑墙板混凝土；陶板或瓷砖与墙板整体反打时，背部需设置与混凝土可咬合沟槽，确保混凝土泥浆可充分注入沟槽，保证饰面块材粘结强度。

石材、陶板、瓷砖等片状饰材，当其材料强度小于混凝土材料强度，或热膨胀系数有差异时，饰面板材宜留拼缝，拼缝宽宜保证板材热胀冷缩或弯曲变形时不产生纤维拉伸或挤压破坏。

带石材、瓷砖或陶板等片材饰面的混凝土预制墙板单元，宜进行饰面板材排版设计，确保组装时饰面板缝齐平，以满足建筑立面设计要求。

预制混凝土外墙外饰面不宜采用厚涂砂浆饰面，预制混凝土外墙不宜现场贴覆保温层。

8.1.11 墙板与设备管线

采用滑动连接或滚动连接的预制外墙板，当需嵌入设备管线时，所嵌入管线不能限制墙板连接运动机制。墙板为上侧固定连接下侧滑动调整的连接运动机制时，管线优先考虑从天花板向下引伸配管。当墙板设计为下侧固定连接上侧滑动调整的连接运动机制时，配管线优先考虑从地面向上引伸配管。

管线配置无法避免垂直穿过墙板滑动缝时，管线宜设置释放滑动位移固定机制。

8.1.12 相关材料规定

外墙材料应符合环保、节能、隔音、耐久等性能要求。

(1) 墙板与结构体连接、吊具材料采用 Q235、Q345，HPB300 钢材或不锈钢，外漏钢件表面需满足防锈及防火设计要求。

(2) 内外叶连接采用断热材料，避免墙板冷桥效应。

(3) 用于卧式预制夹芯墙板的保温材料，需满足抗压性能、低吸水率、高热阻热工性要求。

(4) 接缝密缝填充材料，应具防火性能、耐候性能，并与混凝土界面具相容性。

(5) 防水胶条宜采用耐候、抗老化、抗撕裂性能高的材料，如三元乙丙橡胶、氯丁橡胶等。

8.1.13 预制墙板施工验算

预制墙板施工验算包括脱模验算、翻转验算、安装吊装验算。应根据相应阶段混凝土强度设置吊件，并进行吊件、吊装节点荷载效应计算。吊装过程中考虑动力放大的荷载效应 S 应小于吊具、节点及构件考虑安全系数的强度设计值，构件变形及裂缝验算取强度标准值。吊装过程中墙板的混凝土应力不宜大于各阶段混凝应力标准。

按图 8.11 脱模起吊。当采用立式存储，转入存储区时，需要翻转吊装。采用卧式存储及运输时，在现场安装前，进行翻转吊装。

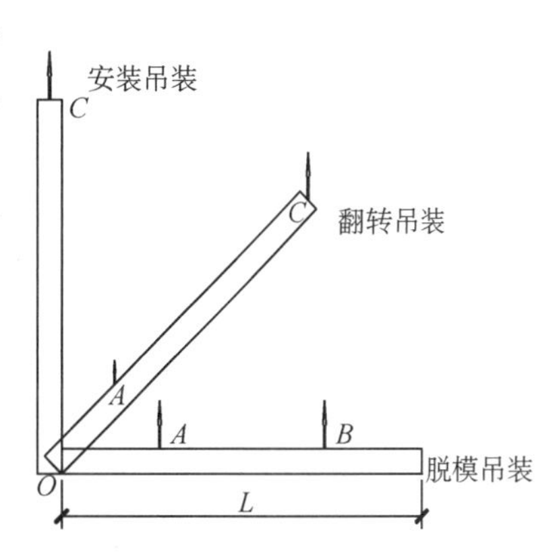

图 8.11 墙板施工吊装示意图

脱模吊装，脱模荷载动力系数取 1.5。以 A、B 为支点，验算墙板构件 A、B 节点及 AB 跨中内力效应。吊装荷载取：

(1) 清水混凝土墙板脱模力取吸覆力 1.5 kN 与自重和，或为 1.5 倍自重，两者中取大值。

(2) 石材、瓷砖反打墙板脱模力取 1.5 倍自重。

翻转吊装，翻转荷载动力系数取 1.2。当以墙板一侧(如 O 点)为支点翻转时，需验算 C 节点吊具吊点荷载效应，注意 C 点平面外分力可能使该点混凝土产生冲切破坏。

安装吊装，荷载动力系数取 1.5，验算吊装抓持节点 C 荷载效应。

脱模吊装，吊索垂直于墙板时，墙板内力效应最小，吊索与墙板夹角不宜小于 60°。当吊索与墙板夹角小于 60°时，应验算吊索水平分力对墙板的附加弯矩效应。

8.2 内隔墙

8.2.1 一般规定

装配式建筑自承重内隔墙优先选用可灵活拆装的板材，可采用轻质条板、轻钢龙骨墙、轻钢龙骨灌浆墙或预制混凝土墙。板材与相邻结构墙、柱、梁、楼板之间应设置可靠连接。室内隔墙应采用符合室内环保要求的板材及填缝材料。

隔墙有灌浆湿作业时，应待墙板干固后再进行填缝修饰及面板修饰作业。

8.2.2 内隔墙类别

住宅建筑按隔间功能，隔墙分为隔户墙、户内隔间墙、厨房隔墙、卫生间隔墙、防火楼梯间隔墙、管道间隔墙等，不同隔间功能对墙板设计要求不同，隔墙防火、隔声要求如表 8.16 所示，管道间隔墙隔声要求所有隔墙均应防潮、防结露。

表 8.16 隔墙防火、隔声要求

	类别	耐火时限(GB 50016—2014)				空气隔声(GB 50118—2010)		
		一级	二	三	四级	一级	二级	三级
1	隔户墙、电梯隔墙、管道间隔墙	2	2	1.5	0.5	≥50 dB	≥50 dB	≥50 dB
2	户内隔间墙	0.75	0.5	0.5	0.25	—	—	—
3	厨房隔墙	0.75	0.5	0.5	0.25	—	—	—
4	卫生间隔墙	0.75	0.5	0.5	0.25	—	—	—
5	防火楼梯间隔墙	1.5	1.0	0.5	不燃	—	—	—

厨房隔墙、卫生间隔墙下与结构板接合部位，宜设置与楼板一体浇筑防水墩，与隔墙同宽，高度 100～200 mm。当防水墩与楼板分二次浇筑时，二次浇筑冷缝宜设止水板等防水措施。

8.2.3 内隔墙连接设计

内隔墙与结构体连接可采用水泥砂浆粘贴、铁件连接、钢筋连接或企口卡接，连接节点宜可释放板材在温度作用或水平地震作用下的变形约束，如可滑动接合铁件、弹性接合钢筋、弹性接合缝。隔户墙连接件应做防火设计，并符合相应防火等级设计中的耐火时限要求。

8.2.4 内隔墙承载力设计要求

内隔墙按自承重墙设计，隔墙平面外可承 1 kN/m 线荷载及 1 kN 集中荷载，荷载作用高度离地 1 m，自承重墙应考虑局部挂重荷载。

8.2.5 内隔墙拼缝设计要求

内隔墙板材之间的拼缝、板材与结构构件的拼缝宜考虑温度作用效应，预留缝宽宜满足板材在环境温差下产生的膨胀与收缩变形，采用弹性填缝材料进行拼缝修饰。

填缝材料应满足各功能隔间墙对墙板隔声要求。

厨房隔墙、卫生间隔墙拼缝应采用防水、防霉填缝材料。

防火楼梯间隔墙、隔户墙填缝材料应满足防火、隔声规范要求。

8.2.6 内隔墙与设备管线

设备及设备管线嵌于内隔墙时，考虑可更换设计，并注意以下几个问题：

(1) 配电箱控制柜不得穿透隔墙；

(2) 水管不宜暗埋，如必须暗埋，需设防水套管；

(3) 立管宜集中配置于管道间。

参 考 文 献

[1] 中华人民共和国住房和城乡建设部.装配式混凝土建筑技术标准:GB/T 51231—2016[S].北京:中国建筑工业出版社,2017.

[2] 中华人民共和国住房和城乡建设部.装配式混凝土结构技术规程:JGJ 1—2014[S].北京:中国建筑工业出版社,2014.

[3] 中华人民共和国住房和城乡建设部.预制预应力混凝土装配整体式框架结构技术规程:JGJ 224—2010[S].北京:中国建筑工业出版社,2010.

[4] 中华人民共和国住房和城乡建设部.装配式建筑技术体系发展指南(居住建筑)[EB/OL].[2019-11-18].http://www.mohurd.gov.cn/wjfb/201911/t20191104-242548.html.

[5] 中华人民共和国住房和城乡建设部.建筑工程设计文件编制深度规定(2016 版)[EB/OL].[2019-11-18].http://www.mohurd.gov.cn/wjfb/201612/t20161201-229701.html.

[6] Precast Prestressed Concrete Institute. MNL-120 PCI Design Handbook: Precast and Prestressed Concrete 7TH Edition[S]. Chicago: 2010.

[7] Cleland N M. Design of precast/prestressed concrete for earthquakes [J]. 第五届全国预应力结构理论与工程应用学术会议(论文集). 建筑技术开发,2008(增刊):26-34.

[8] Priestley M J N. Overview of PRESSS research program[J]. PCI journal, 1991, 4(36):50-57.

[9] 吕志涛,张晋.法国预制预应力混凝土建筑技术综述[J].建筑结构,2013(19):1-4.

[10] Cost C. Control of the semi-rigid behaviour of civil engineering structural connections[J]. Final Report, European Commission EUR, 1999,19244.

[11] 吴东航,章林伟.日本住宅建设与产业化[M].北京:中国建筑工业出版社,2009.

[12] 鹿岛建设沈阳技术咨询有限公司.为施工单位引进 PCa 技术的业绩[EB/OL].[2019-11-21].http://www.kajima-shenyang.com/sy.html.

[13] 柳炳康,田井锋,张瑜中,等.低周反复荷载下预压装配式 PC 框架延性性能和耗能能力[J].建筑结构学报,2007,28(3):74-81.

[14] Clough R W, Malhas F, Oliva M G. Seismic behavior of large panel precast

concrete walls: analysis and experiment[J]. PCI Journal, 1989, 34(5):42-66.

[15] Foerster H R, Rizkalla S H, Heuvel J S. Behavior and design of shear connections for loadbearing wall panels[J]. PCI Journal, 1989, 34(1):102-119.

[16] Cholewicki A. Loadbearing capacity and deformability of vertical joints in structural walls of large panel buildings[J]. Building Science, 1971, 6(4):163-184.

[17] Pekau O A, Hum D. Seismic response of friction jointed precast panel shear walls [J]. PCI Journal, 1991, 36(2):56-71.

[18] Abdul-Wahab H MS. Strength of vertical joints with steel fiber reinforced concrete in large panel structures[J]. ACI Structural Journal, 1992, 89(4):367-374.

[19] Crisafulli F J, Restrepo J I. Ductile steel connections for seismic resistant precast buildings[J]. Journal of earthquake engineering, 2003, 7(4):541-553.

[20] Kurama Y C. Seismic design of unbonded post-tensioned precast concrete walls with supplemental viscous damping[J]. ACI Structural Journal, 2000, 97(4): 648-658.

[21] Henry R S, Aaleti S, Sritharan S, et al. Concept and finite-element modeling of new steel shear connectors for self-centering wall systems [J]. Journal of Engineering Mechanics, 2010, 136(2):220-229.

[22] Marriott D J, Pampanin S, Palermo A, et al. Shake-table testing of hybrid post-tensioned precast wall systems with alternative dissipating solutions[J]. Bulletin of the New Zealand Society for Earthquake Engineering,2008,41(2):90-103.

[23] Holden T, Restrepo J, Mander J B. Seismic performance of precast reinforced and prestressed concrete walls[J]. Journal of Structural Engineering, 2003, 129(3): 286-296.

[24] Bora C, Oliva M G,Nakaki S D, et al. Development of a precast concrete shear-wall system requiring special code acceptance[J]. PCI Journal. 2007, 52(1): 122-135.

[25] Peikko Group. PSK Wall Shoe[R]. Peikko News, 2006.

[26] Vimmr Z S K. Wall shoes and field of application[R]. Peikko News, 2009.

[27] 宋玉普,王军,范国玺,等.预制装配式框架结构梁柱节点力学性能试验研究[J].大连理工大学学报,2014(4):438-444.

[28] 李向民,高润东,许清风.预制装配式混凝土框架高效延性节点试验研究[J].中南大学学报(自然科学版),2013(8):3453-3463.

[29] 蔡建国,朱洪进,冯健,等.世构体系框架中节点抗震性能试验研究[J].中南大学学报(自然科学版),2012(5):1894-1901.

[30] 闫维明,王文明,陈适才,等.装配式预制混凝土梁-柱-叠合板边节点抗震性能试验研究[J].土木工程学报,2010(12):56-61.

[31] 刘炯.新型预制钢筋混凝土梁柱节点抗震性能测试与研究[J].特种结构,2009(1):16-20.

[32] 蔡建国,朱洪进,冯健.低周反复循环荷载作用下世构体系节点抗震性能试验研究[C].长沙:第十四届全国混凝土及预应力混凝土学术会议,2007.

[33] 尹衍樑,詹耀裕,黄绸辉.台湾地区润泰预制结构施工体系介绍[J].混凝土世界,2012(7):42-52.

[34] 江苏省住房和城乡建设厅.预制混凝土装配整体式框架(润泰体系)技术规程[S]:苏JG/T 034—2009.南京:江苏科学技术出版社,2009.

[35] 李振宝,董挺峰,闫维明,等.混合连接装配式框架内节点抗震性能研究[J].北京工业大学学报,2006(10):895-900.

[36] 王冬雁,李振宝,杭英.无粘结预应力装配梁试验研究[J].工业建筑,2008(2):31-34.

[37] 赵斌,吕西林,刘丽珍.全装配式预制混凝土结构梁柱组合件抗震性能试验研究[J].地震工程与工程振动,2005(1):81-87.

[38] 林宗凡,Sagan E I, Kreger M E.装配式抗震框架延性节点的研究[J].同济大学学报(自然科学版),1998(2):134-138.

[39] 蔡小宁.新型预应力预制混凝土框架结构抗震能力及设计方法研究[D].南京:东南大学,2012.

[40] 陈申一.新型预应力装配整体式混凝土框架设计与施工研究[D].南京:东南大学,2007.

[41] 梁培新.预应力装配式混凝土框架结构的抗震性能试验及施工工艺研究[D].南京:东南大学,2008.

[42] 种迅,孟少平,潘其健,等.部分无粘结预制预应力混凝土框架及其节点抗震能力研究[J].地震工程与工程振动,2007(4):55-60.

[43] 尹之潜,朱玉莲.高层装配式大板结构模拟地震试验[J].土木工程学报,1996(3):57-64.

[44] 张军,侯海泉,董年才,等.全预制装配整体式剪力墙住宅结构设计及应用[J].施工技术,2009,38(5):22-24.

[45] 陈耀钢.工业化全预制装配整体式剪力墙结构体系节点研究[J].建筑技术,2010,41(2):153-156.

[46] 刘晓楠,郭正兴,董年才,等.全预制装配剪力墙结构节点性能试验研究[J].江苏建筑,2010(2):21-24.

[47] 朱张峰,郭正兴.预制装配式剪力墙结构墙板节点抗震性能研究[J].地震工程与工程振动,2011,31(1):35-40.

[48] 张家齐.预制混凝土剪力墙足尺子结构抗震性能试验研究[D].哈尔滨:哈尔滨工业大学,2010.

[49] 姜洪斌,张海顺,刘文清,等.预制混凝土结构插入式预留孔灌浆钢筋锚固性能[J].哈

尔滨工业大学学报,2011,43(4):28-31.
[50] 姜洪斌,张海顺,刘文清,等.预制混凝土插入式预留孔灌浆钢筋搭接试验[J].哈尔滨工业大学学报,2011,43(10):18-23.
[51] 赵培.约束浆锚钢筋搭接连接试验研究[D].哈尔滨:哈尔滨工业大学,2011.
[52] 钱稼茹,彭媛媛,秦珩,等.竖向钢筋留洞浆锚间接搭接的预制剪力墙抗震性能试验[J].建筑结构,2011(2):7-11.
[53] 钱稼茹,杨新科,秦珩,等.竖向钢筋采用不同连接方法的预制钢筋混凝土剪力墙抗震性能试验[J].建筑结构学报,2011,32(6):51-59.
[54] 钱稼茹,彭媛媛,张景明,等.竖向钢筋套筒浆锚连接的预制剪力墙抗震性能试验[J].建筑结构,2011(2):1-6.
[55] 陈云钢,刘家彬,郭正兴,等.装配式剪力墙水平拼缝钢筋浆锚搭接抗震性能试验[J].哈尔滨工业大学学报,2013,45(6):83-89.
[56] 李爱群,王维,贾洪,等.预制钢筋混凝土框架结构抗震性能研究进展(Ⅱ):结构性能研究[J].工业建筑,2014,44(7):137-140.
[57] 李爱群,王维,贾洪,等.预制钢筋混凝土剪力墙结构抗震性能研究进展(Ⅰ):接缝性能研究[J].防灾减灾工程学报,2013,33(5):600-605.
[58] 杨勇.带竖向结合面预制混凝土剪力墙抗震性能试验研究[D].哈尔滨:哈尔滨工业大学,2011.
[59] 潘陵娣,鲁亮,梁琳,等.预制叠合墙抗剪承载力试验分析研究[C].全国结构工程学术会议,2009.
[60] 连星,叶献国,王德才,等.叠合板式剪力墙的抗震性能试验分析[J].合肥工业大学学报:自然科学版,2009,32(8):1219-1223.
[61] 连星,叶献国,张丽军,等.叠合板式剪力墙的有限元分析[J].合肥工业大学学报:自然科学版,2009,32(7):1065-1068.
[62] 蒋庆,叶献国,种迅.叠合板式剪力墙的力学计算模型[J].土木工程学报,2012(1):8-12.
[63] 王滋军,刘伟庆,魏威,等.钢筋混凝土水平拼接叠合剪力墙抗震性能试验研究[J].建筑结构学报,2012,33(7):147-155.
[64] 种迅,叶献国,徐勤,等.工字形横截面叠合板式剪力墙低周反复荷载下剪切滑移机理与数值模拟分析[J].土木工程学报,2013(5):111-116.
[65] 种迅,叶献国,蒋庆,等.水平拼缝部位采用强连接叠合板式剪力墙抗震性能研究[J].建筑结构,2015(10):43-48.
[66] 刘家彬,陈云钢,郭正兴,等.装配式混凝土剪力墙水平拼缝 U 形闭合筋连接抗震性能试验研究[J].东南大学学报:自然科学版,2013,43(3):565-570.
[67] 曹万林,董宏英,胡国振,等.钢筋混凝土带暗支撑双肢剪力墙抗震性能试验研究[J].建筑结构学报,2004,25(3):22-28.

[68] 张锡治，安海玉，凌光荣，等.装配式剪力墙上下层内墙板齿槽式连接结构：201320264495[P].2013-08-21.

[69] 张锡治，韩鹏，李义龙，等.带现浇暗柱齿槽式预制钢筋混凝土剪力墙抗震性能试验[J].建筑结构学报，2014，35(8)：88-94.

[70] 张锡治，马健，韩鹏，等.装配式剪力墙齿槽式连接受剪性能研究[J].建筑结构学报，2017，38(11)：93-100.

[71] 赵斌，王庆杨，吕西林.采用全装配水平接缝的预制混凝土剪力墙抗震性能研究[J].建筑结构学报，2018，39(12)：52-59.

[72] 孙建，邱洪兴，谭志成，等.采用螺栓连接的工字形全装配式 RC 剪力墙试验研究[J].工程力学，2018，35(8)：182-193，201.

[73] 冯健，陈耀，张喆，等.一种预制装配整体式剪力墙：2012 10498645.3[P].2015-09-16.

[74] Chen Y, Zhang Q, Feng J, et al. Experimental study on shear resistance of precast RC shear walls with novel bundled connections[J]. Journal of Earthquake and Tsunami, 2019，13(3/4)：1940002.

[75] 冯飞.预制混凝土装配整体式剪力墙的抗震性能试验研究[D].南京：东南大学，2012.

[76] 张喆.预制混凝土装配式剪力墙抗剪机理研究[D].南京：东南大学，2012.

[77] 冯健，刘亚非，金如元，等.预制剪力墙竖向钢筋集中约束搭接连接构造：201510362691.4[P].2015-09-23.

[78] 刘广.集束连接装配整体式剪力墙抗震性能试验研究[D].南京：东南大学，2018.

[79] 江苏省住房和城乡建设厅.预制预应力混凝土装配整体式结构技术规程：DGJ32/TJ 199—2016[S].南京：江苏科学技术出版社，2016.

[80] 江苏省住房和城乡建设厅.装配整体式混凝土剪力墙结构技术规程：DGJ32/TJ 125—2016[S].南京：江苏科学技术出版社，2011.

[81] 江苏省住房和城乡建设厅.装配整体式混凝土框架结构技术规程：DGJ32/TJ 219—2017[S].南京：江苏科学技术出版社，2017.